새로운 배움, 더 큰 즐거움

미래엔이 응원합니다!

과학 5·1

WRITERS

미래엔콘텐츠연구회
No.1 Content를 개발하는 교육 콘텐츠 연구회

COPYRIGHT

인쇄일 2022년 10월 17일(1판1쇄)
발행일 2022년 10월 17일

펴낸이 신광수
펴낸곳 (주)미래엔
등록번호 제16-67호

교육개발1실장 하남규
개발책임 오진경 **개발** 권태정, 정지영, 정도윤, 박수아, 지해나

콘텐츠서비스실장 김효정
콘텐츠서비스책임 이승연

디자인실장 손현지
디자인책임 김기욱 **디자인** 장병진

CS본부장 강윤구
제작책임 강승훈

ISBN 979-11-6841-391-7

초등학교 3학년부터 6학년까지

과학 한눈에 보기

3학년 1학기에는

- 탐구: 과학 탐구를 수행하는 데 필요한 기초 탐구 기능을 배워요.
- 1단원: 물체와 물질이 무엇인지 알아보고, 우리 주변의 물체를 이루는 물질의 성질을 비교해요.
- 2단원: 동물의 암수에 따른 특징을 비교하고, 다양한 동물의 한살이를 알아봐요.
- 3단원: 자석의 성질을 알아보고, 자석이 일상생활에서 이용되는 모습을 찾아봐요.
- 4단원: 지구의 모양과 표면, 육지와 바다의 특징, 공기의 역할을 이해하고, 지구와 달을 비교해요.

3학년 2학기에는

- 1단원: 동물을 분류하고 동물의 생김새와 생활 방식을 알아봐요.
- 2단원: 흙의 특징과 생성 과정을 알아보고, 흐르는 물이 지형을 어떻게 변화시키는지 알아봐요.
- 3단원: 물질의 세 가지 상태를 알고, 물질의 상태에 따라 우리 주변의 물질을 분류해요.
- 4단원: 소리의 세기와 높낮이를 비교하고, 소리가 전달되거나 반사되는 것을 관찰해요.

5학년 1학기에는

- 1단원: 과학자가 자연 현상을 탐구하는 과정을 알아봐요.
- 2단원: 온도를 측정하고 온도 변화를 관찰하며, 열이 어떻게 이동하는지 알아봐요.
- 3단원: 태양계를 구성하는 행성과 태양에 대해 알고, 북쪽 하늘의 별자리를 관찰해요.
- 4단원: 용해와 용액이 무엇인지 이해하고, 용해에 영향을 주는 요인을 찾으며, 용액의 진하기를 비교해요.
- 5단원: 다양한 생물을 관찰하고, 그 생물이 우리 생활에 미치는 영향을 알아봐요.

5학년 2학기에는

- 1단원: 탐구 문제를 정하고, 계획을 세우며, 탐구를 실행하고, 결과를 발표해요.
- 2단원: 생태계와 환경에 대해 이해하고, 생태계 보전을 위해 할 수 있는 일을 알아봐요.
- 3단원: 여러 가지 날씨 요소를 이해하고, 우리나라 계절별 날씨의 특징을 알아봐요.
- 4단원: 물체의 운동과 속력을 이해하고, 속력과 관련된 일상생활 속 안전에 대해 알아봐요.
- 5단원: 산성 용액과 염기성 용액의 특징을 알고, 산성 용액과 염기성 용액을 섞을 때 일어나는 변화를 관찰해요.

초등학교 3학년부터 6학년까지 과학에서는
무엇을 배우는지 한눈에 알아보아요!

4학년 1학기에는

- **탐구** 기초 탐구 기능을 활용하여 실제 과학 탐구를 실행해요.
- **1단원** 지층과 퇴적암을 관찰하고, 화석의 생성 과정, 화석과 과거 지구 환경의 관계를 알아봐요.
- **2단원** 식물의 한살이를 관찰하고, 여러 가지 식물의 한살이를 비교해요.
- **3단원** 저울로 무게를 측정하는 까닭을 알고, 양팔저울, 용수철저울로 물체의 무게를 비교하고 측정해요.
- **4단원** 혼합물을 분리하여 이용하는 까닭을 알고, 물질의 성질을 이용해서 혼합물을 분리해요.

4학년 2학기에는

- **1단원** 식물을 분류하고 식물의 생김새와 생활 방식을 알아봐요.
- **2단원** 물의 세 가지 상태를 알고 물과 얼음, 물과 수증기 사이의 상태 변화를 관찰해요.
- **3단원** 물체의 그림자를 관찰하며 빛의 직진을 이해하고, 빛의 반사와 거울의 성질을 알아봐요.
- **4단원** 화산 분출물, 화강암, 현무암의 특징을 알고, 화산 활동과 지진이 우리 생활에 미치는 영향을 알아봐요.
- **5단원** 지구에 있는 물이 순환하는 과정을 알고, 물 부족 현상을 해결하는 방법을 찾아봐요.

6학년 1학기에는

- **1단원** 일상생활에서 생긴 의문을 탐구 과정을 통해 해결하면서 통합 탐구 기능을 익혀요.
- **2단원** 태양과 달이 뜨고 지는 까닭, 계절에 따라 별자리가 변하는 까닭, 여러 날 동안 달의 모양과 위치의 변화를 알아봐요.
- **3단원** 산소와 이산화 탄소의 성질을 확인하고, 온도, 압력과 기체 부피의 관계를 알아봐요.
- **4단원** 식물과 동물의 세포를 관찰하고, 식물의 구조와 기능을 알아봐요.
- **5단원** 빛의 굴절 현상을 관찰하고, 볼록 렌즈의 특징과 쓰임새를 알아봐요.

6학년 2학기에는

- **1단원** 전기 회로에 대해 알고, 전기를 안전하게 사용하고 절약하는 방법을 조사하며, 전자석에 대해 알아봐요.
- **2단원** 계절에 따라 기온이 변하는 현상을 이해하고, 계절이 변하는 까닭을 알아봐요.
- **3단원** 물질이 연소하는 조건과 연소할 때 생성되는 물질을 알고, 불을 끄는 방법과 화재 안전 대책을 알아봐요.
- **4단원** 우리 몸의 뼈와 근육, 소화 · 순환 · 호흡 · 배설 · 감각 기관의 구조와 기능을 알아봐요.
- **5단원** 우리 주변 에너지의 형태를 알고, 에너지 전환을 이해하며, 에너지를 효율적으로 사용하는 방법을 알아봐요.

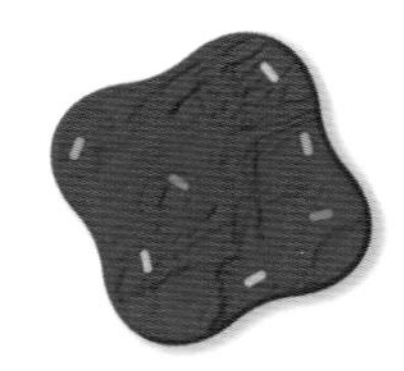

과학은

자연 현상을 이해하고 탐구하는 과목이에요.

하지만

갑자기 쏟아지는 새로운 개념과

익숙하지 않은 용어들 때문에

과학을 어렵게 느끼는 친구들이 많이 있어요.

그런 친구들을 위해

초코 가 왔어요!

초코 는~

중요하고 꼭 알아야 하는 내용을 쉽게 정리했어요.

공부한 내용은 여러 문제를 풀면서 확인할 수 있어요.

알쏭달쏭한 개념은 그림으로 한눈에 이해할 수 있어요.

공부가 재밌어지는 **초코** 와 함께라면

과학이 쉬워진답니다.

초등 과학의 즐거운 길잡이!

초코! 맛보러 떠나요~

구성과 특징

"책"으로 공부해요

1 개념이 탄탄

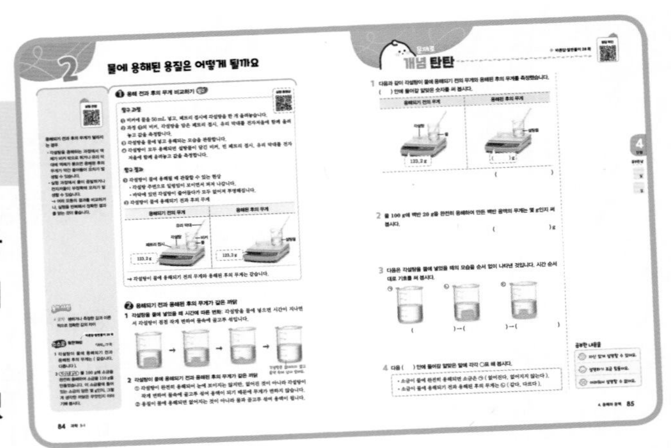

- 교과서의 탐구 활동과 핵심 개념을 간결하게 정리하여 내용을 한눈에 파악하고 쉽게 이해할 수 있어요.
- 간단한 문제를 통해 개념을 잘 이해하고 있는지 확인할 수 있어요.

2 실력이 쑥쑥

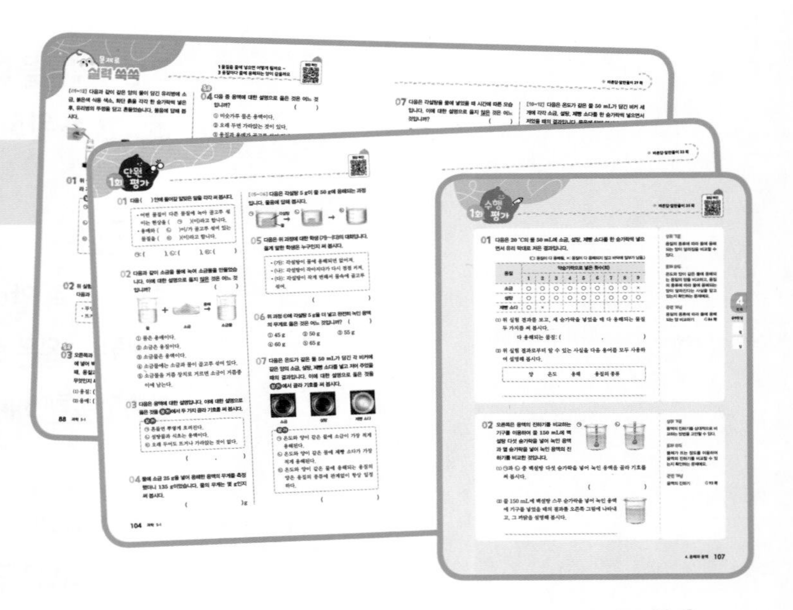

- 객관식, 단답형, 서술형 등 다양한 형식의 문제를 풀어 보면서 실력을 쌓을 수 있어요.
- 단원 평가, 수행 평가를 통해 실제 평가에 대비할 수 있어요.

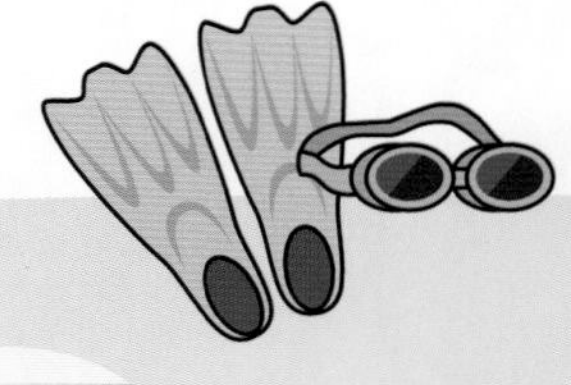

"온라인 서비스"도 활용해요

생생한 실험 동영상

어렵고 복잡한 실험은 실험 동영상으로 실감 나게 학습해요.

3 핵심만 쏙쏙

- 핵심 개념만 쏙쏙 뽑아낸 그림으로 어려운 개념도 쉽고 재미있게 학습할 수 있어요.
- 비어 있는 내용을 채우면서 학습한 개념을 다시 정리할 수 있어요.

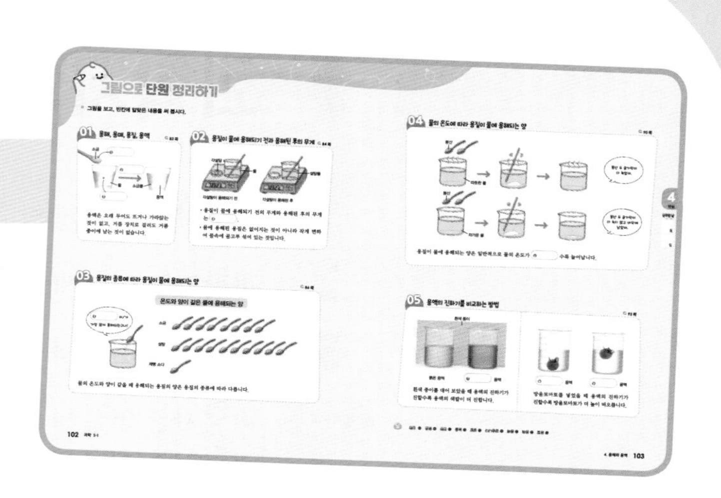

4 교과서도 완벽

- 교과서의 단원 도입 활동, 마무리 활동을 자세하게 풀이하여 교과서 내용을 놓치지 않고 정리할 수 있어요.
- 교과서와 실험 관찰에 수록된 문제를 확인할 수 있어요.

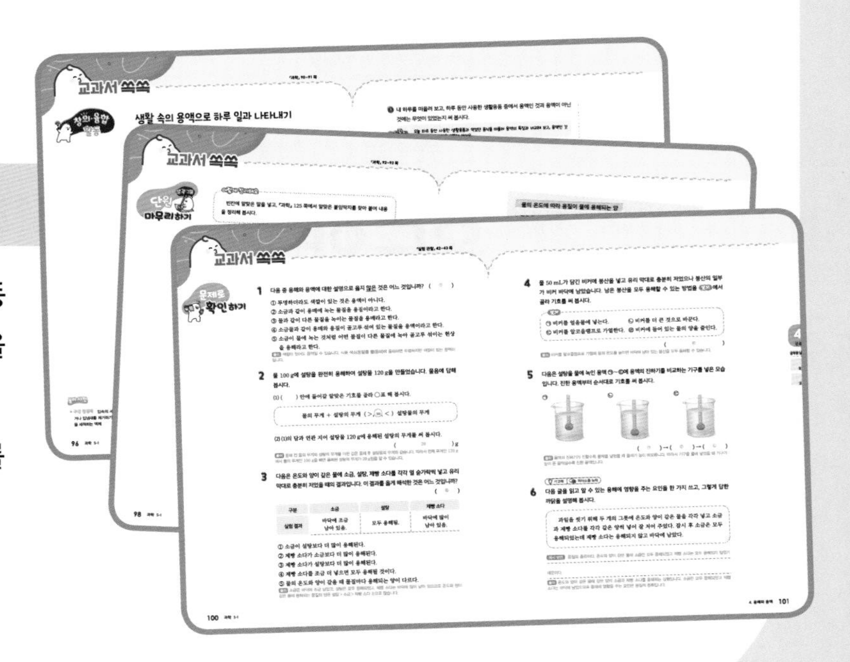

교과서 탐구를 손쉽게

실험 관찰 길잡이

실험 관찰의 자세한 풀이를 통해 교과서의 탐구 활동을 쉽게 이해해요.

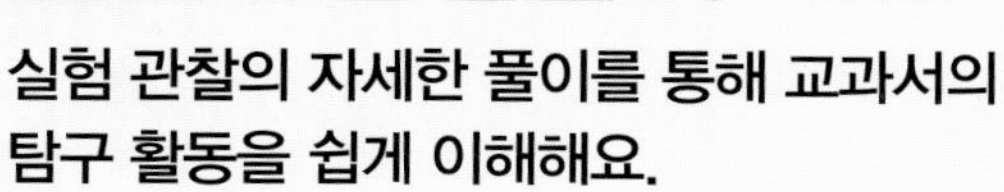

스스로 확인하는

정답과 풀이

문제를 풀고 정답과 풀이를 바로 확인하면서 스스로 학습해요.

1 과학자의 탐구

2 온도와 열

3 태양계와 별

4 용해와 용액

5 다양한 생물과 우리 생활

1

과학자의 탐구

이 단원에서 무엇을 공부할지 알아보아요.

공부할 내용	쪽수	교과서 쪽수
1 과학자는 어떻게 탐구 문제를 정할까요	8쪽	『과학』 8~9쪽 『실험 관찰』 8쪽
2 과학자는 어떻게 실험을 계획할까요	9쪽	『과학』 10~11쪽 『실험 관찰』 9~10쪽
3 과학자는 어떻게 실험을 할까요	10쪽	『과학』 12~13쪽 『실험 관찰』 11쪽
4 과학자는 어떻게 실험 결과를 정리하고 해석할까요 **5** 과학자는 어떻게 결론을 내릴까요	11쪽	『과학』 14~17쪽 『실험 관찰』 12~13쪽

1 과학자는 어떻게 탐구 문제를 정할까요

❶ 문제 인식하기

1 파스퇴르의 연구

① 파스퇴르는 우연히 공기 중에 오랫동안 놓아두어 독성이 약해진 콜레라균을 닭에게 주사하게 되었습니다.

② 닭들이 콜레라에 걸릴 것으로 예상했지만, 닭들이 콜레라를 가볍게 앓고 나서 곧 건강해지는 것을 발견했습니다.

독성이 약해진 콜레라균을 닭에게 주사함. ➡ 닭들이 콜레라를 가볍게 앓고 나서 곧 건강해짐. ➡ 닭들이 건강해진 까닭이 궁금해짐.

콜레라

콜레라는 콜레라균에 의해 일어나는 전염병입니다. 닭이 콜레라에 걸리면 볏이 붓고 설사를 하거나 숨을 잘 쉬지 못합니다.

2 문제 인식

① 과학자는 우리 주변의 자연 현상을 관찰하고, 관찰한 현상에서 궁금한 점이 생기면 이를 해결하려고 탐구를 합니다.

② 문제 인식: 탐구할 문제를 찾아 명확하게 나타내는 것 ➡ 과학 지식이나 관찰한 사실로부터 새로운 생각이나 질문을 떠올립니다.

③ 탐구 문제는 '왜 그럴까?', '이것은 무엇일까?', '~하면 어떻게 될까?'와 같은 질문 형식으로 명확하고 간결하게 정합니다.

[파스퇴르의 탐구 문제]
"왜 독성이 약한 콜레라균을 주사한 닭들은 건강해졌을까?"

❷ 탐구 문제를 정할 때 생각할 점

- 실제로 탐구할 수 있는 내용이어야 합니다.
- 탐구하고 싶은 내용이 분명하게 드러나야 합니다.
- 탐구할 범위가 좁고 구체적이어야 합니다.
- 너무 거창하거나 단순한 문제를 정하지 않아야 합니다.

용어 사전

★ 인식 사물을 분별하고 판단하여 앎.

➡ 바른답·알찬풀이 2 쪽

문제로 개념 탄탄

1 다음 (　　) 안에 들어갈 알맞은 말을 써 봅시다.

탐구할 문제를 찾아 명확하게 나타내는 것을 (　　　　)(이)라고 한다.

(　　　　　　　　)

2 다음은 탐구 문제를 정할 때 생각할 점에 대한 설명입니다. 옳은 것에 ○표, 옳지 않은 것에 ×표 해 봅시다.

(1) 탐구할 범위가 넓고 불명확해야 한다. (　　)

(2) 탐구하고 싶은 내용이 분명하게 드러나야 한다. (　　)

(3) 탐구하지 않아도 알 수 있는 단순한 문제를 정해야 한다. (　　)

과학자는 어떻게 실험을 계획할까요

❶ 가설을 설정하고 실험 계획하기

1 가설 설정: 관찰한 사실이나 경험을 바탕으로 하여 탐구 문제에 대한 잠정적인 결론을 내려 보는 것

> **[파스퇴르의 가설]** "독성이 약한 콜레라균을 주사한 닭은 독성이 약한 콜레라균을 주사하지 않은 닭보다 콜레라에 걸리지 않을 것이다."

2 실험 계획: 가설이 맞는지 확인하기 위해 실험을 계획합니다.

- 변인 통제: 실험과 관련된 조건을 확인하고 통제하는 것 다르게 해야 할 조건과 같게 해야 할 조건을 정해요.

[파스퇴르의 실험 계획]

- 실험 방법: 독성이 약한 콜레라균을 주사한 닭들과 독성이 약한 콜레라균을 주사하지 않은 닭들에게 모두 콜레라균을 주사한 뒤 그 결과를 비교해 봅니다.
- 다르게 해야 할 조건과 같게 해야 할 조건

다르게 해야 할 조건	같게 해야 할 조건
콜레라균을 주사하기 전에 두 무리 중 한 무리의 닭에게만 독성이 약한 콜레라균을 주사한 뒤 다시 건강해진 것을 확인하기	닭의 종류와 크기, 닭의 처음 건강 상태, 닭이 지내는 환경, 콜레라균을 주사하는 양 등

- 관찰하거나 측정해야 할 것: 독성이 약한 콜레라균을 주사한 닭들과 독성이 약한 콜레라균을 주사하지 않은 닭들에게 모두 콜레라균을 주사한 뒤 닭들의 건강 상태 변화를 관찰합니다.

❷ 실험을 계획할 때 생각할 점

- 다르게 해야 할 조건과 같게 해야 할 조건을 정합니다.
- 관찰하거나 측정해야 할 것이 무엇인지 확인합니다.
- 실험에 필요한 준비물, 실험 방법, 실험 과정 등을 구체적으로 정합니다.
- 실험하면서 지켜야 할 안전 수칙을 생각합니다.

가설 설정

가설은 "(다르게 해야 할 조건)이 ~하면 (관찰하거나 측정해야 할 것)이 ~할 것이다."와 같이 설정할 수 있습니다.

변인 통제를 하는 까닭

변인 통제가 이루어지지 않으면 실험에 영향을 끼치는 조건이 무엇인지 확인하기 어렵습니다. 따라서 실험과 관련된 조건을 확인하고, 변인을 통제하여 실험해야 합니다.

용어 사전

- ★ 가설 어떤 사실을 설명하기 위해 임시로 정한 해답
- ★ 변인 성질이나 모습이 변하는 원인

1 단원

공부한 날 월 일

바른답·알찬풀이 2 쪽

문제로 개념 탄탄

1 다음은 파스퇴르가 세운 가설입니다. (　　) 안에 들어갈 알맞은 말에 ○표 해 봅시다.

> 독성이 약한 콜레라균을 주사한 닭은 독성이 약한 콜레라균을 주사하지 않은 닭보다 콜레라에 (잘 걸릴 것이다, 걸리지 않을 것이다).

2 실험과 관련된 조건을 확인하고 통제하는 것을 무엇이라고 하는지 써 봅시다.

(　　　　　　　　　　　　)

3 과학자는 어떻게 실험을 할까요

파스퇴르가 실험을 할 때 주의한 점

- 한 무리의 닭들에게만 독성이 약한 콜레라균을 주사했습니다.
- 같은 종류의 크기가 비슷한 건강한 닭들을 골라 실험했습니다.
- 두 무리의 닭들에게 모두 같은 양의 콜레라균을 주사했습니다.
- 두 무리의 닭들이 같은 환경에서 지내게 했습니다.
- 닭들의 건강 상태를 꼼꼼하게 관찰하고 자세히 기록했습니다.
- 실험 결과를 사실 그대로 기록했습니다.
- 실험하는 동안 안전 수칙을 철저히 지켰습니다.

용어 사전

★ 수칙 행동이나 절차에 관하여 지켜야 할 사항을 정한 규칙

1 실험하기

1 파스퇴르의 실험 과정

① 크기가 비슷한 건강한 닭들을 두 무리로 나누고, 한 무리의 닭들에게만 독성이 약한 콜레라균을 주사했습니다.

② 독성이 약한 콜레라균을 주사한 닭의 무리가 콜레라를 가볍게 앓고 건강해진 것을 확인했습니다. 이후 두 무리의 닭들에게 모두 같은 양의 콜레라균을 주사했습니다.

③ 두 무리의 닭들을 같은 닭장에 풀어 두고 닭들의 건강 상태를 꼼꼼하게 살펴보았습니다.

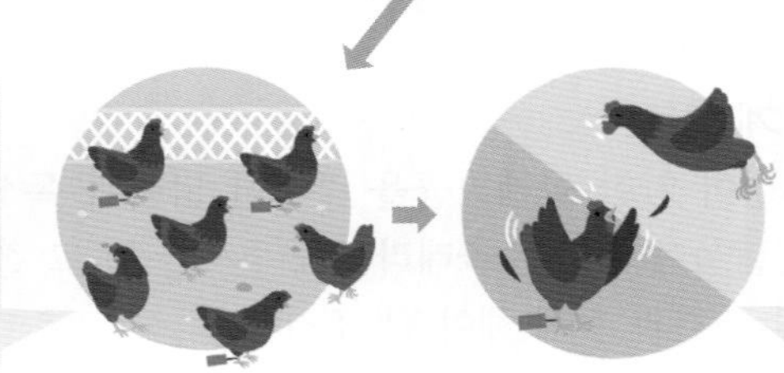

④ 독성이 약한 콜레라균을 주사한 닭과 독성이 약한 콜레라균을 주사하지 않은 닭의 건강 상태에 어떠한 변화가 있는지 자세히 관찰했습니다.

2 실험: 탐구 문제를 해결하려고 실험 계획에 따라 실험을 합니다. ➡ 실험은 가설이 맞는지 확인하기 위해 증거를 찾는 과정입니다.

2 실험을 할 때 주의할 점

- 변인 통제에 주의하면서 실험 계획에 따라 실험합니다.
- 실험하는 동안 관찰하거나 측정한 내용은 자세히 기록합니다.
- 실험 결과를 사실 그대로 기록하고, 실험 결과가 예상과 다르더라도 고치거나 빼지 않습니다.
- 실험하는 동안 안전 수칙을 철저히 지킵니다.

➡ 바른답·알찬풀이 2 쪽

문제로 개념 탄탄

1 다음 (   ) 안에 들어갈 알맞은 말을 써 봅시다.

(   )은/는 가설이 맞는지 확인하기 위해 증거를 찾는 과정이다.

(   )

2 다음은 실험을 할 때 주의할 점에 대한 설명입니다. 옳은 것에 ○표, 옳지 않은 것에 ×표 해 봅시다.

(1) 실험하는 동안 안전 수칙을 철저히 지킨다. (   )
(2) 실험 결과가 예상과 다르더라도 고치거나 빼지 않는다. (   )
(3) 실험하는 동안 관찰한 내용은 기록하고 싶은 것만 기록한다. (   )

4~5 과학자는 어떻게 실험 결과를 정리하고 해석할까요 과학자는 어떻게 결론을 내릴까요

1 실험 결과를 정리하고 해석하기

1 자료 변환: 실험 결과를 한눈에 알아보기 쉬운 형태로 바꾸어 정리하는 것 (그림, 표, 그래프 등으로 정리해요.)

2 자료 해석: 자료 사이의 관계나 규칙을 찾아내는 것

[파스퇴르의 실험 결과] 콜레라균을 주사한 뒤 시간에 따라 살아 있는 닭의 수 변화

표

구분		독성이 약한 콜레라균을 주사한 닭	독성이 약한 콜레라균을 주사하지 않은 닭
살아 있는 닭의 수(마리)	처음	10	10
	1 일 뒤	10	6
	2 일 뒤	10	1

살아 있는 닭의 수가 변하지 않았어요. 살아 있는 닭의 수가 줄어들었어요.

그래프

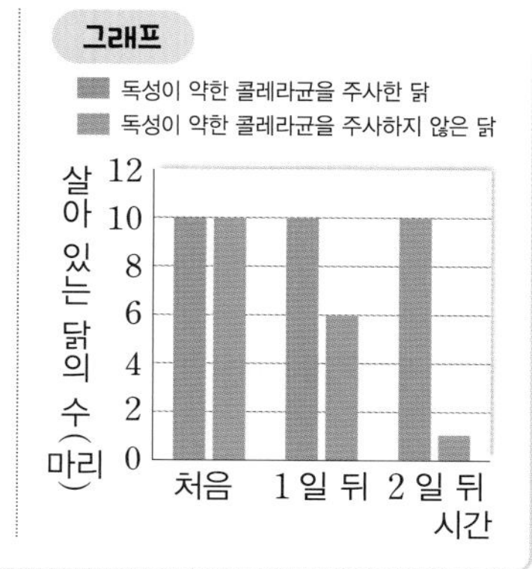

3 실험 결과를 정리하고 자료를 해석할 때 생각할 점

① 실험 결과를 가장 잘 나타낼 수 있는 형태로 정리합니다.

② 정리한 자료를 해석하여 자료 사이의 관계나 규칙을 찾아봅니다.

2 결론 도출하기

1 결론 도출: 실험 결과를 해석하여 객관적이고 타당한 결론을 이끌어 내는 과정

→ 결론을 얻게 되면 처음 세운 가설이 옳은지 그른지 판단할 수 있습니다.

[파스퇴르의 결론] "실험 결과에 의하면 독성이 약한 콜레라균을 주사한 닭은 독성이 약한 콜레라균을 주사하지 않은 닭보다 콜레라에 걸리지 않는다."

1 단원

공부한 날 월 일

표와 그래프의 특징

- 표는 많은 양의 실험 결과를 체계적으로 정리할 수 있습니다.
- 그래프는 실험 조건과 실험 결과의 관계를 알아보기 쉽게 나타낼 수 있습니다.

창의적으로 생각해요 『과학』 18 쪽

파스퇴르는 전염병을 예방하는 방법을 알아내려고 끊임없이 노력했습니다. 이러한 파스퇴르의 노력이 오늘날 우리 생활에 끼친 영향을 생각해 봅시다.

예시 답안 파스퇴르는 닭 콜레라, 탄저병, 광견병 등을 예방하는 백신을 개발하여 사람뿐만 아니라 여러 동물을 전염병으로부터 보호하여 건강한 삶을 살 수 있게 도와주었다.

용어 사전

★ 도출 판단이나 결론을 이끌어 냄.

➔ 바른답·알찬풀이 2 쪽

문제로 개념 탄탄

1 자료 변환과 자료 해석에 대한 설명으로 옳은 것끼리 선으로 연결해 봅시다.

(1) 자료 변환 •   • ㉠ 실험 결과를 나타낸 자료 사이의 관계나 규칙을 찾아내는 것

(2) 자료 해석 •   • ㉡ 실험 결과를 한눈에 알아보기 쉬운 형태로 정리하는 것

2 실험 결과를 해석하여 객관적이고 타당한 결론을 이끌어 내는 과정을 무엇이라고 하는지 써 봅시다.

( )

01 다음 중 탐구 문제를 정할 때 생각할 점으로 옳지 않은 것은 어느 것입니까? ( )

① 탐구할 범위가 좁아야 한다.
② 스스로 탐구할 수 있어야 한다.
③ 탐구할 범위가 구체적이어야 한다.
④ 간단한 조사만으로 알 수 있어야 한다.
⑤ 탐구하고 싶은 내용이 분명하게 드러나야 한다.

[02~03] 다음은 파스퇴르의 닭 콜레라 연구에 대한 내용입니다. 물음에 답해 봅시다.

> 파스퇴르는 독성이 약한 콜레라균을 주사한 닭들이 콜레라를 가볍게 앓고 나서 곧 건강해지는 것을 발견했다. 파스퇴르는 독성이 약한 콜레라균을 주사한 닭들이 건강해진 까닭이 궁금해졌다.

02 파스퇴르가 정한 탐구 문제로 가장 적절한 것을 보기에서 골라 기호를 써 봅시다.

> 보기
> ㉠ 닭이 콜레라에 걸리면 죽을까?
> ㉡ 닭은 모두 콜레라에 걸리지 않을까?
> ㉢ 왜 독성이 약한 콜레라균을 주사한 닭들은 건강해졌을까?

( )

03 다음은 파스퇴르가 탐구 문제를 해결하기 위해 수행한 과정에 대한 설명입니다. ( ) 안에 들어갈 알맞은 말을 써 봅시다.

> 파스퇴르는 "독성이 약한 콜레라균을 주사한 닭은 독성이 약한 콜레라균을 주사하지 않은 닭보다 콜레라에 걸리지 않을 것이다."라는 ( )을/를 세웠다.

( )

04 다음 중 실험을 계획할 때 생각할 점으로 옳지 않은 것은 어느 것입니까? ( )

① 준비물, 실험 방법 등을 구체적으로 정한다.
② 스스로 실행할 수 없는 실험 과정을 정한다.
③ 실험하면서 지켜야 할 안전 수칙을 생각한다.
④ 관찰하거나 측정해야 할 것이 무엇인지 확인한다.
⑤ 다르게 해야 할 조건과 같게 해야 할 조건을 정한다.

05 실험을 할 때 주의할 점으로 옳은 것을 보기에서 골라 기호를 써 봅시다.

> 보기
> ㉠ 계획한 과정에 따라 실험한다.
> ㉡ 실험 결과가 예상과 다르면 수정한다.
> ㉢ 다르게 해야 할 조건과 같게 해야 할 조건은 지키지 않아도 된다.

( )

06 다음 ( ) 안에 들어갈 알맞은 말을 각각 옳게 짝 지은 것은 어느 것입니까? ( )

> • 실험 결과를 표나 그래프의 형태로 바꾸어 정리하는 것을 (㉠)(이)라고 한다.
> • 실험 결과를 통해 알 수 있는 점을 생각하고, 자료 사이의 관계나 규칙을 찾아내는 것을 (㉡)(이)라고 한다.

	㉠	㉡
①	문제 인식	변인 통제
②	자료 변환	결론 도출
③	자료 변환	자료 해석
④	자료 해석	자료 변환
⑤	자료 해석	결론 도출

07 다음은 파스퇴르가 독성이 약한 콜레라균을 주사한 닭의 무리와 독성이 약한 콜레라균을 주사하지 않은 닭의 무리에 각각 같은 양의 콜레라균을 주사한 뒤 얻은 실험 결과입니다. 이에 대한 설명으로 옳은 것은 어느 것입니까? ( )

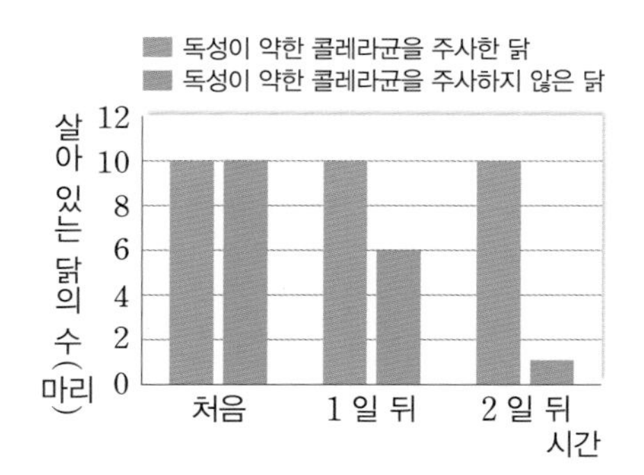

① 실험 결과를 표로 정리한 것이다.
② 닭은 독성이 약한 콜레라균에도 죽는다.
③ 독성이 약한 콜레라균을 주사한 닭의 무리는 콜레라균을 주사한 뒤에도 죽지 않았다.
④ 독성이 약한 콜레라균을 주사한 닭의 무리는 시간이 지남에 따라 살아 있는 닭의 수가 줄어들었다.
⑤ 독성이 약한 콜레라균을 주사하지 않은 닭의 무리는 시간이 지나도 살아 있는 닭의 수가 변하지 않았다.

08 다음은 과학 탐구 과정을 순서 없이 나열한 것입니다. 적절한 순서대로 기호를 써 봅시다.

> (가) 실험하기
> (나) 결론 도출하기
> (다) 가설을 설정하고 실험 계획하기
> (라) 문제 인식 및 탐구 문제 정하기
> (마) 실험 결과를 정리하고 해석하기

( ) → ( ) → ( )
→ ( ) → ( )

서술형 문제

09 다음은 파스퇴르가 독성이 약한 콜레라균을 주사한 닭을 관찰한 뒤 세운 가설입니다.

> 독성이 약한 콜레라균을 주사한 닭은 독성이 약한 콜레라균을 주사하지 않은 닭보다 콜레라에 걸리지 않을 것이다.

(1) 위 가설이 맞는지 확인하기 위해 실험을 계획할 때 같게 해야 할 조건을 두 가지 써 봅시다.

(2) 다음은 위 가설을 검증하기 위해 파스퇴르가 수행한 실험 과정을 순서대로 나열한 것입니다. 과정 (나)의 빈칸에 들어갈 알맞은 내용을 설명해 봅시다.

> (가) 크기가 비슷한 건강한 닭들을 두 무리로 나누고, 한 무리의 닭들에게만 독성이 약한 콜레라균을 주사했다.
> (나) 독성이 약한 콜레라균을 주사한 닭의 무리가 콜레라를 가볍게 앓고 건강해진 것을 확인했다. 이후 두 무리의 닭들에게 ______________
> (다) 두 무리의 닭들을 같은 닭장에 풀어 두고 닭들의 건강 상태를 꼼꼼하게 살펴보았다.

10 표 형태로 실험 결과를 정리할 때 좋은 점을 한 가지 설명해 봅시다.

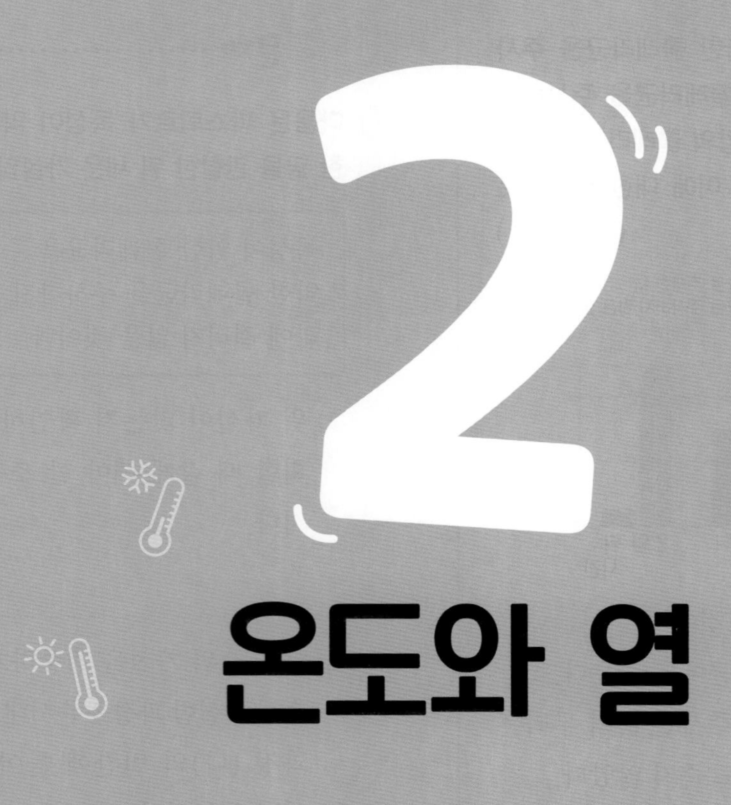

온도와 열

이 단원에서 무엇을 공부할지 알아보아요.

『과학』 20~21 쪽

따뜻하거나 차가운 정도가 보이는 물체

안전 컵을 만들어 따뜻하거나 차가운 정도를 눈으로 확인하고 안전하게 사용해 봅시다.

안전 컵 만들기

❶ 컵에 뜨거운 물을 사용할 때의 주의 사항을 그립니다.

❷ 컵에 그린 그림을 모두 덮는 크기로 열 변색 붙임딱지를 잘라 붙입니다.

❸ 완성한 안전 컵에 차가운 물과 따뜻한 물을 각각 부어 보고 컵에서 나타나는 변화를 살펴봅시다.

- 안전 컵에 그린 그림이 언제 보이는지 설명해 봅시다.

예시 답안 안전 컵에 30.0 ℃ 이상의 따뜻한 물을 부으면 열 변색 붙임딱지가 투명해지면서 그림이 나타난다.

온도를 정확하게 측정하는 까닭은 무엇일까요
온도계는 어떻게 사용할까요

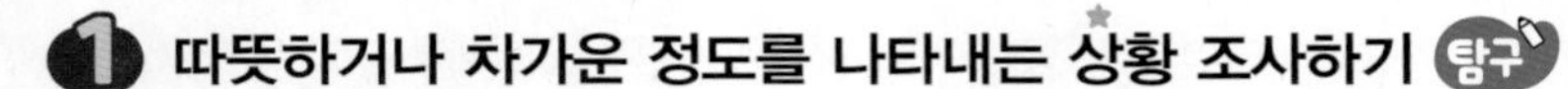

실험 관찰

따뜻하거나 차가운 정도를 사람마다 다르게 느끼는 상황

- 따뜻한 실내에서 추운 밖으로 나올 때 사람마다 따뜻하거나 차가운 정도를 다르게 느낍니다.
- 같은 장소에 있더라도 사람마다 차갑거나 따뜻한 정도를 다르게 느낄 수 있습니다.

공기의 온도는 기온, 물의 온도는 수온, 몸의 온도는 체온이라고 해요.

용어 사전

★ 상황 일이 되어가는 과정이나 형편

★ 재배 식물을 심어 가꿈.

❶ 따뜻하거나 차가운 정도를 나타내는 상황 조사하기 탐구

1 따뜻하거나 차가운 정도를 어림하는 상황과 측정하는 상황

건강 상태를 확인할 때	음료수 캔을 고를 때
이마를 짚어 어림할 수도 있고, 온도계로 측정할 수도 있음.	음료수 캔에 맺힌 물방울을 보고 어림할 수도 있고, 온도계로 측정할 수도 있음.
고기를 구울 때	**어항의 물을 갈 때**
고기의 색깔을 보고 어림할 수도 있고, 온도계로 측정할 수도 있음.	물에 손을 넣어 어림할 수도 있고, 온도계로 측정할 수도 있음.

2 따뜻하거나 차가운 정도를 측정할 때의 좋은 점: 물체의 따뜻하거나 차가운 정도를 정확하게 알 수 있습니다.

❷ 온도를 정확하게 측정하는 상황과 까닭

1 온도: 물체의 따뜻하거나 차가운 정도를 나타낸 것(단위: ℃(섭씨도))

2 온도의 측정: 온도계를 사용해 물체의 온도를 정확하게 측정합니다.

3 일상생활에서 온도를 정확하게 측정하는 상황 발효 음식을 만들 때, 갓난아기의 목욕물 온도가 적절한지 확인할 때에도 온도를 정확하게 측정해요.

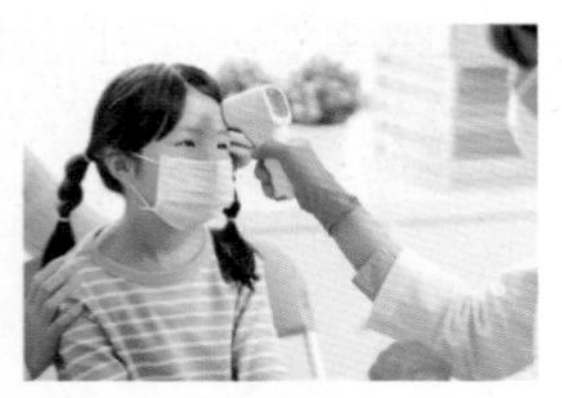

▲ 건강 상태를 확인할 때

▲ 요리할 때

▲ 식물을 재배할 때

4 온도를 정확하게 측정하는 까닭: 온도가 우리 생활에 미치는 영향이 크므로 온도를 정확하게 측정해야 합니다.

문제로 **개념 탄탄**

정답 확인

1 일상생활에서 따뜻하거나 차가운 정도를 정확하게 측정해야 하는 상황으로 옳지 않은 것을 보기에서 골라 기호를 써 봅시다.

보기

㉠ 식물을 재배할 때 ㉡ 밀가루의 무게를 잴 때 ㉢ 체온을 잴 때

( )

3 온도계의 사용법 알아보기 탐구

구분	적외선 온도계	비접촉식 체온계	알코올 온도계
사용법	온도를 측정할 물체의 표면 쪽으로 온도계를 향하게 함. ➞ 온도 측정 단추를 누르면 온도 표시 창에 물체의 온도가 나타남.		고리, 몸체, 관, 눈금, 액체 기둥, 액체샘 온도를 측정할 물체에 온도계를 넣음. ➞ 액체샘에 있는 빨간색 액체가 몸체 속의 관을 따라 움직이다 멈춤. ➞ 액체 기둥의 끝이 닿은 위치에 눈높이를 맞춰 눈금을 읽음.
쓰임새	고체의 온도 측정	체온 측정	주로 액체나 기체의 온도 측정

4 여러 가지 물체의 온도 측정하기 탐구

1 여러 가지 물체의 온도 측정하기

쓰임새에 맞는 온도계를 사용해야 온도를 측정하기 편리해요.

운동장의 공기, 교실의 공기, 어항 속 물	알코올 온도계를 사용해 측정함.
나무 그늘에 있는 흙, 햇빛이 비치는 곳에 있는 흙, 책상	적외선 온도계를 사용해 측정함.

➞ 쓰임새에 맞는 온도계를 사용해야 온도를 정확하게 측정할 수 있습니다.

2 온도계를 사용해 물체의 온도를 측정하는 까닭

① 물체의 온도는 물체가 놓인 장소나 햇빛의 양, 측정 시각 등에 따라 다르기 때문

② 같은 물체라도 온도가 다를 수 있고, 다른 물체라도 온도가 같을 수 있기 때문

온도를 읽는 방법

'36.8 ℃'는 '섭씨 삼십육 점 팔 도'라고 읽습니다.

2 단원

공부한 날 월 일

『과학』 23 쪽

1 물체의 따뜻하거나 차가운 정도는 (　　　)(으)로 측정합니다.

2 (사고력) 냉장 식품을 보관하는 곳의 온도를 정확하게 측정하는 까닭을 설명해 봅시다.

『과학』 27 쪽

1 교실의 기온은 (적외선 온도계, 알코올 온도계)로 측정합니다.

2 (의사소통 능력) 체온을 측정했던 경험을 떠올려 보고, 그때 사용한 온도계의 사용 방법을 이야기해 봅시다.

➔ 바른답·알찬풀이 4쪽

2 알코올 온도계에 대한 설명으로 옳은 것에 ○표, 옳지 않은 것에 ×표 해 봅시다.

(1) 주로 액체나 기체의 온도를 측정할 때 사용한다. (　　)

(2) 빨간색 액체의 움직임이 멈추기 전에 눈금을 읽는다. (　　)

(3) 액체 기둥의 끝이 닿은 위치에 눈높이를 맞춰 눈금을 읽는다. (　　)

3 다음과 같이 온도를 측정할 때 적절한 온도계끼리 선으로 이어 봅시다.

(1) 공기의 온도 • 　　　　• ㉠ 적외선 온도계

(2) 몸의 온도 • 　　　　• ㉡ 알코올 온도계

(3) 책상의 온도 • 　　　　• ㉢ 비접촉식 체온계

창의적으로 생각해요 『과학』 29 쪽

우리 주변에서 열화상 사진기를 어떻게 활용할 수 있을지 설명해 봅시다.

예시 답안 산에서 길을 잃은 사람들을 찾을 때 무인 비행 물체에 열화상 사진기를 설치하여 찾으면 빠르게 찾을 수 있다.

공부한 내용을

 자신 있게 설명할 수 있어요.

 설명하기 조금 힘들어요.

 어려워서 설명할 수 없어요.

3 온도가 다른 두 물체가 접촉하면 두 물체의 온도는 어떻게 변할까요

❶ 온도가 다른 두 물체가 접촉★할 때 두 물체의 온도 변화 측정하기 탐구

실험 동영상

탐구 과정

❶ 차가운 물이 담긴 음료수 캔을 따뜻한 물이 담긴 비커에 넣습니다.
❷ 알코올 온도계 두 개를 스탠드에 매달아 비커와 음료수 캔에 각각 넣습니다.
❸ 1 분마다 비커와 음료수 캔에 담긴 물의 온도를 측정합니다.

알코올 온도계
차가운 물이 담긴 음료수 캔
따뜻한 물이 담긴 비커

탐구 결과

시간(분)	0	1	2	3	4	5	6	7	8	9
비커에 담긴 물의 온도(°C)	45.0	40.0	37.9	36.2	35.9	35.0	34.9	34.0	32.9	32.9
음료수 캔에 담긴 물의 온도(°C)	23.2	27.0	29.0	30.0	30.1	31.0	31.2	31.9	32.9	32.9

❶ 비커에 담긴 따뜻한 물의 온도는 점점 낮아지고, 음료수 캔에 담긴 차가운 물의 온도는 점점 높아집니다.
❷ 두 물이 접촉한 채로 시간이 지나면 두 물의 온도는 같아집니다.

❷ 온도가 다른 두 물체가 접촉할 때 열의 이동

1 온도가 다른 두 물체가 접촉할 때 두 물체의 온도 변화

온도가 높은 물체: 온도가 낮아집니다.
온도가 낮은 물체: 온도가 높아집니다.
➡ 두 물체가 접촉한 채로 시간이 지나면 두 물체의 온도는 같아집니다.

2 접촉한 두 물체의 온도가 변하는 까닭: 열의 이동 때문입니다. ➡ 접촉한 두 물체 사이에서 열은 온도가 높은 물체에서 온도가 낮은 물체로 이동합니다.

3 온도가 다른 두 물체가 접촉할 때 열의 이동

구분	삶은 달걀과 얼음물	손난로와 손	생선과 얼음
열의 이동	온도가 낮은 얼음물 / 열 / 온도가 높은 달걀	온도가 높은 손난로 / 열 / 온도가 낮은 손	온도가 높은 생선 / 열 / 온도가 낮은 얼음
온도 변화	달걀 온도가 낮아짐. 얼음물 온도가 높아짐.	손난로 온도가 낮아짐. 손 온도가 높아짐.	생선 온도가 낮아짐. 얼음 온도가 높아짐.

실험 관찰

알코올 온도계를 비커와 음료수 캔에 넣는 방법
- 알코올 온도계의 액체샘 부분이 물에 충분히 잠기도록 설치합니다.
- 알코올 온도계가 비커나 음료수 캔에 접촉하지 않도록 주의합니다.

일상생활에서 온도가 다른 두 물체가 접촉할 때 열의 이동
- 뜨거운 얼굴에 차가운 물병을 대면 열이 얼굴에서 물병으로 이동합니다.
- 그릇에 뜨거운 국을 담으면 열은 국에서 그릇으로 이동합니다.
- 차가운 물에 수박을 담그면 열은 수박에서 물로 이동합니다.
- 차가운 물에 삶은 면을 넣으면 열은 면에서 물로 이동합니다.

용어 사전
★ 접촉 서로 맞닿음.

바른답·알찬풀이 4 쪽

스스로 확인해요 『과학』 31 쪽

1 온도가 다른 두 물체가 접촉할 때 온도가 높은 물체에서 온도가 낮은 물체로 (　　　)이/가 이동합니다.

2 (사고력) 여름철 공기 중에 있는 아이스크림이 녹을 때 열은 어떻게 이동하는지 추리해 봅시다.

문제로 개념 탄탄

➔ 바른답·알찬풀이 4 쪽

[1~2] 오른쪽과 같이 차가운 물이 담긴 음료수 캔을 따뜻한 물이 담긴 비커에 넣고, 1 분마다 음료수 캔과 비커에 담긴 물의 온도를 측정했습니다. 물음에 답해 봅시다.

1 다음은 위 실험에서 비커와 음료수 캔에 담긴 물의 온도 변화에 대한 설명입니다. (　　) 안에 들어갈 알맞은 말에 각각 ○표 해 봅시다.

- 비커에 담긴 물의 온도는 점점 ㉠ (높아진다, 낮아진다).
- 음료수 캔에 담긴 물의 온도는 점점 ㉡ (높아진다, 낮아진다).

2 다음 (　　) 안에 들어갈 알맞은 말을 써 봅시다.

비커와 음료수 캔에 담긴 물의 온도가 변하는 까닭은 접촉한 두 물 사이에서 (　　　　)이/가 이동하기 때문이다.

(　　　　　　　　)

3 오른쪽과 같이 삶은 달걀을 얼음물에 담갔을 때 온도가 낮아지는 물체를 써 봅시다.

(　　　　　　　　)

4 오른쪽과 같이 운동 후 뜨거워진 얼굴에 차가운 물병을 갖다 대었을 때에 대한 설명으로 옳은 것에 ○표, 옳지 않은 것에 ×표 해 봅시다.

(1) 얼굴에서 물병으로 열이 이동한다. (　　)

(2) 얼굴의 온도는 점점 높아지고, 물병의 온도는 점점 낮아진다. (　　)

2 단원

공부한 날 월 일

공부한 내용을
- 자신 있게 설명할 수 있어요.
- 설명하기 조금 힘들어요.
- 어려워서 설명할 수 없어요.

정답 확인

01 다음 중 온도를 정확하게 측정해야 하는 상황으로 옳지 않은 것은 어느 것입니까? (　　　)

① 몸무게를 잴 때
② 식물을 재배할 때
③ 체온을 측정할 때
④ 튀김 요리를 할 때
⑤ 아기의 목욕물을 받을 때

02 다음은 온도에 대한 학생 (가)~(다)의 대화입니다. 옳게 말한 학생은 누구인지 써 봅시다.

물체의 온도는 측정하는 장소에 영향을 받지 않아.

(가)

물체의 따뜻하거나 차가운 정도는 온도로 나타내.

(나)

우리가 주로 사용하는 온도의 단위는 kg중이야.

(다)

(　　　　　　　　)

03 다음 설명에 해당하는 온도계의 이름을 써 봅시다.

- 운동장의 기온을 측정할 때 사용한다.
- 고리, 몸체, 액체샘으로 이루어져 있다.
- 어항 속 물의 온도를 측정할 때 사용한다.

(　　　　　　　　)

[04~05] 다음은 여러 가지 온도계의 모습입니다. 물음에 답해 봅시다.

㉠ ㉡ ㉢

04 위 여러 가지 온도계 중 체온을 측정할 때 사용하기 가장 적절한 것을 골라 기호를 써 봅시다.

(　　　　　　　　)

중요

05 위 여러 가지 온도계에 대한 설명으로 옳지 않은 것은 어느 것입니까? (　　　)

① ㉠과 ㉡은 같은 원리로 온도를 측정한다.
② ㉢은 온도 표시 창에 물체의 온도가 나타난다.
③ ㉠을 사용할 때에는 사람의 눈을 향하지 않도록 주의한다.
④ ㉢은 온도계의 빨간색 액체의 움직임이 멈추면 눈금을 읽는다.
⑤ ㉠은 적외선 온도계, ㉡은 비접촉식 체온계, ㉢은 알코올 온도계이다.

서술형

06 물체의 온도를 측정할 때 온도계를 사용해야 하는 까닭을 두 가지 설명해 봅시다.

[07~08] 오른쪽은 알코올 온도계를 사용해 액체의 온도를 측정한 모습을 나타낸 것입니다. 물음에 답해 봅시다.

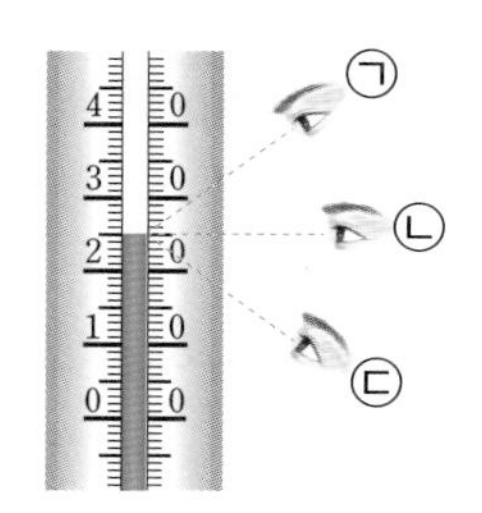

07 위 알코올 온도계의 눈금을 읽는 눈높이로 옳은 것을 골라 기호를 써 봅시다.

( )

08 위 알코올 온도계로 측정한 액체의 온도는 몇 ℃입니까? ( )

① 15.0 ℃ ② 20.0 ℃ ③ 25.0 ℃
④ 30.0 ℃ ⑤ 35.0 ℃

09 다음 중 온도가 다른 두 물체가 접촉할 때 두 물체 사이에서 열의 이동 방향을 화살표로 옳게 나타낸 것은 어느 것입니까? ( )

①

삶은 달걀을 차가운 얼음물에 담글 때

②
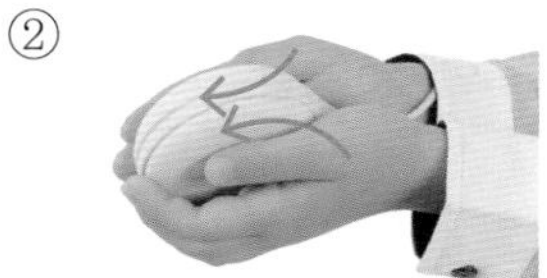
손으로 따뜻한 손난로를 잡고 있을 때

③

여름철 공기 중에 아이스크림이 있을 때

④

얼음 위에 생선을 올려놓을 때

[10~12] 다음은 온도가 다른 두 물체 (가)와 (나)가 접촉했을 때 두 물체의 온도 변화를 2 분마다 측정한 결과입니다. 물음에 답해 봅시다.

시간(분)	0	2	4	6	8
(가)의 온도(℃)	45.0	37.9	㉠	34.9	32.9
(나)의 온도(℃)	23.2	29.0	30.1	31.2	32.9

중요

10 위 실험에 대한 설명으로 옳지 않은 어느 것입니까? ( )

① (가)의 온도는 점점 낮아진다.
② (나)의 온도는 점점 높아진다.
③ 두 물체가 접촉하기 전 (가)의 온도가 (나)의 온도보다 높다.
④ 시간이 충분히 지나도 (가)의 온도가 (나)의 온도보다 높다.
⑤ 시간이 충분히 지나면 (가)의 온도와 (나)의 온도는 같아진다.

서술형

11 위 실험에서 두 물체 (가)와 (나) 사이에서 열이 이동하는 방향을 설명해 봅시다.

12 다음 ( ) 안에 들어갈 알맞은 말을 '높다'와 '낮다' 중 써 봅시다.

4 분일 때 ㉠은 37.9 ℃보다 ( ).

( )

2 단원

공부한 날 월 일

4 고체에서 열은 어떻게 이동할까요

실험 관찰

열 변색 붙임딱지의 특징

- 열 변색 붙임딱지는 온도에 따라 색깔이 변하는 붙임딱지입니다.
- 열 변색 붙임딱지의 색깔 변화를 통해 열이 어느 방향으로 이동하는지 알 수 있습니다.

1 고체에서 열의 이동 관찰하기 탐구

실험 동영상

탐구 과정

❶ 열 변색* 붙임딱지를 붙인 세 가지 모양의 구리판을 각각 스탠드에 고정합니다.

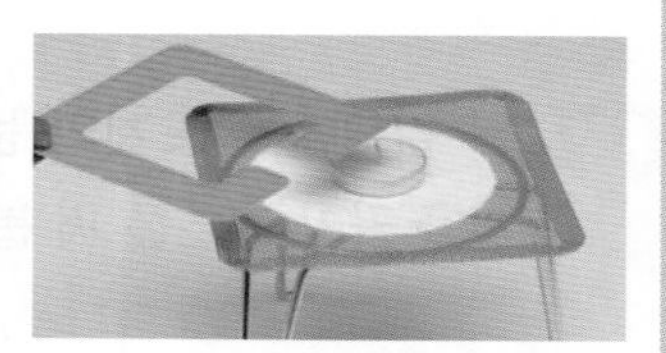

❷ 길게 자른 구리판의 한쪽 끝을 초로 가열*하면서 열 변색 붙임딱지의 색깔 변화를 관찰합니다.

❸ 정사각형 구리판의 한쪽 끝을 초로 가열하면서 열 변색 붙임딱지의 색깔 변화를 관찰합니다.

❹ ㄷ 모양 구리판의 한쪽 끝을 초로 가열하면서 열 변색 붙임딱지의 색깔 변화를 관찰합니다.

탐구 결과

길게 자른 구리판	정사각형 구리판	ㄷ 모양 구리판
열	열	열

❶ 구리판에서 열은 가열한 부분에서 멀어지는 방향으로 구리판을 따라 이동합니다.
❷ 구리판의 끊겨 있는 부분으로는 열이 이동하지 않습니다.

2 고체에서의 열의 이동

고체로 된 두 물체가 끊겨 있거나, 접촉하고 있지 않으면 그 부분으로 열의 전도는 잘 일어나지 않아요.

1 고체에서 열이 이동하는 방법: 전도 ➡ 고체에서 열은 온도가 높은 곳에서 온도가 낮은 곳으로 고체로 된 물체를 따라 이동합니다.

고체로 된 물체의 한 부분을 가열하면 가열한 부분의 온도가 먼저 높아짐. ➡ 온도가 높아진 부분에서 주변의 온도가 낮은 부분으로 열이 이동함. ➡ 시간이 지나면 주변의 온도가 낮았던 부분도 점점 온도가 높아짐.

2 고체에서 열이 이동하는 예

고기를 구울 때	뜨거운 물에 숟가락을 담갔을 때
철판, 고기 철판에서는 불과 가까이 있는 부분에서 멀어지는 쪽으로 열이 이동함.	 숟가락에서는 물에 담가 둔 부분에서 손잡이 쪽으로 열이 이동함.

용어 사전

* 변색 색깔이 변하여 달라짐.
* 가열 어떤 물체에 열을 가함.

바른답·알찬풀이 6 쪽

스스로 확인해요 『과학』 33 쪽

1 고체에서 열은 온도가 (높은, 낮은) 곳에서 온도가 (높은, 낮은) 곳으로 고체로 된 물체를 따라 이동합니다.

2 (사고력) 감자를 삶을 때 감자에 쇠젓가락을 꽂으면 쇠젓가락을 꽂지 않을 때보다 감자가 빨리 익는 까닭을 열의 이동과 관련지어 설명해 봅시다.

바른답·알찬풀이 6 쪽

공부한 날 월 일

1 고체에서 열이 이동하는 방법에 대한 설명으로 옳은 것에 ○표, 옳지 않은 것에 ×표 해 봅시다.

(1) 고체로 된 물체의 한 부분을 가열하면 온도가 높아진 부분에서 주변의 온도가 낮은 부분으로 열이 이동한다. (　　)

(2) 고체에서 열이 이동하는 방법을 전도라고 한다. (　　)

(3) 고체로 된 물체의 끊겨 있는 부분으로도 열이 잘 이동한다. (　　)

2 다음과 같이 열 변색 붙임딱지를 붙인 길게 자른 구리판의 한쪽 끝을 가열할 때 열 변색 붙임딱지의 색깔이 가장 먼저 변하는 부분의 기호를 써 봅시다.

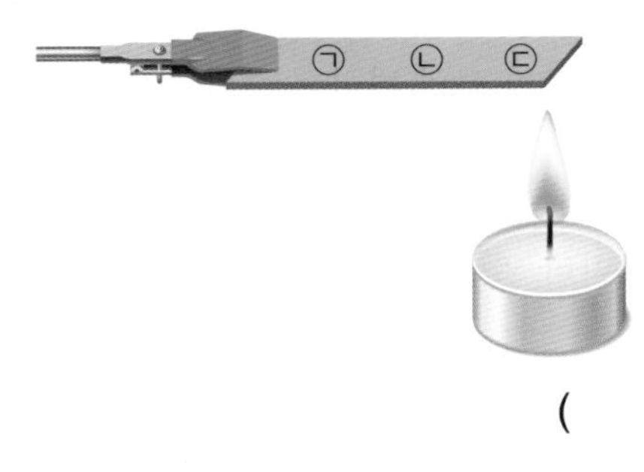

(　　　　　　)

3 다음과 같이 열 변색 붙임딱지를 붙인 ㄷ 모양 구리판의 한쪽 끝을 가열할 때 열 변색 붙임딱지의 색깔이 변하는 방향을 화살표로 나타내 봅시다.

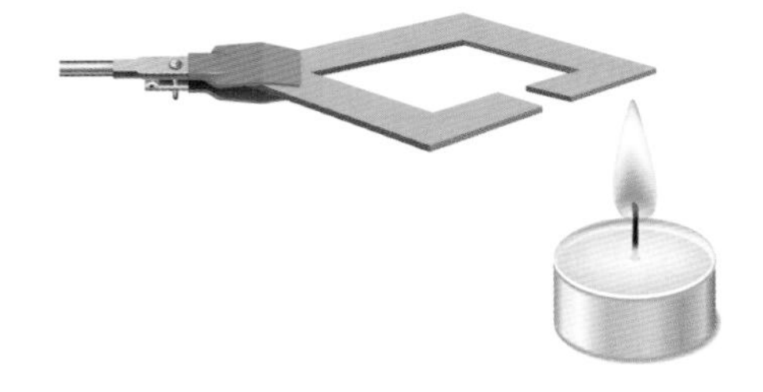

4 다음 (　　) 안에 들어갈 알맞은 말에 각각 ○표 해 봅시다.

> 고체에서 열은 온도가 ㉠ (높은, 낮은) 곳에서 온도가 ㉡ (높은, 낮은) 곳으로 고체로 된 물체를 따라 이동한다.

공부한 내용을

 자신 있게 설명할 수 있어요.

 설명하기 조금 힘들어요.

 어려워서 설명할 수 없어요.

고체 물질의 종류에 따라 열이 이동하는 빠르기는 어떻게 다를까요

두꺼운 종이로 비커의 윗부분을 덮는 까닭

뜨거운 물이 담긴 비커의 수증기 때문에 열 변색 붙임딱지의 색깔이 변할 수 있으므로 비커의 윗부분을 종이로 덮어 둡니다.

고체 물질의 종류에 따라 열을 전도하는 빠르기

고체 물질의 종류마다 열을 전도하는 정도가 다른데, 구리＞철＞유리＞나무 순으로 열을 잘 전도합니다.

냄비의 손잡이는 열이 잘 이동하지 않는 물질인 플라스틱, 나무 등으로 만들고, 냄비 바닥은 열이 잘 이동하는 물질인 금속으로 만들어요.

1 고체 물질의 종류에 따라 열이 이동하는 빠르기

1 고체 물질의 열전도 빠르기 비교하기 탐구

실험 동영상

탐구 과정

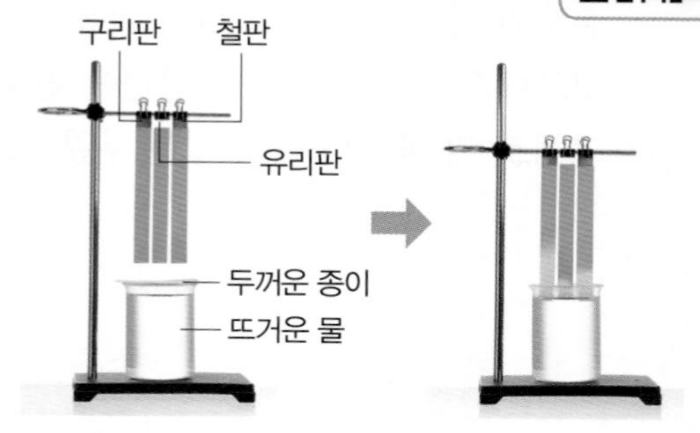

❶ 열 변색 붙임딱지를 붙인 구리판, 유리판, 철판을 스탠드에 매답니다.
❷ 두꺼운 종이를 덮은 뜨거운 물이 담긴 비커를 스탠드 바닥에 올려놓습니다.
❸ 두꺼운 종이를 치우고, 구리판, 유리판, 철판을 동시에 비커에 넣습니다.
❹ 열 변색 붙임딱지의 색깔이 변하는 빠르기를 비교합니다.

탐구 결과

❶ 열 변색 붙임딱지의 색깔이 빨리 변하는 순서: 구리판 – 철판 – 유리판 (열전도 빠르기: 구리＞철＞유리)
❷ 유리보다 금속에서 열이 더 빠르게 이동하고, 금속의 종류에 따라서도 열이 이동하는 빠르기가 다릅니다.
❸ 고체 물질의 종류에 따라 열이 이동하는 빠르기가 다릅니다.

2 고체 물질의 종류에 따라 열이 이동하는 빠르기가 다른 성질을 이용한 예

전기다리미	주전자
옷을 다리는 부분: 금속 → 열이 잘 이동함. 손잡이: 플라스틱 → 열이 잘 이동하지 않음.	손잡이: 플라스틱 → 열이 잘 이동하지 않음. 바닥: 금속 → 열이 잘 이동함.

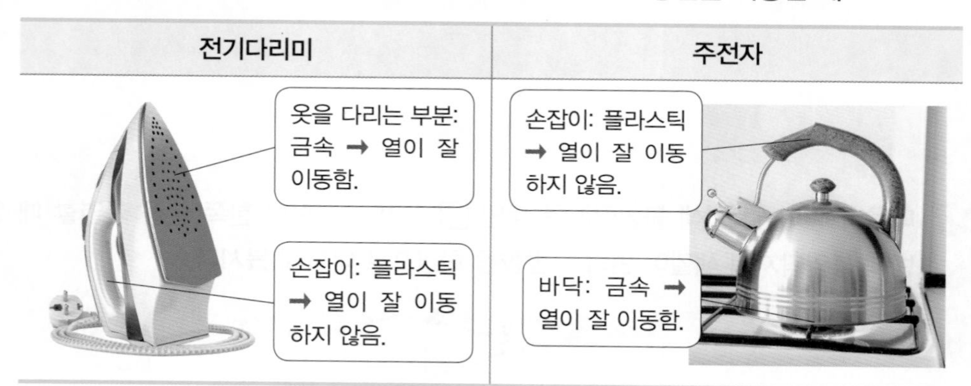

문제로 **개념 탄탄**

정답 확인

1 오른쪽은 열 변색 붙임딱지를 붙인 서로 다른 고체 판을 뜨거운 물이 담긴 비커에 동시에 넣은 모습입니다. ㉠~㉢을 열이 빠르게 이동하는 순서대로 기호를 써 봅시다.

( ) → ( ) → ( )

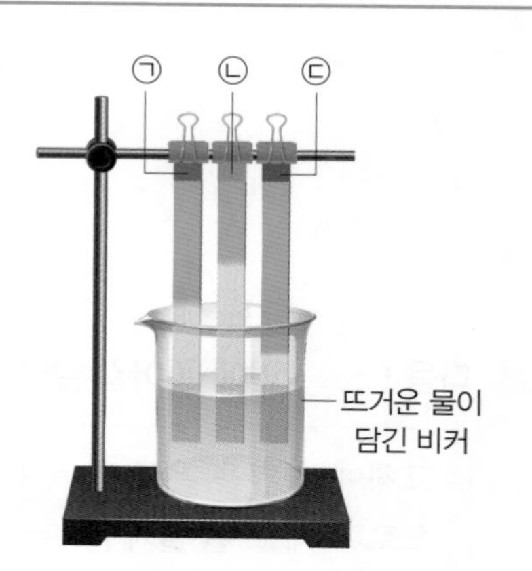

❷ 단열

1 단열

① 단열: 두 물체 사이에서 열의 이동을 막는 것

② 단열의 이용

- 방한복이나 침구류는 솜과 같은 재료를 이용해 열의 이동을 막습니다.
- 집의 벽, 바닥, 천장 등에 단열재를 사용하고 이중창을 설치하면 겨울이나 여름에 적정한 실내 온도를 오랫동안 유지할 수 있습니다.

창문에 에어 캡을 붙이면 창문을 통해 열이 이동하는 것을 막아 적정한 실내 온도를 유지할 수 있어요.

2 일상생활에서 단열을 이용하는 예 조사하기 

보랭 주머니	냄비 받침	방한 장갑
외부의 열이 물병으로 이동하는 것을 막아 얼린 물이 잘 녹지 않게 함.	뜨거운 그릇의 열이 식탁으로 이동하는 것을 막아 식탁이 깨지거나 망가지지 않게 함.	손의 열이 차가운 물체로 이동하는 것을 막아 손이 차가워지지 않게 함.
방한복	**아이스박스**	**스타이로폼 박스**
몸의 열이 차가운 공기로 이동하는 것을 막아 몸을 따뜻하게 유지함.	 외부의 열이 아이스박스로 이동하는 것을 막아 내부 음식물을 차갑게 보관함.	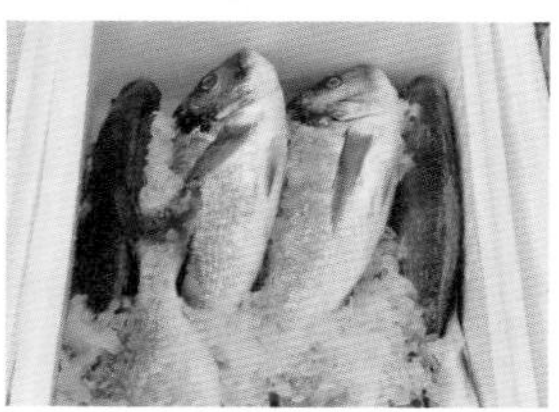 외부의 열이 박스 안으로 이동하는 것을 막아 내부 생선을 오랫동안 차갑게 보관함.

실험 관찰

열이 잘 이동하지 않는 물체

- 열이 잘 이동하지 않는 고체 물질로 만든 물체를 이용하면 열의 이동을 막을 수 있습니다.
- 솜, 나무, 플라스틱, 종이 등은 열이 잘 이동하지 않는 물체입니다.

용어 사전

- ★ 방한복 추위를 막기 위해 입는 옷
- ★ 단열재 단열을 위해 사용하는 재료
- ★ 이중창 온도의 변화를 막기 위해 이중으로 만든 창

바른답·알찬풀이 6 쪽

『과학』 37 쪽

1 금속에서는 유리나 나무에서보다 열이 더 (빠르게, 느리게) 이동합니다.

2 (문제 해결력) 교실에서 단열이 필요한 곳을 찾아 열의 이동을 막는 방법을 설명해 봅시다.

➔ 바른답·알찬풀이 6 쪽

2 고체 물질의 종류에 따라 열이 이동하는 빠르기에 대한 설명으로 옳은 것에 ○표, 옳지 않은 것에 ×표 해 봅시다.

(1) 금속에서보다 나무에서 열이 더 빠르게 이동한다. ( )

(2) 금속의 종류에 따라 열이 이동하는 빠르기가 다르다. ( )

3 다음 ( ) 안에 들어갈 알맞은 말에 ○표 해 봅시다.

> 두 물체 사이에서 열의 이동을 막는 것을 (단열, 전도)(이)라고 한다.

공부한 내용을

 자신 있게 설명할 수 있어요.

 설명하기 조금 힘들어요.

 어려워서 설명할 수 없어요.

2 단원

공부한 날 월 일

액체에서 열은 어떻게 이동할까요

물이 든 냄비의 아랫부분을 가열하면 냄비 속 물 전체가 따뜻해지는 까닭

물이 든 냄비의 아랫부분을 가열하면 열이 대류에 의해 이동하고 시간이 지나면 냄비 속 물 전체의 온도가 높아집니다.

* 수조 물을 담아 두는 큰 통
* 스포이트 액체를 옮겨 넣을 때 쓰는, 위쪽에 고무주머니가 달린 유리관

바른답·알찬풀이 7 쪽

스스로 확인해요 『과학』 39 쪽

1 액체에서 온도가 높아진 물질이 위로 올라가고 위에 있던 물질이 아래로 내려오면서 열이 이동하는 방법을 (　　　)(이)라고 합니다.

2 (탐구 능력) 다음과 같이 파란색의 차가운 물이 담긴 삼각 플라스크와 빨간색의 따뜻한 물이 담긴 삼각 플라스크 사이에 있는 투명 필름을 빼면 어떻게 될지 예상해 봅시다.

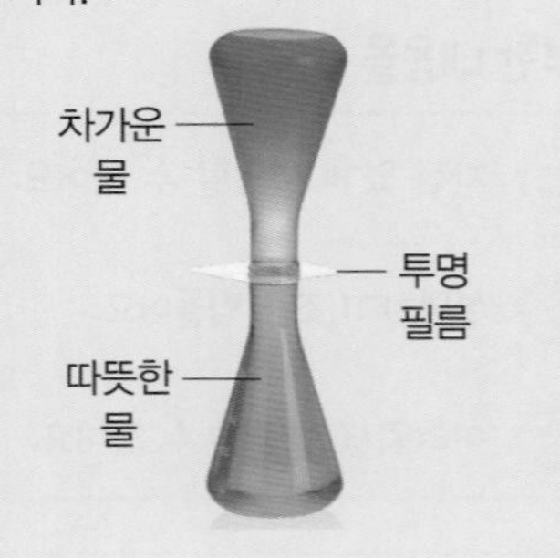

1 액체에서 대류 현상 관찰하기 (탐구)

실험 동영상

탐구 과정

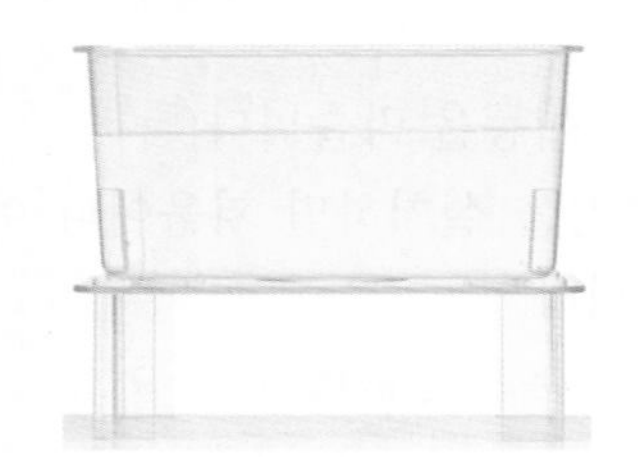

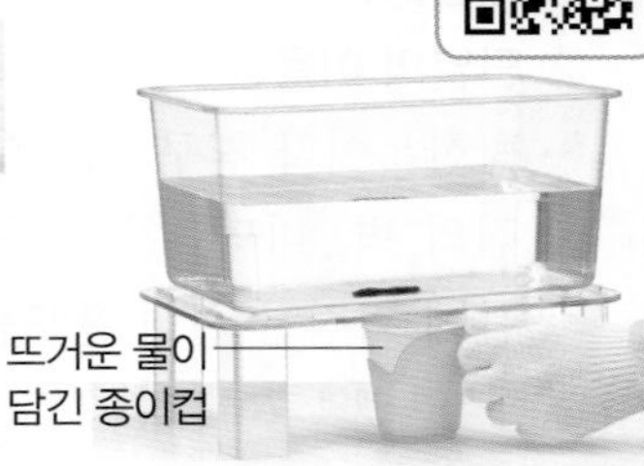

❶ 사각 수조에 차가운 물을 $\frac{1}{2}$ 정도 넣고, 수조 받침대 위에 올려놓습니다.

❷ 스포이트를 사용해 수조 바닥에 파란색 잉크를 천천히 넣습니다.

❸ 파란색 잉크의 아랫부분에 뜨거운 물이 담긴 종이컵을 놓고 파란색 잉크가 움직이는 모습을 관찰합니다.

❹ 파란색 잉크가 움직이는 모습을 보고 액체에서 열이 어떻게 이동하는지 이야기합니다.

탐구 결과

가열된 파란색 잉크는 위로 올라감.

⬇

뜨거워진 액체는 위로 올라감.

2 액체에서의 열의 이동

1 액체에서 열이 이동하는 방법: 대류 ➞ 액체에서는 온도가 높아진 물질이 위로 올라가고 위에 있던 물질이 아래로 내려오면서 열이 이동합니다.

2 물을 가열할 때 열의 이동

물이 담긴 주전자의 아래쪽을 가열하면 주전자 바닥에 있던 물의 온도가 높아짐.

⬇

온도가 높아진 물은 위로 올라가고 위에 있던 물은 아래로 내려옴.

⬇

이 과정이 반복되면서 시간이 지나면 주전자 속 물 전체가 따뜻해짐.

문제로 개념 탄탄

바른답·알찬풀이 7 쪽

[1~2] 오른쪽과 같이 차가운 물을 넣은 사각 수조 바닥에 파란색 잉크를 넣고, 파란색 잉크의 아랫부분에 뜨거운 물이 담긴 종이컵을 놓았습니다. 물음에 답해 봅시다.

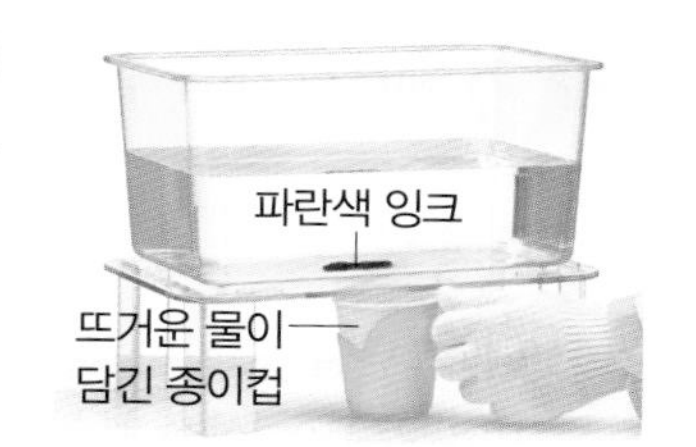

1 위 실험에서 파란색 잉크의 움직임을 화살표로 옳게 나타낸 것을 골라 기호를 써 봅시다.

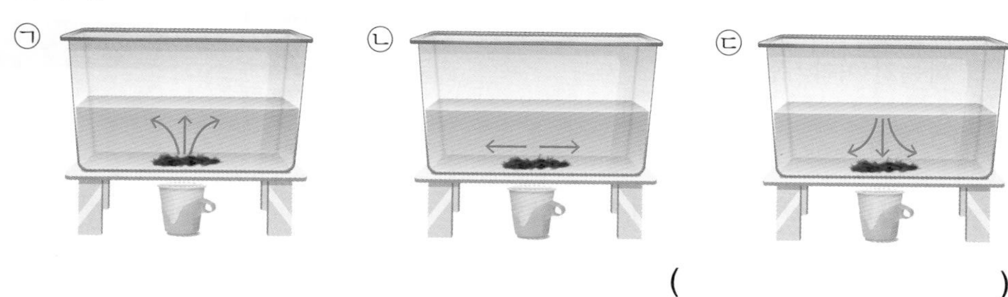

( )

2 다음은 위 실험으로 알 수 있는 사실입니다. ( ) 안에 들어갈 알맞은 말에 ○표 해 봅시다.

액체에서는 온도가 높아진 물질이 (위, 아래)로 이동한다.

[3~4] 오른쪽은 차가운 물이 담긴 주전자를 가열하는 모습입니다. 물음에 답해 봅시다.

3 위 주전자의 물에서 나타나는 현상에 대한 설명으로 옳은 것에 ○표, 옳지 않은 것에 ×표 해 봅시다.

(1) 주전자의 위쪽에 있던 물의 온도가 먼저 높아진다. ( )

(2) 주전자의 위쪽에 있던 온도가 낮은 물이 아래로 내려온다. ( )

4 위 주전자에 담긴 물을 가열할 때 열이 이동하는 방법은 무엇인지 써 봅시다.

( )

2 단원

공부한 날 월 일

공부한 내용을

- 자신 있게 설명할 수 있어요.
- 설명하기 조금 힘들어요.
- 어려워서 설명할 수 없어요.

7 기체에서 열은 어떻게 이동할까요

실내에 난방기와 냉방기를 설치하기 좋은 위치

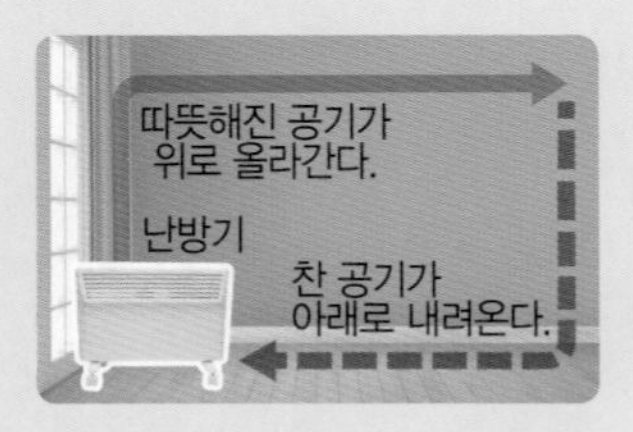

- 난방기를 아래쪽에 설치하면 따뜻해진 공기가 위로 올라가고 찬 공기가 아래로 내려와 실내 전체가 골고루 따뜻해집니다.

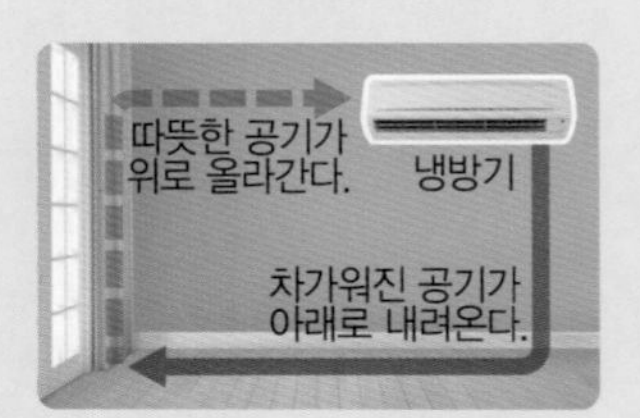

- 냉방기를 위쪽에 설치하면 차가워진 공기가 아래로 내려오고, 따뜻한 공기가 위로 올라가 실내 전체가 골고루 시원해집니다.

용어 사전

- ★ **난방기** 실내의 온도를 높여 따뜻하게 하는 장치
- ★ **냉방기** 실내의 온도를 낮춰 차게 하는 장치

바른답·알찬풀이 7 쪽

스스로 확인해요 『과학』 41 쪽

1 기체에서도 액체에서와 같이 (   )에 의해 열이 이동합니다.

2 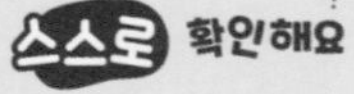 냉방기는 주로 높은 곳에 설치합니다. 냉방기를 높은 곳에 설치할 때의 장점을 이야기해 봅시다.

1 기체에서 대류 현상 관찰하기 탐구

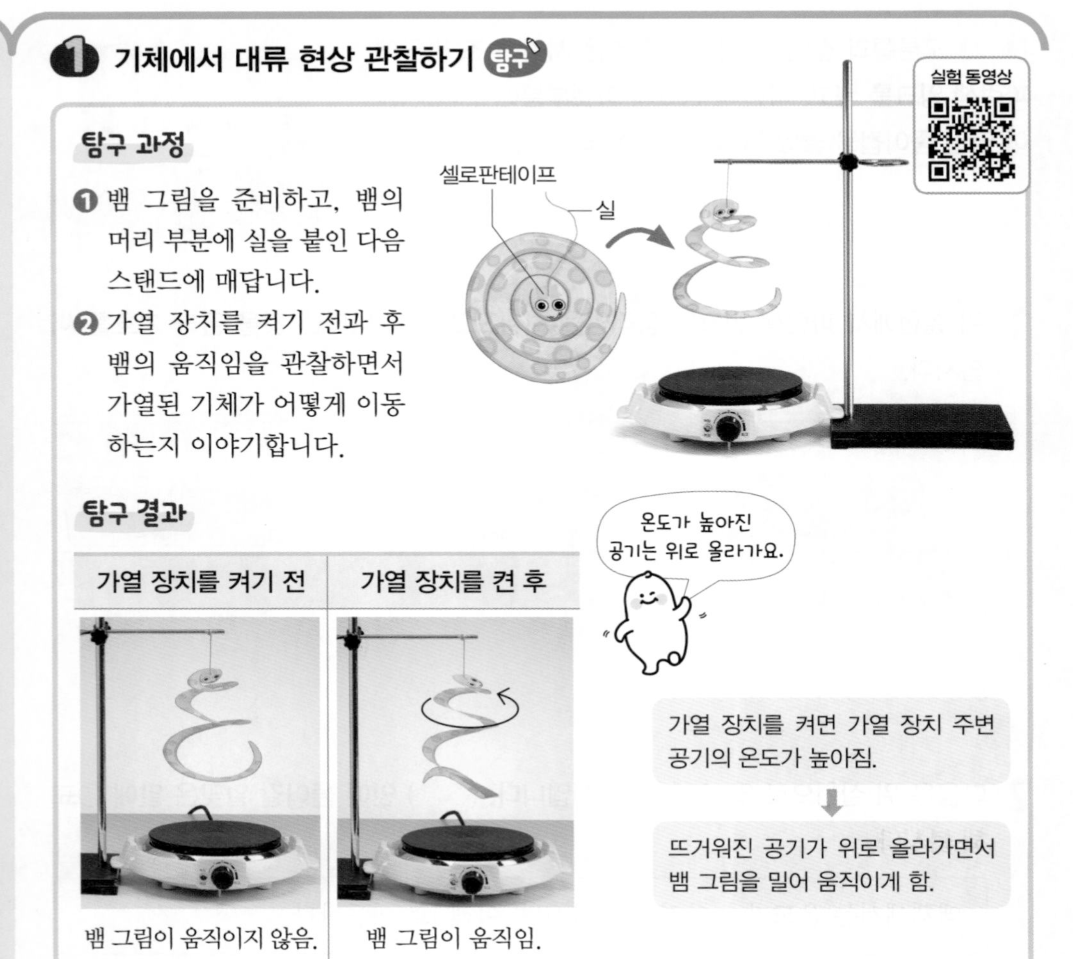

탐구 과정

❶ 뱀 그림을 준비하고, 뱀의 머리 부분에 실을 붙인 다음 스탠드에 매답니다.

❷ 가열 장치를 켜기 전과 후 뱀의 움직임을 관찰하면서 가열된 기체가 어떻게 이동하는지 이야기합니다.

탐구 결과

가열 장치를 켜기 전	가열 장치를 켠 후
뱀 그림이 움직이지 않음.	뱀 그림이 움직임.

가열 장치를 켜면 가열 장치 주변 공기의 온도가 높아짐.

↓

뜨거워진 공기가 위로 올라가면서 뱀 그림을 밀어 움직이게 함.

2 기체에서의 열의 이동

1 기체에서 열이 이동하는 방법: 대류 ➜ 온도가 높은 기체는 위로 올라가고, 위에 있던 온도가 낮은 기체는 아래로 내려오면서 열이 이동합니다.

2 난방기를 켜 둔 실내에서의 열의 이동

바닥에 놓인 난방기를 켜면 난방기 주변 공기의 온도가 높아짐.

온도가 높아진 공기는 위쪽으로 올라가고 위에 있던 공기는 아래쪽으로 내려옴.

시간이 지나면 이 과정이 반복되면서 실내 전체의 공기가 따뜻해짐.

문제로

개념 탄탄

➜ 바른답·알찬풀이 7 쪽

정답 확인

1 다음 (   ) 안에 들어갈 알맞은 말을 써 봅시다.

기체에서는 (   )에 의해 열이 이동한다.

(   )

2 다음은 기체에서의 열의 이동에 대한 설명입니다. (   ) 안에 들어갈 알맞은 말에 각각 ○표 해 봅시다.

기체를 가열하면 온도가 높아진 기체는 ㉠ (위, 아래)로 이동하고, 온도가 낮은 기체는 ㉡ (위, 아래)로 이동한다.

3 다음과 같이 뱀 그림을 스탠드에 매달아 장치하고, 가열 장치를 켜기 전과 후 뱀 그림이 움직이는 모습을 관찰하려고 합니다. ㉠과 ㉡ 중 뱀 그림이 움직이는 것을 골라 기호를 써 봅시다.

㉠

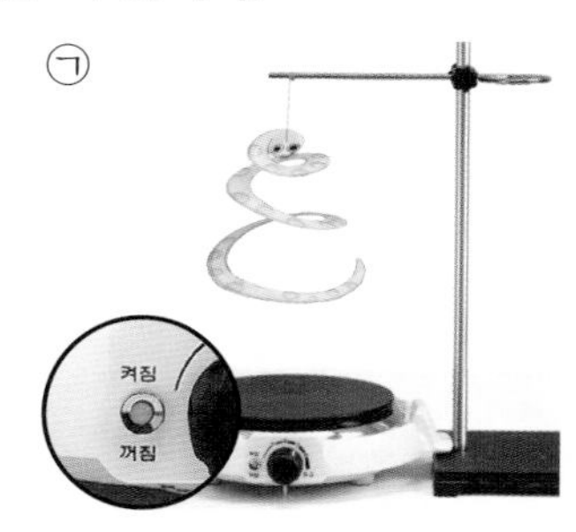

가열 장치를 켰을 때

㉡

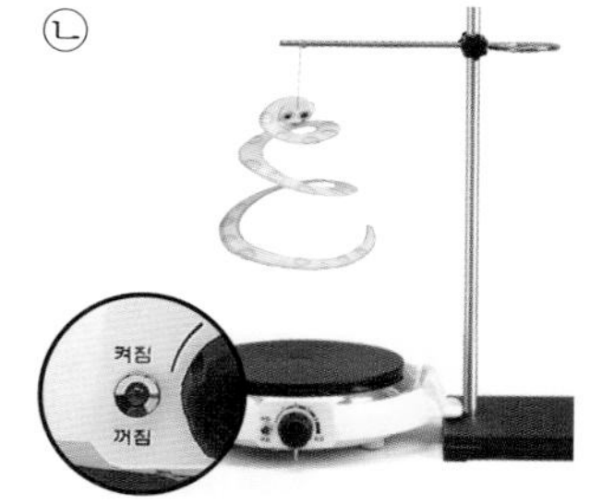

가열 장치를 켜지 않았을 때

(   )

4 다음은 실내에서 난방기와 냉방기를 설치할 때에 대한 설명입니다. 옳은 것에 ○표, 옳지 않은 것에 ×표 해 봅시다.

(1) 난방기를 바닥에 설치하면 따뜻해진 공기가 아래로 이동하여 실내가 따뜻해지지 않는다. (   )

(2) 찬 공기는 아래로 이동하므로 냉방기는 천장에 설치한다. (   )

2 단원

공부한 날 월 일

공부한 내용을

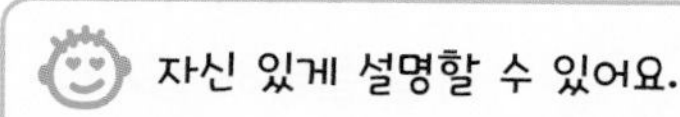

자신 있게 설명할 수 있어요.

설명하기 조금 힘들어요.

어려워서 설명할 수 없어요.

01 다음은 고체에서의 열의 이동 과정을 순서 없이 나타낸 것입니다. 순서대로 기호를 써 봅시다.

(가) 시간이 지나면 주변의 온도가 낮았던 부분도 점점 온도가 높아진다.
(나) 고체로 된 물체의 한 부분을 가열하면 그 부분의 온도가 높아진다.
(다) 온도가 높아진 부분에서 주변의 온도가 낮은 부분으로 열이 이동한다.

(　　　　)→(　　　　)→(　　　　)

중요

02 다음 중 열 변색 붙임딱지를 붙인 ⊏ 모양 구리판의 한쪽 끝을 가열할 때 열 변색 붙임딱지의 색깔이 변하는 방향으로 옳은 것은 어느 것입니까?(●는 가열한 곳입니다.) (　　　)

①
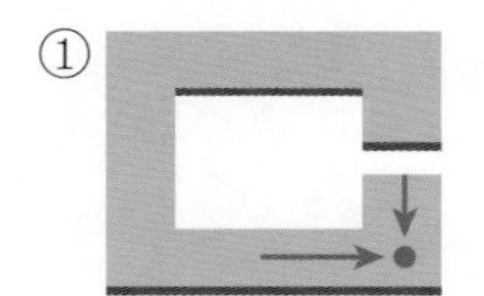
②
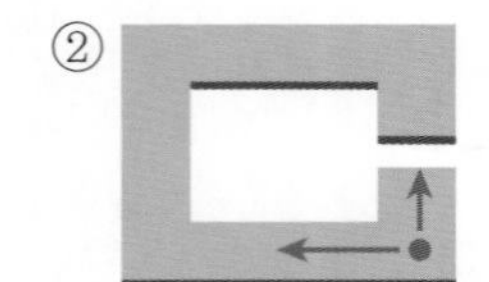
③
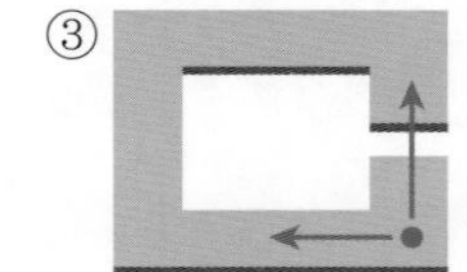
④
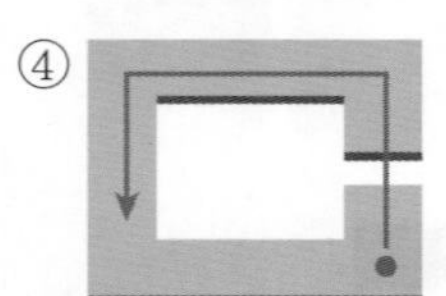

서술형

03 감자를 삶을 때 감자가 빨리 익게 하려면 쇠젓가락과 나무젓가락 중 무엇을 꽂아야 할지 쓰고, 그 까닭을 설명해 봅시다.

[04~05] 오른쪽은 열 변색 붙임딱지를 붙인 구리판, 유리판, 철판을 뜨거운 물이 담긴 비커에 동시에 넣고 색깔 변화를 관찰한 모습입니다. 물음에 답해 봅시다.

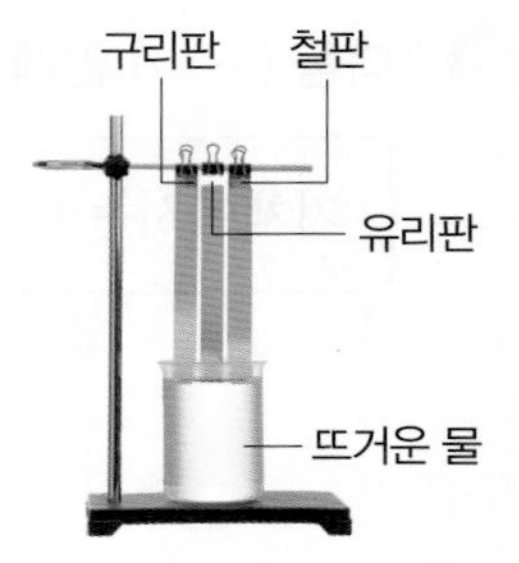

중요

04 위 실험에 대한 설명으로 옳은 것을 두 가지 골라 봅시다. (　　　,　　　)

① 유리에서는 열이 이동하지 않는다.
② 금속보다 유리에서 열이 더 빠르게 이동한다.
③ 유리보다 금속에서 열이 더 빠르게 이동한다.
④ 금속은 종류에 관계없이 열이 이동하는 빠르기가 같다.
⑤ 고체 물질의 종류에 따라 열이 이동하는 빠르기가 다르다.

서술형

05 위 실험의 구리판, 유리판, 철판을 열이 빠르게 이동하는 순서대로 쓰고, 그 까닭을 설명해 봅시다.

06 오른쪽과 같이 전기다리미를 만들 때 손잡이 부분과 옷을 다리는 부분의 재료로 알맞은 물질끼리 선으로 이어 봅시다.

(1) 손잡이 • 　• ㉠ 금속

(2) 옷을 다리는 부분 • 　• ㉡ 플라스틱

중요
07 다음 중 단열에 대한 설명으로 옳은 것은 어느 것입니까? (　　　)

① 두 물체 사이에서 열이 이동하는 방법이다.
② 단열재로는 열의 이동이 빠른 것을 사용한다.
③ 솜, 나무보다는 금속이 단열재로 사용하기에 적합하다.
④ 아이스박스는 외부의 열이 내부로 잘 이동하게 하여 낮은 온도를 유지한다.
⑤ 집을 지을 때 이중창 또는 단열재를 사용하면 적정한 실내 온도를 유지할 수 있다.

08 일상생활에서 단열을 이용한 예로 옳지 않은 것을 보기에서 골라 기호를 써 봅시다.

보기
㉠ 냄비 받침
㉡ 보랭 주머니
㉢ 고기 굽는 철판

(　　　　　　　　)

서술형
09 오른쪽과 같이 차가운 물이 담긴 냄비의 아랫부분만 가열해도 냄비 속 물 전체가 따뜻해지는 까닭을 설명해 봅시다.

중요
10 다음은 오른쪽과 같이 차가운 물이 담긴 주전자를 가열할 때 물 전체가 따뜻해지는 과정을 순서 없이 나타낸 것입니다. 순서대로 기호를 써 봅시다.

(가) 주전자 속 물 전체가 따뜻해진다.
(나) 위에 있던 물은 아래로 내려온다.
(다) 주전자의 아래쪽에 있던 물이 온도가 높아지면서 위로 올라간다.

(　　　　)→(　　　　)→(　　　　)

11 다음은 실내에서 바닥에 있는 난방기를 켤 때 공기가 따뜻해지는 과정을 설명한 내용입니다. (　) 안에 들어갈 알맞은 말을 각각 써 봅시다.

바닥에 놓인 난방기를 켜면 온도가 높아진 공기는 (㉠)(으)로 이동하고, 위에 있던 공기는 (㉡)(으)로 이동한다. 이처럼 기체에서도 액체에서와 같이 (㉢)에 의해 열이 이동한다.

㉠: (　　　), ㉡: (　　　), ㉢: (　　　)

12 다음 중 기체에서의 열의 이동에 대한 설명으로 옳은 것은 어느 것입니까? (　　　)

① 차가운 공기는 위로 올라간다.
② 따뜻한 공기는 아래로 내려간다.
③ 공기는 가열해도 움직이지 않는다.
④ 냉방기는 실내의 천장에 설치한다.
⑤ 기체에서 열이 이동하는 방법은 전도이다.

『과학』 42~43 쪽

야영장에서 열의 이동과 관련된 현상을 찾아 글 쓰기

요즘에는 주말을 이용해 야외에서 야영을 하는 사람들이 늘고 있습니다. 야영을 할 때에는 텐트와 침낭★을 사용하고 방한복을 입기도 합니다. 모닥불을 피워 주위를 따뜻하게 하고, 음식을 만들 때 모닥불 위에 냄비를 매달아 물을 끓이기도 합니다. 또, 아이스박스에 음식을 넣어 보관하기도 합니다. 이처럼 야영장에서 열의 이동과 관련된 현상을 찾아 글을 써 봅시다.

단열의 이용

두 물체 사이에서 열의 이동을 막는 것을 단열이라 하고, 단열을 위해 사용하는 재료를 단열재라고 합니다. 단열재로는 열이 잘 이동하지 않는 물체인 솜, 천, 종이, 나무, 공기, 스타이로폼 등을 이용합니다. 보랭 주머니, 냄비 받침, 아이스박스, 방한복 등은 일상생활에서 단열을 이용한 대표적인 예입니다. 아이스박스와 보랭 주머니는 외부의 열이 안으로 이동하는 것을 막아 안에 들어 있는 음식이나 액체를 차갑게 보관합니다. 또, 방한복은 겨울철 주변의 차가운 공기로 몸의 열이 이동하는 것을 막아 체온을 유지합니다.

용어 사전

★ **침낭** 솜, 깃털 따위를 넣고 자루 모양으로 만든 침구

다음은 야영장에 다녀온 우리가 쓴 일기입니다.

지난 주말에 가족과 함께 근처 야영장을 다녀왔다. 나는 엄마, 강아지와 함께 운동을 하고, 삼촌은 모닥불을 피웠다. (가) 삼촌이 긴 쇠막대로 모닥불 속을 뒤적였더니 잠시 뒤 쇠막대의 손잡이 부분이 따뜻해졌다. 해가 지니 날씨가 추워져서 (나) 방한복을 꺼내 입었다. 그사이 (다) 모닥불 위에 매달아 둔 냄비 속 국이 골고루 데워지고 있었다.

2 단원

공부한 날 월 일

❶ (가)~(다)에서 일어나는 열의 이동을 다음 용어 중에서 골라 설명해 봅시다.

고온　저온　전도　대류　단열

(가): 예시 답안 쇠막대에서는 불과 가까이 있는 부분에서 멀어지는 쪽으로 전도에 의해 열이 이동한다.

(나): 예시 답안 방한복은 단열을 이용해 내부의 열이 외부로 이동하지 않게 한다.

(다): 예시 답안 고온의 모닥불에서 저온의 냄비로 열이 이동하고, 냄비 속 물에서는 대류에 의해 열이 이동한다.

활동꿀팁 야영장에서 일어나는 열의 이동과 관련 있는 현상들을 찾아 이야기해 보아요.

❷ 일기의 빈칸에 열의 이동과 관련된 현상을 추가해 일기를 완성해 봅시다.

활동꿀팁 야영장에서 경험한 것들을 떠올릴 때 옷, 음식, 텐트, 날씨 등에서 열의 이동이 어떻게 일어났는지 생각해 보아요.

예시 답안 아이스박스에 음식물을 넣어 보관했더니 단열이 잘되어 음식물을 오랫동안 차갑게 유지할 수 있었다.

교과서 쏙쏙

이렇게 정리해요

빈칸에 알맞은 말을 넣고, 『과학』 125 쪽에서 알맞은 붙임딱지를 찾아 붙여 내용을 정리해 봅시다.

온도

- 온도: 물체의 따뜻하거나 차가운 정도를 나타낸 것
- 온도의 단위: 생활에서는 주로 ❶ ℃(섭씨도) 을/를 사용함.
- 온도의 측정: ❷ 온도계 을/를 사용해 정확하게 측정함.
- 온도를 측정하는 예

건강 상태를 확인할 때 | 요리할 때 | 식물을 재배할 때

풀이 일상생활에서 온도의 단위는 주로 ℃(섭씨도)를 사용하며, 온도는 온도계를 사용해 정확하게 측정합니다.

물체의 온도 측정

- 온도계의 쓰임새: 쓰임새에 맞는 온도계를 사용해야 물체의 온도를 정확하게 측정할 수 있음.

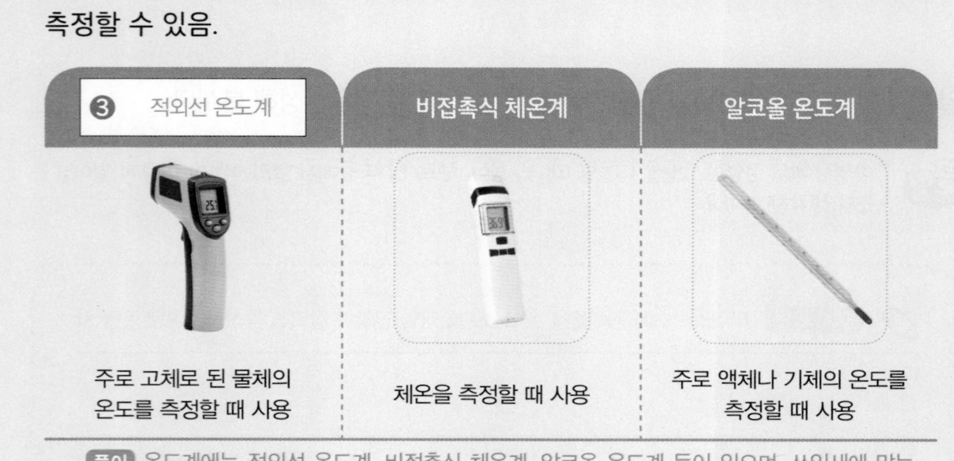

❸ 적외선 온도계	비접촉식 체온계	알코올 온도계
주로 고체로 된 물체의 온도를 측정할 때 사용	체온을 측정할 때 사용	주로 액체나 기체의 온도를 측정할 때 사용

풀이 온도계에는 적외선 온도계, 비접촉식 체온계, 알코올 온도계 등이 있으며, 쓰임새에 맞는 온도계를 사용해야 합니다.

접촉한 두 물체 사이의 온도 변화

- **온도가 다른 두 물체가 접촉할 때**
  - 온도가 높은 물체의 온도는 점점 ④ 낮아짐 .
  - 온도가 낮은 물체의 온도는 점점 ⑤ 높아짐 .

두 물체가 접촉한 채로 시간이 지나면 두 물체의 온도는 같아짐.

- **온도가 다른 두 물체가 접촉할 때 나타나는 열의 이동**: 접촉한 두 물체 사이에서 열은 온도가 ⑥ 높은 물체에서 온도가 ⑦ 낮은 물체로 이동함.

풀이 온도가 다른 두 물체가 접촉하면 온도가 높은 물체의 온도는 점점 낮아지고, 온도가 낮은 물체의 온도는 점점 높아집니다.

온도와 열

고체, 액체, 기체에서의 열의 이동

- **고체에서의 열의 이동**: 주로 ⑧ 전도 에 의해 열이 이동함.
- **고체 물질에서 열이 이동하는 빠르기**: 고체 물질의 종류에 따라 열이 이동하는 빠르기가 다름.
- ⑨ 단열 : 두 물체 사이에서 열의 이동을 막는 것
- **액체나 기체에서의 열의 이동**: 주로 ⑩ 대류 에 의해 열이 이동함.

전도에 의한 열의 이동

대류에 의한 열의 이동

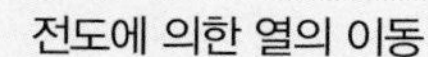

풀이 고체에서는 주로 전도에 의해 열이 이동하고, 액체나 기체에서는 주로 대류에 의해 열이 이동합니다.

직업 탐험하기

특수한 섬유를 개발하는 섬유 공학 기술자

『과학』 46 쪽

섬유 공학 기술자는 열에 강한 섬유나 체온을 유지할 수 있도록 단열이 잘되는 섬유 등 특수한 섬유를 개발합니다. 이렇게 개발한 특수 섬유는 높은 온도에서 견뎌야 하는 소방복뿐만 아니라 실험용 장갑, 등산복 등 다양한 곳에 활용됩니다.

창의적으로 생각해요

높은 온도에 잘 견디거나 단열이 잘되는 섬유를 활용할 수 있는 방법을 생각해 봅시다.

예시 답안 • 화산 활동을 하는 산에 올라가 탐사를 하는 과학자들은 높은 온도에서도 견딜 수 있는 섬유로 만든 옷을 입어야 한다.
• 우주 비행사들은 우주의 낮은 온도에서도 체온을 유지하도록 단열이 잘되는 특수 섬유 우주복을 입어야 한다.
• 높은 고도까지 등산하는 산악인들은 체온을 유지하기 위해 특수한 섬유로 만든 등산복을 입어야 한다. 등

교과서 쏙쏙

1 다음 중 우리 생활에서 온도를 정확하게 측정해야 하는 상황을 두 가지 골라 기호를 써 봅시다.

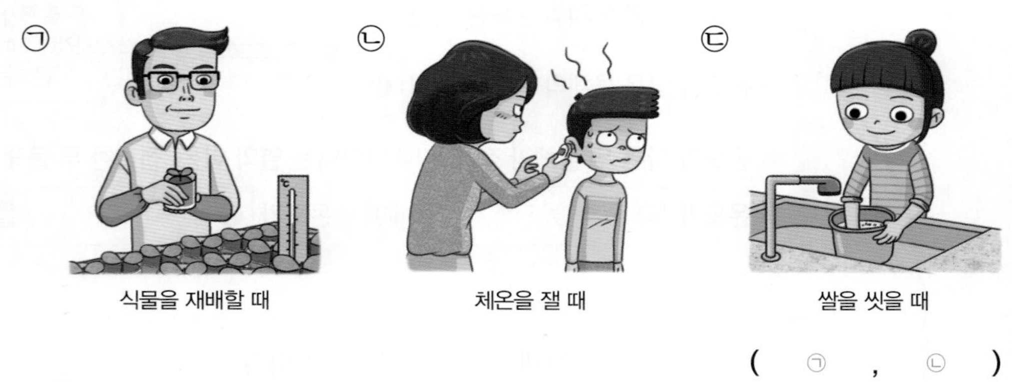

㉠ 식물을 재배할 때 ㉡ 체온을 잴 때 ㉢ 쌀을 씻을 때

(㉠ , ㉡)

풀이 우리 생활에서 식물을 재배할 때와 체온을 잴 때에는 온도를 정확하게 측정해야 합니다.

2 오른쪽과 같은 온도계에 대한 설명으로 옳은 것을 보기 에서 두 가지 골라 기호를 써 봅시다.

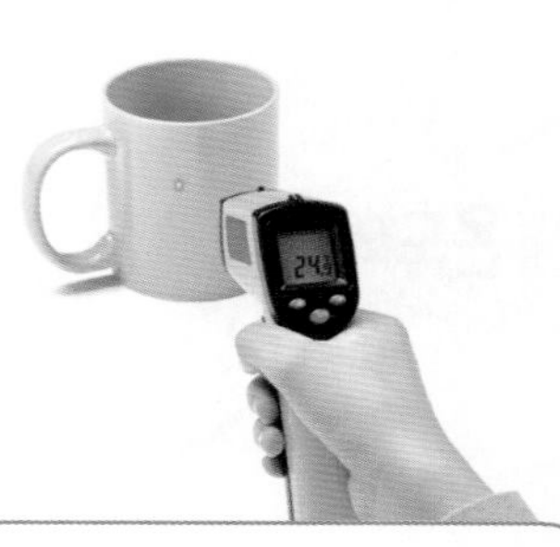

보기
㉠ 적외선 온도계라고 한다.
㉡ 기체의 온도를 측정할 때에만 사용한다.
㉢ 고체로 된 물체의 표면 온도를 측정할 때 사용한다.

(㉠ , ㉢)

풀이 적외선 온도계는 주로 고체로 된 물체의 온도를 측정할 때 사용합니다. 적외선 온도계로 측정하려는 물체의 표면을 겨누고 온도 측정 단추를 누르면 물체의 온도를 측정할 수 있습니다.

3 다음 중 두 물체가 접촉할 때 온도가 낮아지는 경우로 옳은 것은 어느 것입니까?

(②)

① 컵에 뜨거운 물이 담겨 있을 때 컵의 온도
② 얼음 위에 생선을 올려놓았을 때 생선의 온도
③ 뜨거운 국이 그릇에 담겨 있을 때 그릇의 온도
④ 갓 삶은 달걀을 차가운 물에 담갔을 때 물의 온도
⑤ 여름철 공기 중에 아이스크림이 있을 때 아이스크림의 온도

풀이 접촉한 두 물체 사이에서 열은 온도가 높은 물체에서 온도가 낮은 물체로 이동합니다. 따라서 얼음 위에 생선을 올려놓으면 생선에서 얼음으로 열이 이동하여 생선의 온도가 낮아집니다.

4 오른쪽은 열 변색 붙임딱지를 붙인 구리판, 유리판, 철판을 뜨거운 물이 담긴 비커에 동시에 넣었을 때의 모습입니다. 어느 판에서 열이 가장 빠르게 이동했는지 써 봅시다.

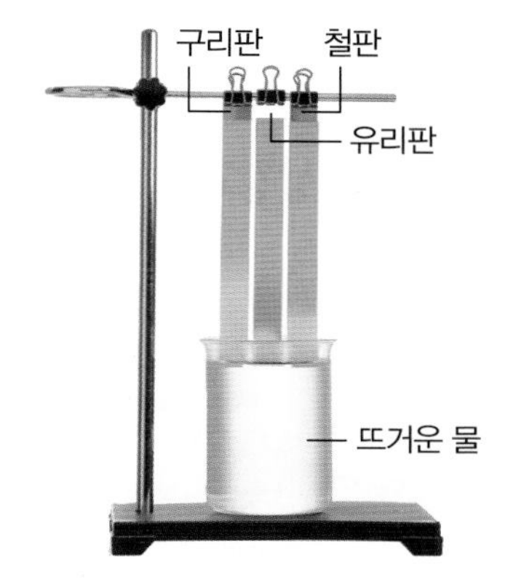

(구리판)

풀이 열 변색 붙임딱지의 색깔은 구리판, 철판, 유리판 순으로 빨리 변했으므로, 구리판에서 열이 가장 빠르게 이동합니다.

5 다음은 차가운 물이 담긴 주전자를 가열할 때 물 전체가 따뜻해지는 과정을 순서와 관계없이 나열한 것입니다. 순서대로 기호를 써 봅시다.

> (가) 주전자에 있는 물 전체가 따뜻해진다.
> (나) 주전자 바닥에 있는 차가운 물의 온도가 높아진다.
> (다) 온도가 높아진 물이 위로 올라가고, 위에 있던 물이 아래로 내려온다.

((나)) → ((다)) → ((가))

풀이 차가운 물이 담긴 주전자를 가열하면 온도가 높아진 물이 위로 올라가고 위에 있던 물이 아래로 내려오는 과정인 대류에 의해 열이 이동합니다.

사고력 | 의사소통 능력

6 오른쪽은 우리 주변에서 일어날 수 있는 여러 가지 상황을 나타낸 것입니다. (가)~(다)를 열의 이동과 관련지어 설명해 봅시다.

(가): **예시 답안** 주전자 안의 물이 끓을 때 대류에 의해 열이 이동한다.

(나): **예시 답안** 프라이팬에서 달걀로 전도에 의해 열이 이동한다.

(다): **예시 답안** 온도가 높은 채소에서 온도가 낮은 얼음물로 열이 이동한다.

풀이 고체에서는 주로 전도에 의해 열이 이동하고, 액체에서는 주로 대류에 의해 열이 이동합니다. 또, 온도가 다른 두 물체가 접촉하면 온도가 높은 물체에서 온도가 낮은 물체로 열이 이동합니다.

2 단원
공부한 날 월 일

그림으로 단원 정리하기

● 그림을 보고, 빈칸에 알맞은 내용을 써 봅시다.

01 온도를 정확하게 측정하는 상황과 까닭 G 16 쪽

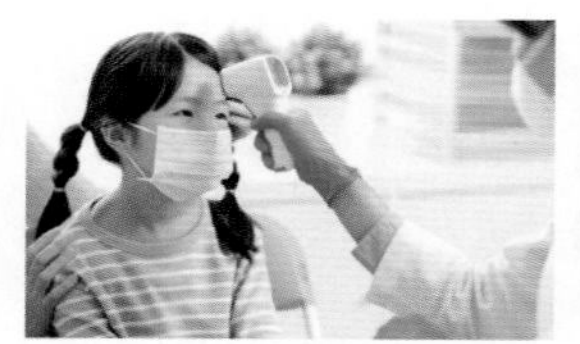

건강 상태를 확인할 때

요리할 때

식물을 재배할 때

온도가 우리 생활에 미치는 영향이 크기 때문에 온도를 정확하게 ❶ (   ) 해야 합니다.

02 여러 가지 물체의 온도 측정하기 G 17 쪽

어항 속 물의 온도	책상의 온도

❷ ( ) 을/를 사용해 측정함.	❸ ( ) 을/를 사용해 측정함.

쓰임새에 맞는 온도계를 사용해야 온도를 정확하게 측정할 수 있습니다.

03 온도가 다른 두 물체가 접촉할 때 열의 이동 G 18 쪽

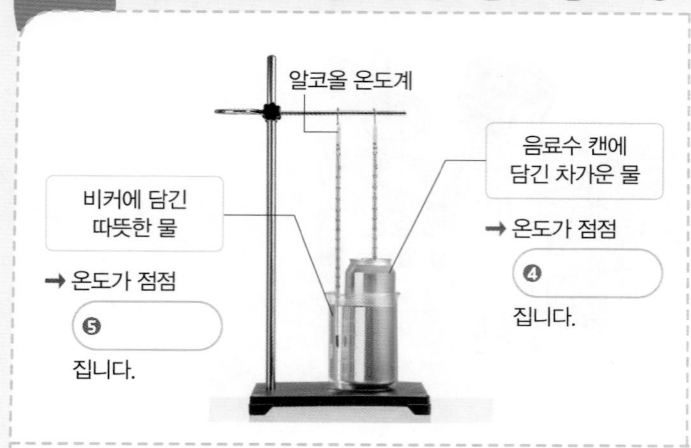

- 온도가 다른 두 물체가 접촉할 때 온도가 높은 물체의 온도는 낮아지고, 온도가 낮은 물체의 온도는 높아집니다. ➡ 충분한 시간이 지나면 두 물체의 온도는 같아집니다.
- 온도가 다른 두 물체가 접촉할 때 온도가 높은 물체에서 온도가 낮은 물체로 ❻ (   ) 이/가 이동합니다.

04 고체 물질의 열전도 빠르기

G 24 쪽

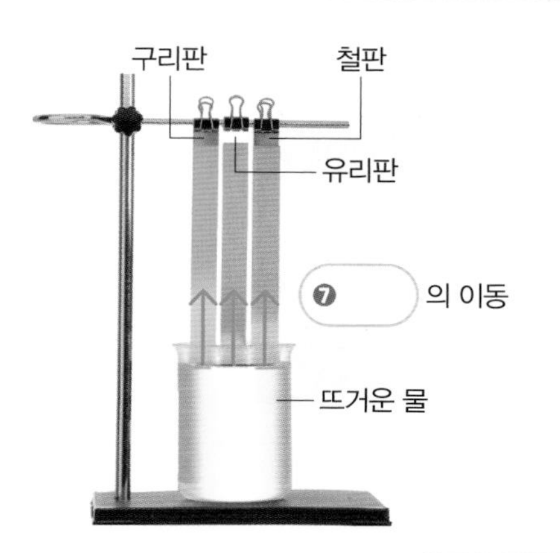

- 고체에서 열이 이동하는 방법을 ❽ (이)라고 합니다.
- 고체 물질의 종류에 따라 열이 이동하는 빠르기가 ❾ .

05 일상생활에서 단열을 이용하는 예

G 25 쪽

보랭 주머니

냄비 받침

방한 장갑

아이스박스

두 물체 사이에서 열의 이동을 막는 것을 ❿ (이)라고 합니다.

공부한 날 월 일

06 액체와 기체에서 대류 현상 관찰하기

G 26 쪽, 28 쪽

액체에서 대류 현상

뜨거운 물이 담긴 종이컵을 수조 바닥에 놓으면 가열된 파란색 잉크가 ⓫ (으)로 올라갑니다.

기체에서 대류 현상

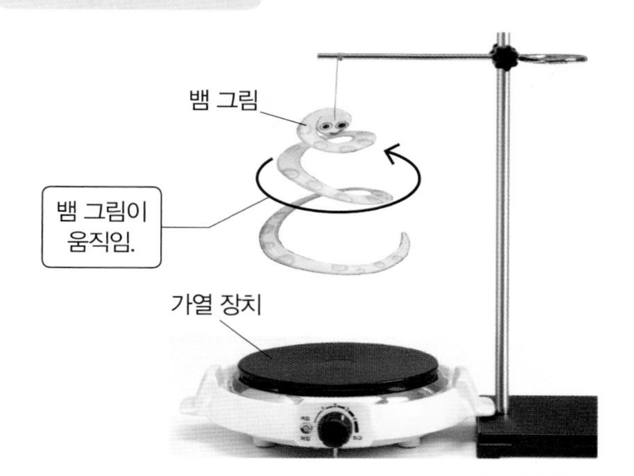

가열 장치를 켜면 뜨거워진 공기가 ⓬ (으)로 올라가면서 뱀 그림을 밀어 움직이게 합니다.

액체와 기체에서는 ⓭ 에 의해 열이 이동합니다.

답 ❶ 측정 ❷ 알코올 온도계 ❸ 적외선 온도계 ❹ 높아 ❺ 낮아 ❻ 열 ❼ 열 ❽ 전도 ❾ 다릅니다 ❿ 단열 ⓫ 위 ⓬ 위 ⓭ 대류

01 다음 중 온도에 대한 설명으로 옳지 않은 것은 어느 것입니까? ( )

① 몸의 온도는 체온이다.
② 기온을 측정할 때에는 적외선 온도계를 사용한다.
③ 우리가 주로 사용하는 온도의 단위는 ℃(섭씨도)이다.
④ 같은 물체라도 날씨에 따라 온도가 다르게 측정될 수 있다.
⑤ 적외선 온도계와 비접촉식 체온계는 같은 원리로 만들어졌다.

02 다음은 비닐하우스에서 식물을 잘 재배하는 방법에 대한 학생 (가)~(다)의 대화입니다. 옳게 말한 학생은 누구인지 써 봅시다.

( )

03 온도계를 사용해야 하는 상황으로 옳지 않은 것을 보기에서 골라 기호를 써 봅시다.

보기
㉠ 책상의 폭을 잴 때
㉡ 어항에서 물고기를 키울 때
㉢ 병원에서 환자의 체온을 잴 때

( )

04 다음은 두 온도계를 사용해 온도를 측정한 모습입니다. ㉠, ㉡의 온도를 비교하여 >, =, < 중 ( ) 안에 들어갈 알맞은 기호를 써 봅시다.

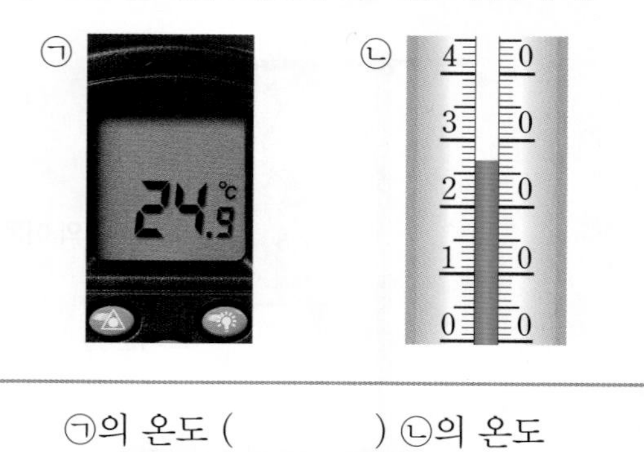

㉠의 온도 ( ) ㉡의 온도

[05~06] 오른쪽은 차가운 물이 담긴 음료수 캔을 따뜻한 물이 담긴 비커에 넣은 모습입니다. 물음에 답해 봅시다.

05 다음은 위 실험을 통해 알 수 있는 사실입니다. ( ) 안에 들어갈 알맞은 말을 각각 써 봅시다.

온도가 다른 두 물이 접촉하면 두 물 사이에서 (㉠)이/가 이동한다. 따라서 (㉡) 물의 온도는 점점 낮아지고, 차가운 물의 온도는 점점 높아진다.

㉠: ( ), ㉡: ( )

06 위 실험에서 충분한 시간이 지나고 비커에 담긴 물의 온도가 더 이상 변하지 않을 때 18.5 ℃입니다. 이때 음료수 캔에 담긴 물의 온도는 몇 ℃인지 써 봅시다.

( ) ℃

[07~08] 다음은 열 변색 붙임딱지를 붙인 길게 자른 구리판의 한쪽 끝을 가열할 때 열 변색 붙임딱지가 변하는 모습을 순서 없이 나타낸 것입니다. 물음에 답해 봅시다.

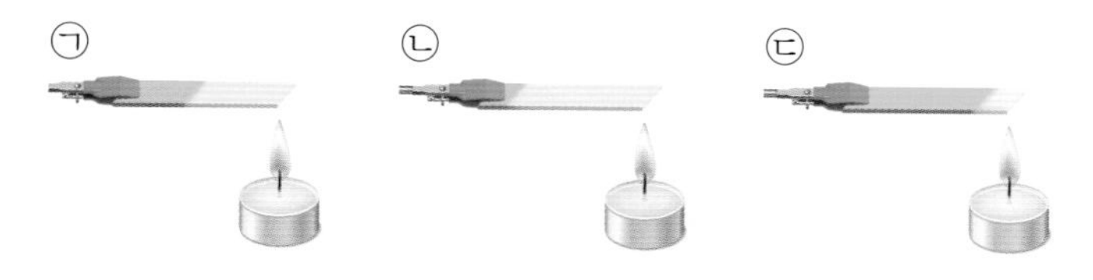

07 ㉠~㉢을 열 변색 붙임딱지의 색깔이 변하는 순서대로 기호를 써 봅시다.

(　　　　　) → (　　　　　) → (　　　　　)

08 다음은 위 실험을 통해 알 수 있는 사실입니다. (　　) 안에 들어갈 알맞은 말을 써 봅시다.

> 길게 자른 구리판의 한쪽 끝을 가열할 때 열은 가열한 부분에서 (　　　　) 방향으로 이동합니다.

(　　　　　　　　)

09 오른쪽은 열 변색 붙임딱지를 붙인 세 물질의 고체 판을 뜨거운 물이 담긴 비커에 동시에 넣었을 때의 모습입니다. 이에 대한 설명으로 옳지 않은 것은 어느 것입니까? (　　　)

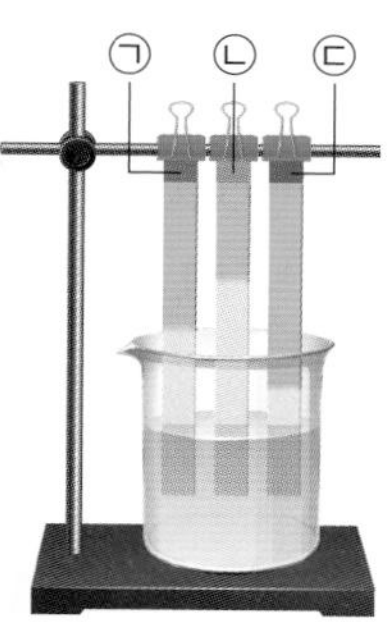

① ㉡에서 열이 가장 빠르게 이동한다.
② ㉡ → ㉠ → ㉢ 순으로 열이 빠르게 이동한다.
③ 열이 이동하는 빠르기는 ㉢에서 가장 느리다.
④ ㉠에서보다 ㉢에서 열이 더 빠르게 이동한다.
⑤ 고체 물질의 종류에 따라 열이 이동하는 빠르기가 다르다.

10 다음은 냄비 속 차가운 물을 가열하는 과정에 대한 학생 (가)~(다)의 대화입니다. 옳게 말한 학생은 누구인지 써 봅시다.

> • (가): 온도가 높아진 물은 위로 올라가.
> • (나): 물에서는 전도에 의해 열이 이동해.
> • (다): 시간이 지나도 가열한 부분만 따뜻해.

(　　　　　　　　)

[11~12] 오른쪽과 같이 스탠드에 뱀 그림을 매달고 가열 장치를 켰습니다. 물음에 답해 봅시다.

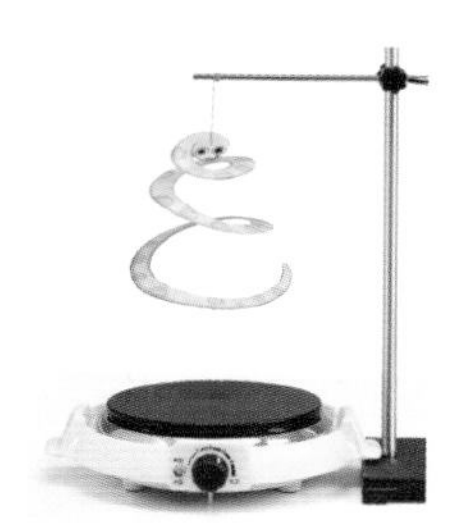

11 다음은 위 실험 과정을 순서 없이 나타낸 것입니다. 순서대로 기호를 써 봅시다.

> (가) 뱀 그림이 움직인다.
> (나) 가열 장치에 의해 공기가 뜨거워진다.
> (다) 온도가 높아진 공기가 위로 올라가며 뱀 그림을 밀어낸다.

(　　　　　) → (　　　　　) → (　　　　　)

12 다음은 위 실험을 통해 알 수 있는 사실입니다. (　　) 안에 들어갈 알맞은 말을 각각 써 봅시다.

> • 가열 장치에 의해 주변의 따뜻해진 공기는 (　㉠　)(으)로 이동한다.
> • 뱀 그림의 움직임을 통해 기체에서는 (　㉡　)에 의해 열이 이동함을 알 수 있다.

㉠: (　　　　　　), ㉡: (　　　　　　)

2 단원
공부한 날
월
일

서술형 문제

13 다음은 온도계에 대한 학생 (가)~(다)의 대화입니다. 학생들에게 공통으로 필요한 온도계는 무엇인지 쓰고, 그 까닭을 설명해 봅시다.

- (가): 오늘 너무 덥다. 운동장의 기온이 알고 싶어.
- (나): 어항에서 물고기를 키우려고 하는데 적절한 수온이 궁금해.
- (다): 얼음물이 녹을 때 온도 변화가 궁금해.

14 다음은 같은 시각에 흙의 온도를 각각 나무 그늘과 햇빛이 비치는 곳에서 측정한 결과입니다. 같은 물체인 흙의 온도가 다르게 측정되는 까닭을 설명해 봅시다.

장소	나무 그늘	햇빛이 비치는 곳
흙의 온도	17.4 ℃	20.0 ℃

15 뜨거운 국에 쇠숟가락을 담가 두면 국이 닿지 않은 손잡이까지 뜨거워지는 까닭을 설명해 봅시다.

[16~17] 다음은 차가운 물이 담긴 주전자의 바닥을 가열하는 모습입니다. 물음에 답해 봅시다.

16 나무와 금속을 이용해 위와 같은 주전자를 만들 때 손잡이와 바닥은 어떤 물질로 만드는 것이 좋은지 설명해 봅시다.

17 위 주전자의 바닥 부분만 가열해도 물 전체가 뜨거워지는 까닭을 설명해 봅시다.

18 다음과 같은 방에 난방기를 설치하려고 할 때 ㉠과 ㉡ 중 난방기를 설치하기 적절한 위치를 고르고, 그 까닭을 설명해 봅시다.

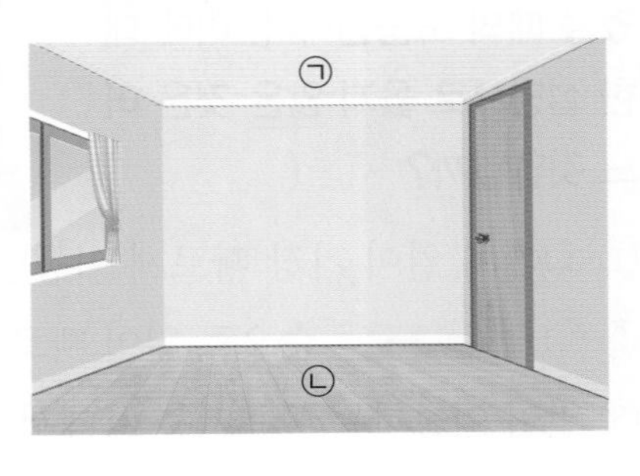

바른답·알찬풀이 11 쪽

정답 확인

01 다음은 여름철 공기 중에 있는 아이스크림과 얼음이 채워져 있는 아이스박스의 모습입니다.

㉠

㉡

(1) 위 ㉠에서 열의 이동 방향을 화살표로 나타내 봅시다.

아이스크림 (　　　　) 여름철 공기

(2) 위 ㉠의 아이스크림을 ㉡의 아이스박스에 넣으면 녹지 않고 차가운 상태를 유지할 수 있습니다. 다음 단어를 모두 사용하여 그 까닭을 설명해 봅시다.

여름철 공기　　아이스크림　　열　　아이스박스

____

성취 기준

고체 물질의 종류에 따라 열이 전도되는 빠르기를 관찰을 통해 비교하고 일상생활에서 단열을 이용하는 예를 조사할 수 있다.

출제 의도

여름철 공기 중에 있는 아이스크림으로 온도가 다른 두 물체 사이의 열의 이동을 알고, 단열을 이용하는 예를 설명할 수 있는 문제예요.

관련 개념

- 온도가 다른 두 물체가 접촉할 때 열의 이동 G 18 쪽
- 일상생활에서 단열을 이용하는 예 조사하기 G 25 쪽

2 단원

공부한 날 　월 　일

02 다음은 액체와 기체에서의 열의 이동을 관찰하는 실험입니다.

㉠

차가운 물이 담긴 수조의 아랫부분에 뜨거운 물이 담긴 종이컵을 놓았을 때 파란색 잉크가 움직이는 모습을 관찰합니다.

㉡
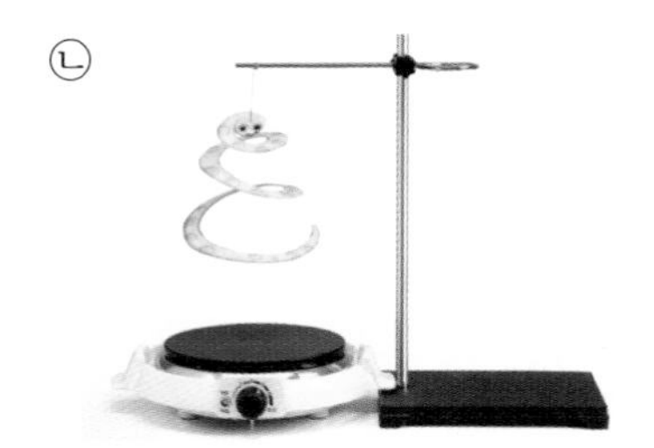

가열 장치를 켰을 때 가열 장치 위에 있는 뱀 그림이 움직이는 모습을 관찰합니다.

(1) 위 ㉠, ㉡에서 파란색 잉크와 뱀 그림의 움직임을 예상하여 설명해 봅시다.

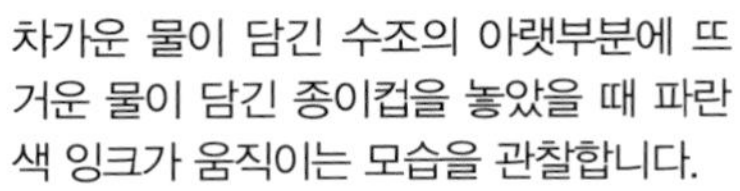

____

(2) 액체와 기체에서 열이 이동하는 방법을 설명해 봅시다.

____

성취 기준

액체나 기체에서 대류 현상을 관찰하고 대류 현상에서 열의 이동을 설명할 수 있다.

출제 의도

액체와 기체에서의 열의 이동을 실험을 통해 관찰하고, 액체와 기체에서 열이 이동하는 방법을 설명할 수 있는 문제예요.

관련 개념

- 액체에서 대류 현상 관찰하기 G 26 쪽
- 기체에서 대류 현상 관찰하기 G 28 쪽

01 온도를 측정하는 까닭으로 옳은 것을 **보기** 에서 골라 기호를 써 봅시다.

> **보기**
> ㉠ 소리의 세기를 잴 수 있다.
> ㉡ 환자의 무게를 정확하게 알 수 있다.
> ㉢ 물체의 따뜻하거나 차가운 정도를 정확하게 알 수 있다.

( )

[02~03] 다음은 우리가 일상생활에서 사용하는 세 종류의 온도계입니다. 물음에 답해 봅시다.

적외선 온도계

비접촉식 체온계

알코올 온도계

02 위 온도계 중 다음 상황에서 필요한 온도계를 골라 기호를 각각 써 봅시다.

> (가) 비닐하우스 내부의 온도를 측정한다.
> (나) 햇빛이 비치는 곳에 있는 흙의 온도를 측정한다.

(가): ( ), (나): ( )

03 위에 대한 설명으로 옳지 <u>않은</u> 것은 어느 것입니까? ( )

① ㉡은 체온을 측정할 때 사용한다.
② ㉠과 ㉡은 같은 원리로 만들어졌다.
③ 책상의 온도를 측정할 때에는 ㉠을 사용한다.
④ 운동장의 기온을 측정할 때에는 ㉢을 사용한다.
⑤ 아기의 목욕물을 받을 때 ㉠을 사용해서 물의 온도를 측정한다.

[04~06] 다음은 온도가 다른 두 물체 (가)와 (나)가 접촉했을 때 두 물체의 온도 변화를 1 분마다 측정한 결과의 일부입니다. 물음에 답해 봅시다.

시간(분)	0	1	2		7	8	9
(가)의 온도(°C)	23.2	27.0	29.0		31.9	32.9	32.9
(나)의 온도(°C)	45.0	40.0	37.9		34.0	32.9	32.9

04 다음은 위 실험 결과에 대한 설명입니다. ( ) 안에 들어갈 알맞은 말을 각각 써 봅시다.

> 두 물체 (가)와 (나)가 접촉했을 때 온도가 높은 (㉠)에서 온도가 낮은 (㉡)(으)로 열이 이동한다.

㉠: ( ), ㉡: ( )

05 위 실험에서 시간이 충분히 지났을 때 (가)와 (나)의 온도를 비교하여 >, =, < 중 ( ) 안에 들어갈 알맞은 기호를 써 봅시다.

> (가)의 온도 ( ) (나)의 온도

06 위 실험에 대한 설명으로 옳은 것을 **보기** 에서 골라 기호를 써 봅시다.

> **보기**
> ㉠ (가)의 온도는 시간이 지날수록 점점 낮아진다.
> ㉡ (나)의 온도는 시간이 지날수록 점점 높아진다.
> ㉢ 9 분일 때 (가)의 온도와 (나)의 온도는 서로 같다.

( )

07 다음 ( ) 안에 들어갈 알맞은 말을 써 봅시다.

> 뜨거운 물에 쇠숟가락을 담갔을 때 손잡이 부분까지 뜨거워지는 까닭은 ( )에 의해 열이 이동하기 때문이다.

( )

08 다음은 열의 이동에 대한 학생 (가)~(다)의 대화입니다. 옳게 말한 학생은 누구인지 써 봅시다.

( )

09 다음과 같이 철판에서 고기를 구울 때 열의 이동에 대한 설명으로 옳은 것은 어느 것입니까? ( )

고기
철판

① 철판에서 고기로 열이 이동한다.
② 철판에서는 대류에 의해 열이 이동한다.
③ 철판 대신 유리판을 사용하면 고기가 더 빨리 익는다.
④ 철판에서는 불과 먼 부분에서 가까운 쪽으로 열이 이동한다.
⑤ 철판에서 열은 온도가 낮은 곳에서 온도가 높은 곳으로 이동한다.

10 다음은 일상생활에서 무엇을 이용한 예인지 써 봅시다.

> • 집을 지을 때 실내 온도를 유지하기 위해 단열재나 이중창을 사용한다.
> • 솜과 같은 재료로 방한복이나 침구류를 만든다.

( )

[11~12] 다음은 차가운 물이 담긴 주전자를 가열하는 모습입니다. 물음에 답해 봅시다.

11 위 실험에서 물의 온도가 가장 먼저 높아지는 부분을 골라 기호를 써 봅시다.

( )

12 위 실험에 대한 설명으로 옳지 <u>않은</u> 것은 어느 것입니까? ( )

① 대류에 의해 열이 이동한다.
② 온도가 높아진 물은 위로 올라간다.
③ 주전자 속 물이 이동하면서 열이 이동한다.
④ 주전자를 가열해도 차가운 물은 이동하지 않는다.
⑤ 시간이 지나면 주전자 속 물 전체의 온도가 높아진다.

서술형 문제

13 오른쪽은 적외선 온도계의 모습입니다. 적외선 온도계의 쓰임새와 사용 방법을 설명해 봅시다.

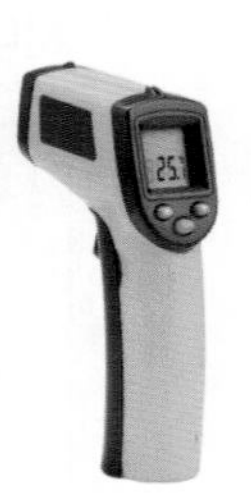

14 다음은 알코올 온도계를 사용하여 운동장과 교실에서 각각 물의 온도를 측정한 모습입니다. 알코올 온도계의 눈금을 읽어 각각 온도를 쓰고, 같은 물이라도 온도가 다르게 측정된 까닭을 설명해 봅시다.

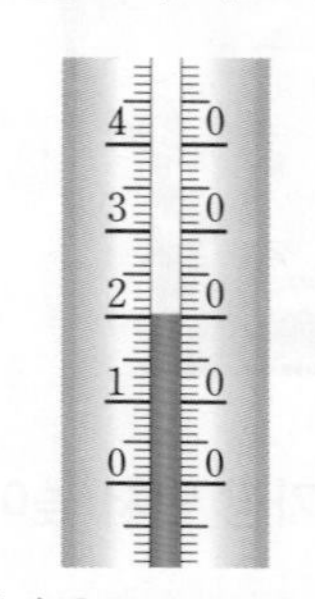

(가) 운동장에서 측정

(나) 교실에서 측정

- (가)의 온도: ( ) ℃
- (나)의 온도: ( ) ℃
- 까닭:

15 아이스박스에 아이스크림을 넣으면 여름철에도 아이스크림이 빨리 녹지 않게 할 수 있는 까닭을 설명해 봅시다.

16 오른쪽과 같이 프라이팬에서 달걀프라이 요리를 할 때 프라이팬과 달걀 사이에서 열은 어떻게 이동하는지 설명해 봅시다.

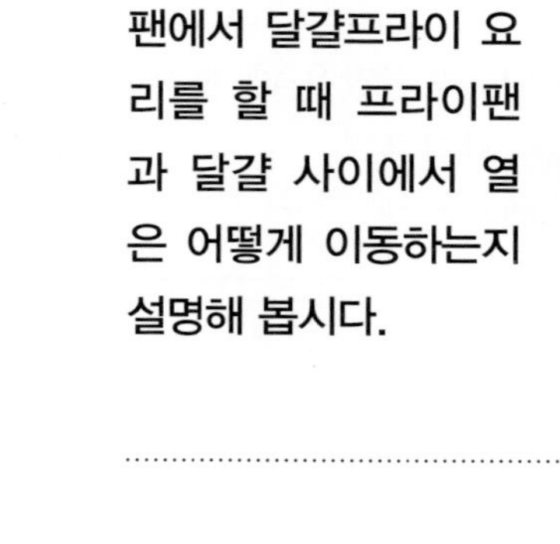

17 다음은 차가운 물이 든 수조 바닥에 파란색 잉크를 넣고 잉크 아랫부분에 뜨거운 물이 담긴 종이컵을 놓은 모습입니다. 파란색 잉크가 어떻게 움직이는지 설명해 봅시다.

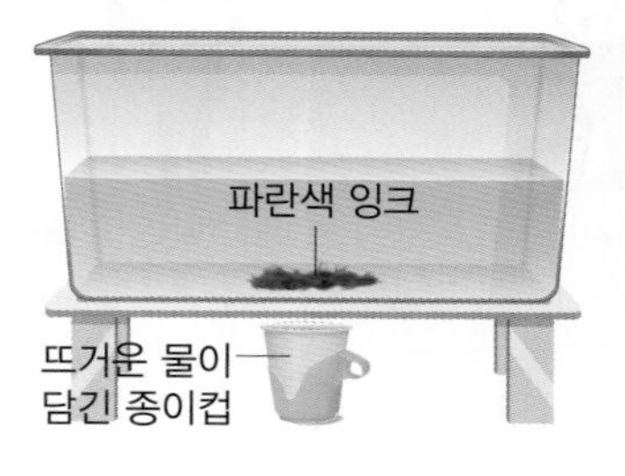

18 다음과 같이 뱀 그림을 스탠드에 매달고 가열 장치를 켰더니 멈춰 있던 뱀 그림이 빙글빙글 돌아갔습니다. 뱀 그림이 움직이는 까닭을 설명해 봅시다.

바른답·알찬풀이 14 쪽

01 다음은 온도가 다른 두 물체 (가)와 (나)가 접촉했을 때 두 물체의 온도 변화를 1 분마다 측정한 결과입니다.

시간(분)	1	2	3	4	5	6	7
(가)의 온도(°C)	27.0	29.0	30.0	30.1	31.0	31.2	31.9
(나)의 온도(°C)	40.0	37.9	36.2	35.9	35.0	34.9	34.0

(1) 위 실험에서 (가)와 (나)가 접촉했을 때 두 물체의 온도 변화를 설명해 봅시다.

(2) 위 실험에서 (가)와 (나)의 온도가 변하는 까닭을 열의 이동과 관련지어 설명해 봅시다.

성취 기준
온도가 다른 두 물체를 접촉하여 온도가 같아지는 현상을 관찰하고 물체의 온도 변화를 열의 이동으로 설명할 수 있다.

출제 의도
온도가 서로 다른 두 물체가 접촉할 때 두 물체의 온도 변화를 확인하고 열의 이동을 설명할 수 있는 문제예요.

관련 개념
온도가 다른 두 물체가 접촉할 때 두 물체의 온도 변화 측정하기 G 18 쪽

2 단원

공부한 날 월 일

02 오른쪽은 열 변색 붙임딱지를 붙인 세 물질의 고체 판을 뜨거운 물이 담긴 비커에 동시에 넣고 시간이 조금 지났을 때의 모습입니다.

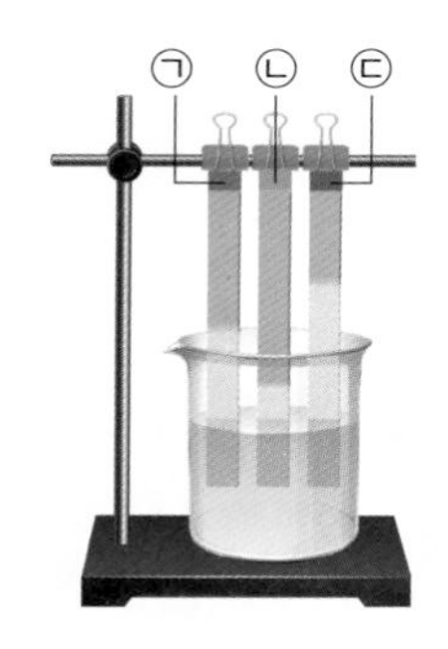

(1) 위 실험에서 ㉠~㉢을 열이 빠르게 이동하는 순서대로 기호를 써 봅시다.

(　　　　) → (　　　　) → (　　　　)

(2) 위 실험의 세 고체 판의 한쪽 끝을 각각 오른쪽과 같이 가열할 때 ㉠~㉢ 중 (가) 부분의 색깔이 가장 먼저 변하는 것의 기호를 쓰고, 그 까닭을 설명해 봅시다.

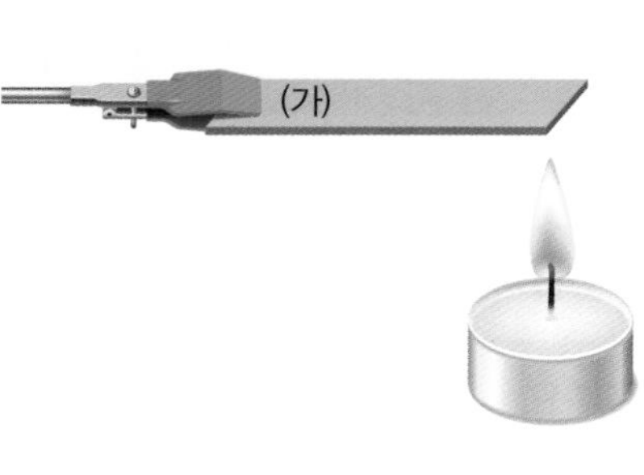

성취 기준
고체 물질의 종류에 따라 열이 전도되는 빠르기를 관찰을 통해 비교하고 일상생활에서 단열을 이용하는 예를 조사할 수 있다.

출제 의도
열 변색 붙임딱지의 색깔이 변하는 빠르기를 통해 고체 물질의 종류에 따라 열이 이동하는 빠르기가 다름을 설명할 수 있는 문제예요.

관련 개념
고체 물질의 열전도 빠르기 비교하기 G 24 쪽

3 태양계와 별

이 단원에서 무엇을 공부할지 알아보아요.

『과학』 48~49 쪽

밤하늘에서 볼 수 있는 여러 가지 모양

밤하늘을 관찰하고 별을 연결해 닮은 모양을 찾아봅시다.

별을 비추는 어둠상자 만들기

1. 『과학』 48 쪽 그림에서 어느 한 별과 그 별에 가까이 있는 별 몇 개를 골라 자유롭게 선으로 연결하면서 닮은 모양을 생각해 봅니다.
2. 어둠상자 전개도를 그림 가까이 두고 내가 고른 별의 위치를 전개도의 뒷면에 점을 찍어 표시합니다.
3. 점을 찍은 위치에 압핀으로 구멍을 뚫습니다.
4. 전개도를 풀로 붙여 어둠상자를 만들고 빈틈에는 검은색 테이프를 붙입니다.
5. 어둠상자의 뚫린 쪽으로 손전등을 넣고 어두운 벽을 향해 켜서 내가 고른 별을 비춰 봅니다.

▲ 어둠상자 전개도에 점 찍기

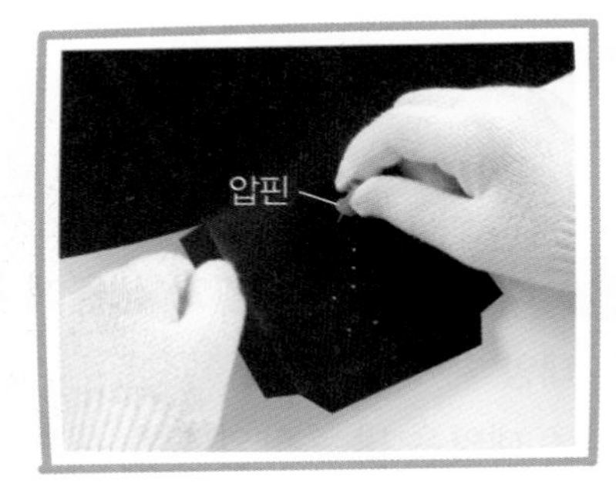

▲ 점을 찍은 곳에 구멍 뚫기

▲ 전개도로 어둠상자 만들기

- 어둠상자를 이용해 내가 고른 별을 친구들에게 보여 주고 어떤 모양과 닮은 것처럼 보이는지 이야기해 봅시다.

예시 답안 서 있는 기린 모양으로 보인다. 주변의 별을 떠서 담으려는 국자 모양으로 보인다. 세워 놓은 의자의 옆모습처럼 보인다. 등

1 태양은 지구에 어떤 영향을 줄까요

태양이 우리 생활과 생물에 주는 또 다른 영향

- 태양에 의해 공기가 이동하여 바람이 발생합니다.
- 태양에 의해 발생한 바람으로 나뭇가지가 흔들리고 파도가 칩니다.

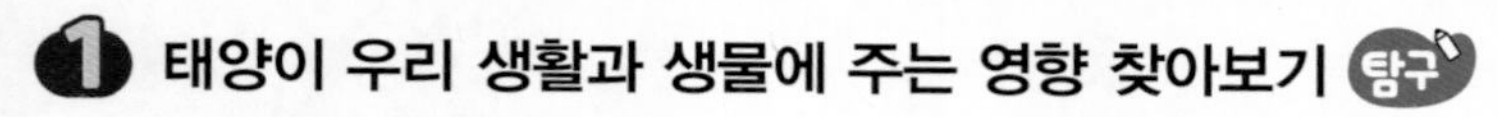

1 태양이 우리 생활과 생물에 주는 영향 찾아보기 탐구

상황	우리 생활과 생물에 주는 영향
태양 전지판	태양이 주는 빛을 이용해 전기를 만듦.
구름	태양에 의해 물이 증발해 구름이 만들어지고 다시 비나 눈이 되어 내림. ─ 물은 상태가 변하면서 바다, 육지, 공기 중, 생물 등 여러 곳을 순환해요.
광합성을 하는 식물	식물은 태양 빛을 받아 양분을 만듦.
염전	태양에 의해 바닷물이 증발해 염전에서 소금을 얻음.
일광욕을 하는 사람	사람들이 해변에서 일광욕을 함.
야외 활동을 하는 학생	태양 빛은 물체를 볼 수 있게 해서 우리가 낮에 야외에서 활동할 수 있음.

2 태양이 우리 생활과 생물에 주는 영향

1 태양

① 태양은 많은 양의 빛을 내보내며 지구와 지구에 사는 모든 생물에게 영향을 줍니다. ─ 태양이 주는 에너지로 우리 생활이 유지되고 생물이 살아갈 수 있어요.

② 태양은 지구에서 이용되는 거의 모든 에너지의 근원입니다.

2 태양이 우리 생활과 생물에 주는 영향

① 지구의 물이 순환★할 수 있게 해 줍니다.

② 지구의 온도가 생물이 살아가기에 알맞게 유지됩니다.

③ 식물은 태양 빛을 이용해 살아가는 데 필요한 양분을 만듭니다.

④ 사람들은 태양 빛으로 전기를 만들어 생활에 이용합니다.

용어 사전

★ **순환** 주기적으로 자꾸 되풀이하여 도는 과정

바른답·알찬풀이 15 쪽

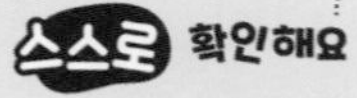

스스로 확인해요 『과학』 51 쪽

1 (　　　)은/는 지구에 필요한 에너지를 공급합니다.

2 (의사소통 능력) 태양이 없다면 지구에는 어떤 변화가 일어날지 이야기해 봅시다.

➔ 바른답·알찬풀이 15 쪽

정답 확인

1 다음 (　　) 안에 공통으로 들어갈 알맞은 말을 써 봅시다.

• (　　　　)은/는 지구에서 이용되는 거의 모든 에너지의 근원이다.
• (　　　　)은/는 지구에 사는 모든 생물에게 영향을 주며, (　　　　)이/가 주는 에너지로 생물이 살아갈 수 있다.

(　　　　　　　　　　)

2 다음 (　　) 안에 들어갈 알맞은 말에 ○표 해 봅시다.

식물은 태양 빛을 이용해 살아가는 데 필요한 (양분, 전기)을/를 만든다.

3 태양이 우리 생활과 생물에 주는 영향으로 옳은 것에 ○표, 옳지 않은 것에 ×표 해 봅시다.

(1) 태양이 주는 빛을 이용해 전기를 만들 수 없다. (　　　)
(2) 태양에 의해 바닷물이 증발해 염전에서 소금을 얻는다. (　　　)
(3) 태양 빛이 있어서 우리가 낮에 야외에서 활동할 수 있다. (　　　)

4 오른쪽은 비가 내리는 모습입니다. 태양이 지구에게 주는 영향 중 이와 가장 관련이 있는 것을 보기에서 골라 기호를 써 봅시다.

보기
㉠ 낮에 야외에서 활동을 한다.
㉡ 태양이 주는 빛을 이용해 전기를 만든다.
㉢ 물이 증발해 구름이 만들어지고 비가 내린다.

(　　　　　　　　　　)

3 단원

공부한 날 　월 　일

공부한 내용을
- 자신 있게 설명할 수 있어요.
- 설명하기 조금 힘들어요.
- 어려워서 설명할 수 없어요.

태양계 행성은 어떤 특징이 있을까요

실험 관찰

태양계 행성의 모습

❶ 태양과 태양계 행성의 특징

1 태양계: 태양과 태양의 영향을 받는 천체★ 그리고 그 주위의 공간입니다. → 태양과 태양 주위를 도는 행성 등이 있습니다.

2 태양: 태양계의 중심에 있으며, 태양계에서 스스로 빛을 내는 유일한 천체입니다.

상대적 크기	모양	온도	밝기
지구의 약 109 배	둥근 공 모양	매우 높음.	매우 밝음.

3 태양계 행성: 태양의 주위를 도는 둥근 천체로 모두 여덟 개가 있습니다.

행성	특징	행성	특징
수성	• 어두운 회색으로 보임. • 달처럼 표면이 울퉁불퉁함.	목성	• 표면에 가로줄 무늬가 보임. • 희미한 고리가 있음.
금성	• 주로 황색과 붉은색으로 보임. • 행성 중 지구에서 가장 밝게 보임.	토성	• 연노란색으로 보임. • 뚜렷하고 큰 고리를 가지고 있음.
지구	• 다양한 색으로 보임. • 바다가 차지하는 면적이 넓어 파랗게 보이는 부분이 많음.	천왕성	• 청록색으로 보임. • 세로 방향으로 희미한 고리가 있음.
화성	붉은색으로 보임. 수성, 금성, 지구, 화성은 모두 고리가 없어요.	해왕성	• 파란색으로 보임. • 희미한 고리가 있음.

태양계에서 크기가 가장 작은 행성은 수성, 가장 큰 행성은 목성이에요.

실험 동영상

❷ 태양계 행성의 상대적 크기와 거리 비교하기 탐구

1 태양계 행성의 상대적 크기: 수성 < 화성 < 금성 < 지구 < 해왕성 < 천왕성 < 토성 < 목성 순서로 크기가 큽니다. ─ 상대적 크기는 지구의 지름을 기준으로 나타내요.

2 태양계 행성의 상대적 거리: 수성 < 금성 < 지구 < 화성 < 목성 < 토성 < 천왕성 < 해왕성 순서로 태양에서 멀리 떨어져 있습니다. ─ 상대적 거리는 태양에서 지구까지의 거리를 기준으로 나타내요.

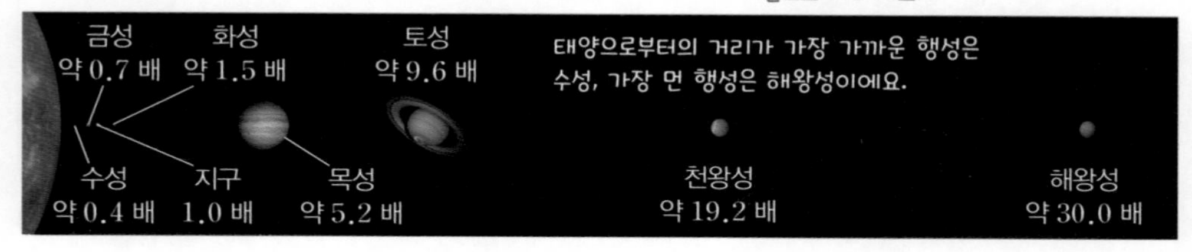

용어 사전

★ **천체** 우주를 이루고 있는 별, 행성, 위성, 소행성, 혜성 등을 모두 가리키는 말

바른답·알찬풀이 15 쪽

스스로 확인해요

『과학』 57 쪽

1 태양계 행성 중에서 가장 크기가 큰 행성은 (   )이고, 태양에서 가장 멀리 떨어져 있는 행성은 (   )입니다.

2 (사고력) 태양계 행성들이 작아져서 지구의 지름이 1 cm가 된다면 천왕성의 지름은 얼마일지 설명해 봅시다.

문제로 개념 탄탄

바른답·알찬풀이 15 쪽

정답 확인

1 태양과 태양의 영향을 받는 천체 그리고 그 주위의 공간을 무엇이라고 하는지 써 봅시다.

( )

2 다음 ( ) 안에 들어갈 알맞은 말을 써 봅시다.

> 태양계 행성은 ( ) 주위를 도는 둥근 천체로 모두 여덟 개가 있다.

( )

3 태양계 행성에 해당하지 않는 것을 보기에서 골라 기호를 써 봅시다.

> **보기**
> ㉠ 수성 ㉡ 지구 ㉢ 태양

( )

4 다음 중 지구보다 크기가 작은 행성으로 옳은 것은 어느 것입니까? ( )

① 금성 ② 목성 ③ 토성
④ 천왕성 ⑤ 해왕성

5 다음 설명에 해당하는 태양계 행성의 이름을 써 봅시다.

> • 뚜렷하고 큰 고리가 있다.
> • 태양으로부터의 거리가 지구보다 멀다.

( )

3 단원

공부한 날 월 일

공부한 내용을

 자신 있게 설명할 수 있어요.

 설명하기 조금 힘들어요.

 어려워서 설명할 수 없어요.

중요

01 태양이 우리 생활과 생물에 주는 영향으로 옳지 않은 것을 보기에서 골라 기호를 써 봅시다.

보기
- ㉠ 태양이 주는 빛을 이용해 전기를 만든다.
- ㉡ 태양에 의해 물이 증발해 구름이 만들어진다.
- ㉢ 식물이 양분을 만들 때에는 태양 빛이 필요하지 않다.

( )

02 다음 중 태양에 의해 소금을 얻는 모습으로 옳은 것은 어느 것입니까? ( )

①

②
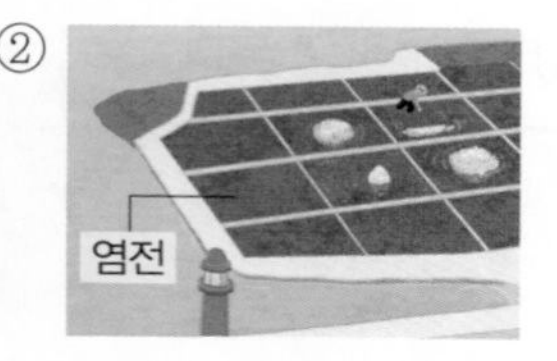

③

④

03 오른쪽의 ㉠과 같은 장치로 태양 빛을 이용하여 얻을 수 있는 것은 무엇인지 써 봅시다.

( )

04 다음 설명에 해당하는 태양계 천체의 이름을 써 봅시다.

- 태양계의 중심에 있다.
- 태양계에서 가장 큰 천체이다.
- 태양계에서 유일하게 스스로 빛을 내는 천체이다.

( )

중요

05 다음 중 태양계 행성으로 옳지 않은 것은 어느 것입니까? ( )

①

달

②

금성

③

화성

④

해왕성

중요

06 태양계 행성에 대한 설명으로 옳지 않은 것을 보기에서 골라 기호를 써 봅시다.

보기
- ㉠ 수성은 어두운 회색으로 보인다.
- ㉡ 목성은 표면에 세로줄 무늬가 보인다.
- ㉢ 토성은 뚜렷하고 큰 고리를 가지고 있다.

( )

07 다음 중 금성의 특징으로 옳은 것은 어느 것입니까? ( )

① 파란색으로 보인다.
② 희미한 고리가 있다.
③ 지구보다 크기가 크다.
④ 달처럼 표면이 울퉁불퉁하다.
⑤ 지구에서 가장 밝게 보이는 행성이다.

[08~09] 다음은 지구의 크기를 1.0으로 보았을 때 태양계 행성의 상대적 크기를 나타낸 것입니다. 물음에 답해 봅시다.

08 위 태양계 행성 중 크기가 가장 작은 행성은 어느 것입니까? ( )

① 수성 ② 금성 ③ 목성
④ 토성 ⑤ 해왕성

서술형
09 위 행성을 지구보다 크기가 큰 행성과 지구보다 크기가 작은 행성으로 분류하여 설명해 봅시다.

중요
10 태양으로부터의 거리가 지구보다 가까운 행성을 보기에서 두 가지 골라 기호를 써 봅시다.

보기
㉠ 화성 ㉡ 금성 ㉢ 목성 ㉣ 수성
㉤ 토성 ㉥ 해왕성 ㉦ 천왕성

(,)

[11~12] 다음은 태양에서 행성까지의 상대적 거리를 나타낸 것입니다. 물음에 답해 봅시다.

행성	수성	금성	지구	화성
상대적 거리	0.4	0.7	1.0	1.5
행성	목성	토성	천왕성	해왕성
상대적 거리	5.2	9.6	19.2	30.0

11 태양으로부터의 거리가 가장 가까운 행성의 이름을 써 봅시다.

( )

서술형
12 위에서 태양에서 행성까지의 상대적인 거리를 나타내는 기준을 설명해 봅시다.

3 단원
공부한 날 월 일

행성과 별은 어떤 점이 다를까요

실험 관찰

❶ 행성과 별

1 행성: 스스로 빛을 내지 않고 태양 빛을 반사하는 천체

2 별: 스스로 빛을 내는 천체

행성의 움직임

- 같은 행성이라도 관측 시기에 따라 움직이는 정도와 방향이 다르게 나타나기도 합니다.
- 같은 시기에 관측하더라도 행성에 따라 움직이는 모습과 방향이 다르게 나타나기도 합니다.

❷ 밤하늘에서 행성과 별의 관측상의 차이점 찾아보기 탐구

실험 동영상

탐구 과정

천체 사진에 표시된 천체 중에서 금성 이외의 것은 모두 별이에요.

❶ 천체 사진을 관찰해 행성과 별을 확인합니다.
❷ 첫째 날 천체 사진을 놓고 나머지 천체 사진을 날짜 순으로 위에 한 장씩 겹쳐 금성과 별의 위치가 어떻게 달라지는지 확인합니다.
❸ 가장 위에 놓인 천체 사진에 여러 날 동안의 금성의 위치 변화를 표시하고 별의 위치 변화와 비교합니다.

탐구 결과

❶ 여러 날 동안 별은 위치가 변하지 않습니다.
❷ 여러 날 동안 금성은 위치가 변합니다. — 관측 시기나 행성의 종류에 따라 행성의 움직임은 다르게 나타나요.

▲ 2021 년 7 월 21 일부터 6 일 간격으로 관측한 서쪽 밤하늘을 비교했을 때 금성이 움직인 방향

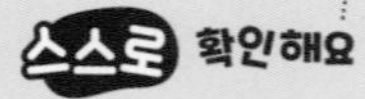

용어 사전

★ **관측** 맨눈이나 망원경 등의 도구를 사용하여 자연 현상을 관찰하는 일

스스로 확인해요 『과학』 59 쪽

바른답·알찬풀이 17 쪽

1 여러 날 동안 밤하늘에서 행성과 별을 관측하면 행성과 별은 모두 위치가 변하지 않습니다. (○, ×)

2 (의사소통 능력) 금성 외에 태양 주위를 돌며 스스로 빛을 내지 않고 태양 빛을 반사하는 천체에는 무엇이 있는지 이야기해 봅시다.

❸ 행성과 별의 관측

1 행성과 별의 차이점

① 행성은 스스로 빛을 내지 않고 태양 빛을 반사하지만 별은 행성과 달리 스스로 빛을 냅니다.

② 여러 날 동안 밤하늘을 관측하면 별은 거의 위치가 변하지 않지만 행성은 위치가 변합니다.

2 밤하늘에서 행성과 별의 관측: 여러 날 동안 같은 시각에 밤하늘을 관측하면 별 사이에서 움직이는 행성을 볼 수 있습니다.

문제로
개념 탄탄

바르답·알찬풀이 17 쪽

정답 확인

1 다음 (   ) 안에 들어갈 알맞은 말에 ○표 해 봅시다.

행성은 별과 달리 스스로 빛을 낼 수 (있다, 없다).

2 다음은 어느 천체를 6 일 간격으로 관측한 모습입니다. 이 천체는 행성과 별 중 어느 천체인지 써 봅시다.

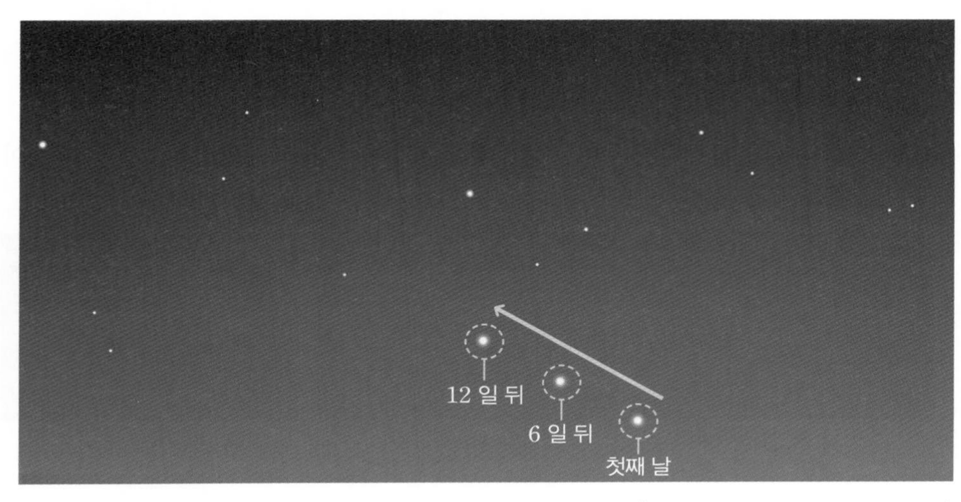

(   )

3 행성과 별에 대한 설명으로 옳은 것에 ○표, 옳지 않은 것에 ×표 해 봅시다.

(1) 별은 스스로 빛을 낸다. (   )

(2) 행성은 태양 빛을 반사한다. (   )

(3) 여러 날 동안 밤하늘을 관측하면 행성은 위치가 변하지 않는다. (   )

4 다음은 행성과 별에 대한 설명입니다. (   ) 안에 들어갈 알맞은 말을 각각 써 봅시다.

여러 날 동안 밤하늘을 관측하면 (㉠)은 위치가 거의 변하지 않지만 (㉡)은 별 사이에서 움직이는 것을 볼 수 있다.

㉠: (   ), ㉡: (   )

3 단원

공부한 날 월 일

공부한 내용을

 자신 있게 설명할 수 있어요.

 설명하기 조금 힘들어요.

 어려워서 설명할 수 없어요.

4 북쪽 하늘의 대표적인 별자리는 무엇일까요

밤하늘의 별자리

현재 밤하늘에는 모두 88 개의 별자리가 있습니다. 별자리에 따라 일 년 내내 볼 수 없는 별자리도 있고, 계절에 따라 볼 수 없는 별자리도 있습니다. 하지만 북쪽 하늘의 대표적인 별자리인 큰곰자리, 작은곰자리, 카시오페이아자리는 일 년 내내 관측할 수 있습니다.

별자리의 관측

별자리를 관측할 때에는 흐린 날을 피해 맑은 날 관측해야 하며, 밤하늘의 별이 보일 만큼 충분히 어둡고 주변이 탁 트인 넓은 곳에서 관측하는 것이 좋습니다. 또, 관측한 것을 기록할 때 주변 건물이나 나무 등의 지형을 같이 기록하면 더 정확하게 관측할 수 있습니다.

❶ 별자리

1 별자리: 무리 지어 있는 별을 연결해 이름을 붙인 것

2 별자리 조사하기 탐구

탐구 과정

❶ 천체 관측 프로그램으로 오후 9 시에 북쪽 하늘에서 보이는 별자리를 조사합니다.

❷ 과정 ❶에서 조사한 별자리의 이름과 모양을 기록합니다.

❸ 맑은 날 오후 9 시 무렵에 별자리를 관측하기 적당한 장소로 가서 나침반으로 북쪽을 확인합니다. ─ 관측을 할 때 어른과 함께 가고, 너무 늦은 시각까지 관측하지 않도록 해요.

❹ 북쪽 하늘을 관측하여 과정 ❷에서 기록한 별자리를 찾아봅니다.

탐구 결과

오후 9 시에 북쪽 하늘에서 보이는 별자리에는 큰곰자리, 작은곰자리, 카시오페이아자리가 있습니다.

⬆ 큰곰자리

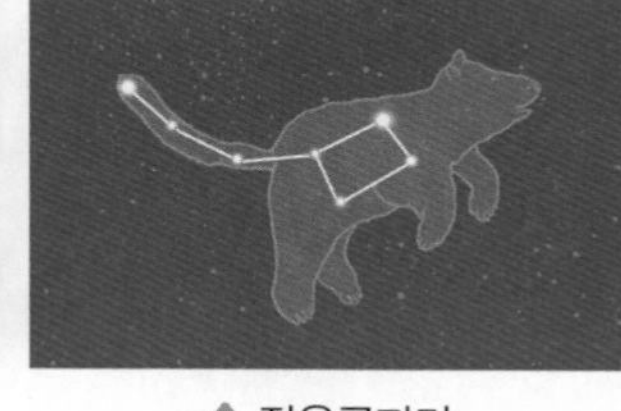

⬆ 작은곰자리

W자 또는 M자 모양으로 보여요.

⬆ 카시오페이아자리

❷ 북쪽 하늘의 별자리

1 북쪽 하늘에서 볼 수 있는 별자리: 큰곰자리, 작은곰자리, 카시오페이아자리 등은 북쪽 하늘에서 볼 수 있는 대표적인 별자리입니다.

2 북두칠성: 큰곰자리 꼬리 부분에 있는 일곱 개의 별을 북두칠성이라고 합니다.

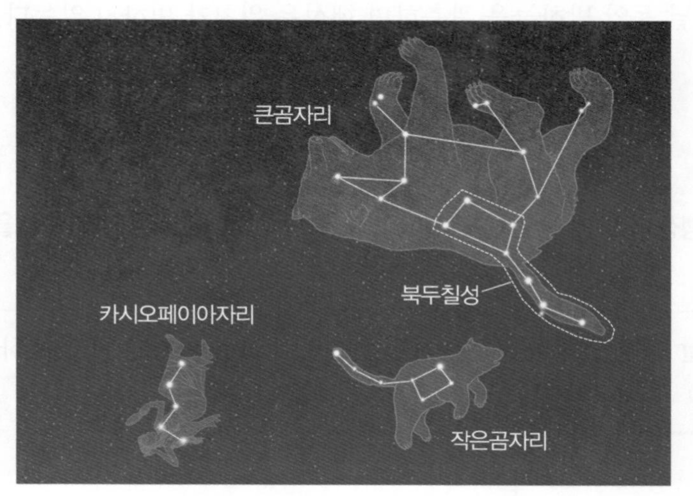

★ **나침반** 자석의 성질을 지닌 바늘이 남쪽과 북쪽을 가리키는 성질을 이용하여 방향을 알 수 있게 만든 도구

바른답·알찬풀이 18 쪽

스스로 확인해요 『과학』 61 쪽

1 (북쪽, 남쪽) 밤하늘에서는 큰곰자리, 작은곰자리, 카시오페이아자리 등의 별자리를 볼 수 있습니다.

2 (사고력) 오후 9 시에 학교 운동장의 조명 기구를 모두 켰을 때와 껐을 때 중에서 별자리를 관측하기에 더 적당한 때를 고르고, 그 까닭을 설명해 봅시다.

문제로 개념 탄탄

바른답·알찬풀이 18 쪽

정답 확인

1 밤하늘에 무리 지어 있는 별을 연결해 이름을 붙인 것을 무엇이라고 하는지 써 봅시다.

( )

2 다음은 별자리 관측에 대한 설명입니다. ( ) 안에 들어갈 알맞은 말에 ○표 해 봅시다.

> 별자리 관측은 밤하늘이 충분히 (밝고, 어둡고) 주변이 탁 트인 곳에서 하는 것이 좋다.

3 다음 ( ) 안에 들어갈 알맞은 말을 써 봅시다.

> 맑은 날 오후 9 시 무렵에 ( ) 하늘을 관측하면 카시오페이아자리를 볼 수 있습니다.

( )

4 북쪽 밤하늘에서 볼 수 있는 별자리로 옳지 않은 것을 **보기**에서 골라 기호를 써 봅시다.

보기

㉠ 천칭자리 ㉡ 작은곰자리 ㉢ 카시오페이아자리

( )

5 오른쪽은 북쪽 밤하늘에서 볼 수 있는 별자리입니다. 이 별자리의 이름을 **보기**에서 골라 기호를 써 봅시다.

보기

㉠ 큰곰자리 ㉡ 오리온자리 ㉢ 카시오페이아자리

( )

3 단원

공부한 날 월 일

창의적으로 생각해요 『과학』 63 쪽

우주 망원경으로 행성과 별의 어떤 모습을 관측하고 싶은지 생각해 봅시다.

예시 답안
- 다른 행성과 달리 천왕성의 고리가 세로 방향으로 있는 모습을 관측하고 싶다.
- 사진으로 본 수성의 모습은 달처럼 표면이 울퉁불퉁했는데, 실제로도 표면이 달과 비슷한 모습인지 확인하고 싶다.
- 토성의 고리를 이루는 것은 무엇인지 확인하고 싶다.
- 북쪽 밤하늘에서 가장 밝게 보이는 별을 크게 보고 싶다.
- 카시오페이아자리의 별빛을 촬영하고 싶다.

공부한 내용을

 자신 있게 설명할 수 있어요.

 설명하기 조금 힘들어요.

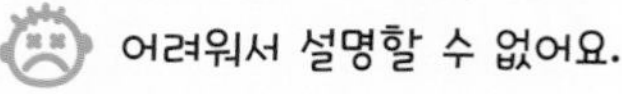
어려워서 설명할 수 없어요.

북극성은 어떻게 찾을 수 있을까요

① 북극성 북극성은 작은곰자리의 꼬리 부분에 있어요.

1 북극성의 위치: 북극성은 항상 북쪽에 있습니다.

2 북극성의 이용: 나침반 등 방향을 확인할 도구가 없어도 북극성으로 북쪽을 찾을 수 있습니다.

② 별자리를 이용한 방향 찾아보기 탐구

1 카시오페이아자리를 이용한 북극성 찾기

① ㉠에서 ㉡ 방향으로 길게 연장해 그은 선과 ㉤에서 ㉣ 방향으로 길게 연장해 그은 선이 만나는 점을 ⓐ로 표시합니다.

② ⓐ와 ㉢을 연결한 선의 5 배만큼 떨어진 곳에 있는 별이 북극성입니다.

2 북두칠성을 이용한 북극성 찾기

① 북두칠성 끝부분에 있는 별 ㉮와 ㉯를 연결합니다.

② 별 ㉮와 ㉯를 연결한 선의 5 배만큼 떨어진 곳에 있는 별이 북극성입니다.

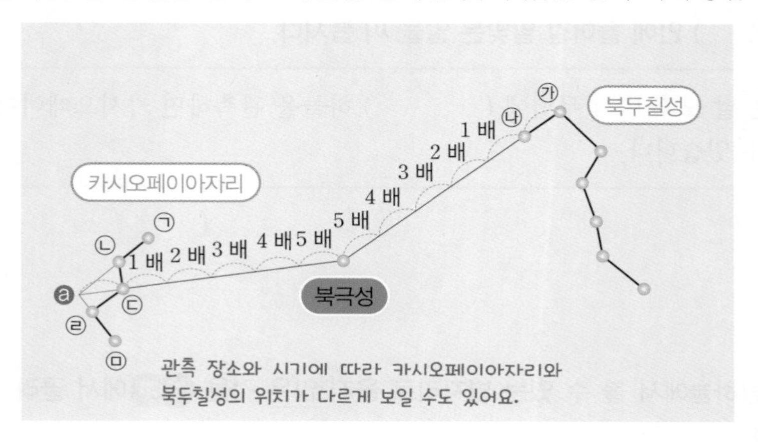

③ 밤하늘에서 방위를 확인하는 방법

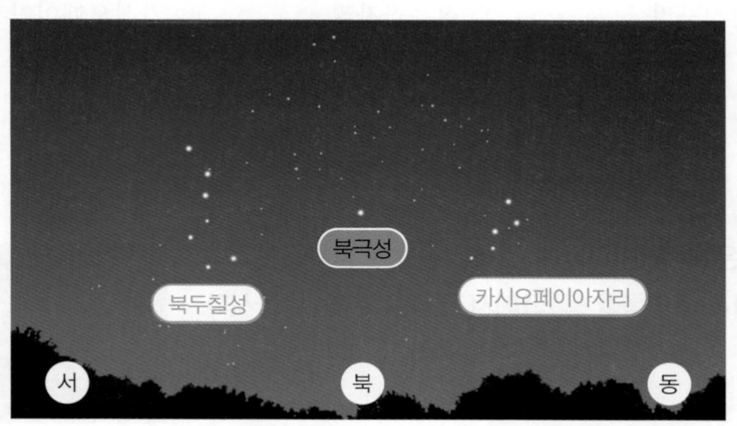

- 북두칠성이나 카시오페이아자리를 이용해 북극성을 찾으면 북극성이 있는 방향이 북쪽입니다.
- 북극성을 바라보고 섰을 때 북극성이 있는 방향의 오른쪽이 동쪽, 왼쪽이 서쪽입니다.

북두칠성

북두칠성은 큰곰자리의 꼬리 부분에 해당하는 일곱 개의 별입니다. 북두칠성은 밤하늘에서 비교적 밝은 별들로만 이루어져 있어 찾기가 쉽기 때문에 카시오페이아자리와 함께 다른 별을 찾기 위한 길잡이로 많이 이용됩니다.

용어 사전

★ **방위** 어떠한 곳에서 방향을 나타내는 쪽의 위치로 크게 동쪽, 서쪽, 남쪽, 북쪽으로 구분함.

바른답·알찬풀이 18 쪽

스스로 확인해요 『과학』 65 쪽

1 북극성은 ( )(이)나 카시오페이아자리와 같은 별자리를 이용해 찾을 수 있습니다.

2 (문제 해결력) 밤에 나침반 없이 북쪽을 찾을 수 있는 방법을 설명해 봅시다.

문제로
개념 탄탄

→ 바른답·알찬풀이 18 쪽

정답 확인

1 항상 북쪽에 있어 방위를 알 수 있게 해 주는 별의 이름은 무엇인지 써 봅시다.

( )

2 다음은 북극성을 통해 방위를 알아보는 방법입니다. ( ) 안에 들어갈 알맞은 말을 써 봅시다.

> 북극성을 바라보고 섰을 때 밤하늘에서 북극성이 있는 방향이 ( )쪽 방향이다.

( )

3 북극성을 찾는 데 이용되는 별자리를 보기 에서 두 가지 골라 기호를 써 봅시다.

> 보기
> ㉠ 북두칠성 ㉡ 물고기자리 ㉢ 카시오페이아자리

(,)

4 다음 ( ) 안에 들어갈 알맞은 말에 ○표 해 봅시다.

> 북두칠성이나 카시오페이아자리를 이용해 북극성을 찾으면 북극성이 있는 방향이 (북쪽, 남쪽)입니다.

5 다음은 북두칠성을 이용하여 북극성을 찾는 방법입니다. ( ) 안에 들어갈 알맞은 숫자를 써 봅시다.

> 북두칠성의 끝부분에 있는 두 별 ㉠과 ㉡을 연결했을 때, 그 간격의 ( ) 배만큼 떨어진 곳에 북극성이 있다.

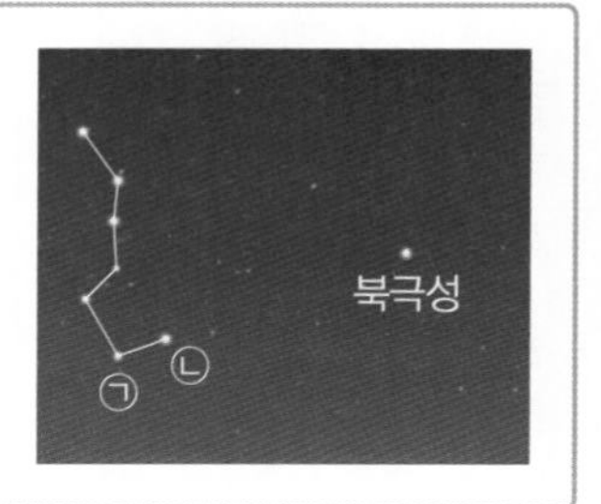

( )

3 단원

공부한 날
월
일

공부한 내용을

 자신 있게 설명할 수 있어요.

 설명하기 조금 힘들어요.

 어려워서 설명할 수 없어요.

01 다음은 행성과 별에 대한 설명입니다. (　　) 안에 들어갈 알맞은 말을 각각 써 봅시다.

> (　㉠　)은 태양처럼 스스로 빛을 내는 천체이지만 (　㉡　)은 스스로 빛을 내지 않고 태양 빛을 반사하는 천체이다.

㉠: (　　　　　　　　), ㉡: (　　　　　　　　)

서술형

02 다음은 행성과 별의 모습을 나타낸 것입니다. 행성과 별의 차이점을 두 가지 설명해 봅시다.

행성

별

중요

03 다음은 여러 날 동안 같은 장소에서 관측한 밤하늘의 모습입니다. ㉠과 ㉡은 행성과 별 중 어느 것인지 각각 써 봅시다.

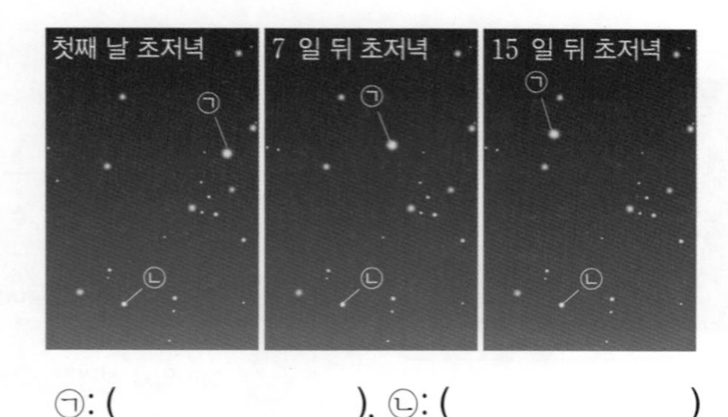

㉠: (　　　　　　　　), ㉡: (　　　　　　　　)

중요

04 별자리에 대한 설명으로 옳은 것을 보기에서 골라 기호를 써 봅시다.

> **보기**
> ㉠ 한 개의 별로만 이루어져 있다.
> ㉡ 북쪽 밤하늘에서는 한 가지 별자리만 볼 수 있다.
> ㉢ 무리 지어 있는 별을 연결해 이름을 붙인 것이다.

(　　　　　　　　)

05 다음은 큰곰자리, 작은곰자리, 카시오페이아자리에 대한 학생 (가)~(다)의 대화입니다. 잘못 말한 학생은 누구인지 써 봅시다.

(가)

(나)

(다)

(　　　　　　　　)

06 다음 중 오른쪽과 같은 별자리에 대한 설명으로 옳지 않은 것은 어느 것입니까? (　　)

① 카시오페이아자리이다.
② W자 또는 M자 모양이다.
③ 북쪽 하늘에서 볼 수 있다.
④ 일 년 내내 관측할 수 있다.
⑤ 북두칠성이 포함되어 있다.

07 다음 설명에 해당하는 별의 이름을 써 봅시다.

- 항상 북쪽에 있다.
- 북쪽 밤하늘에서 볼 수 있다.
- 방향을 확인할 도구가 없어도 이 별을 이용하여 방위를 알 수 있다.

( )

08 다음은 북극성과 북극성을 찾는 데 이용되는 별자리를 나타낸 것입니다. ㉠, ㉡의 이름을 옳게 짝 지은 것은 어느 것입니까? ( )

	㉠	㉡
①	작은곰자리	북두칠성
②	작은곰자리	카시오페이아자리
③	작은곰자리	큰곰자리
④	북두칠성	카시오페이아자리
⑤	북두칠성	큰곰자리

서술형

09 방향을 확인할 수 있는 도구가 없을 때 북극성이 방위를 찾는 데 이용되는 까닭을 설명해 봅시다.

[10~11] 다음은 밤하늘에서 볼 수 있는 북두칠성을 이용해 북극성을 찾는 모습입니다. 물음에 답해 봅시다.

10 위 그림과 같이 북두칠성을 볼 수 있는 밤하늘의 방향을 써 봅시다.

( ) 밤하늘

11 위 그림에서 ㉠~㉤ 중 북극성의 위치로 옳은 것의 기호를 써 봅시다.

( )

중요

12 다음은 카시오페이아자리를 이용해 북극성을 찾는 방법을 순서 없이 나타낸 것입니다. 순서에 맞게 기호를 써 봅시다.

(가) ㉠과 ㉡을 연결한다.
(나) 카시오페이아자리의 바깥쪽 두 선을 연장해 ㉠을 찾는다.
(다) ㉠과 ㉡을 연결한 간격의 5 배만큼 떨어진 곳에 있는 별을 찾는다.

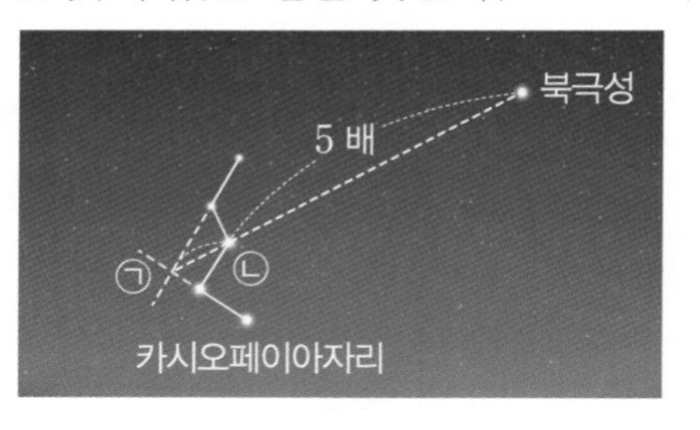

( ) → ( ) → ( )

3 단원

공부한 날 월 일

태양계 행성 탐사 계획하기

태양계는 매우 크기 때문에 그 규모와 구성 천체 간의 거리를 체감하기 어렵습니다. 태양계 축소 모형을 만들면 태양계의 규모와 구성 천체 간의 거리를 쉽게 가늠할 수 있습니다.

스웨덴에는 태양계 구성 천체를 실제 크기 비율대로 만든 구조물들이 실제 거리 비율에 맞게 나라 곳곳에 설치되어 있습니다. 이것은 전 세계에서 가장 큰 태양계 축소 모형입니다. 태양을 나타내는 지름 약 71 m 크기의 모형에서 출발해 약 2 시간을 걸어가면 지름 약 65 cm 크기의 지구 모형을 볼 수 있습니다. 태양 모형에서 해왕성 모형까지는 걸어서 약 60 시간이 걸립니다.

실제 태양계는 스웨덴 태양계 모형에 비해 훨씬 큽니다. 실제로 태양계 행성을 탐사하려면 시간이 얼마나 걸리는지 알아보고, 태양계 행성 탐사 계획을 세워 봅시다.

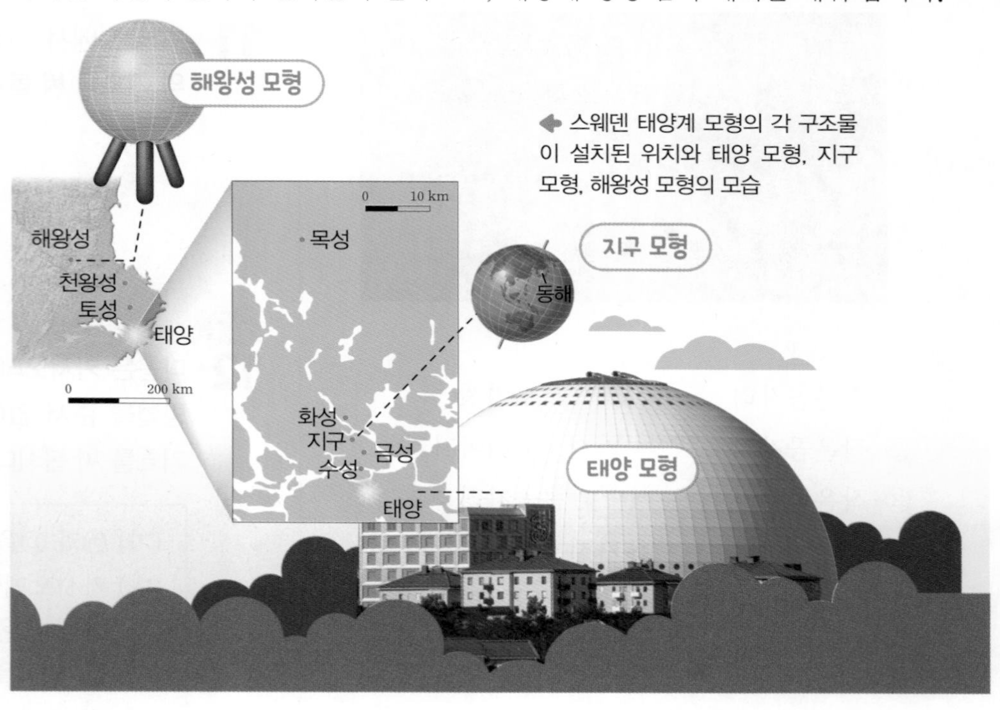

◀ 스웨덴 태양계 모형의 각 구조물이 설치된 위치와 태양 모형, 지구 모형, 해왕성 모형의 모습

태양계

태양계는 태양과 태양 주위를 도는 여덟 개의 행성을 비롯하여 위성, 소행성, 혜성 등의 천체와 그 주위의 공간을 말합니다. 태양과 지구 사이의 거리는 약 1억5천만 km이고, 태양과 해왕성 사이의 거리는 약 45억 km입니다. 이와 같이 태양계의 크기는 매우 크기 때문에 일반적으로 지구를 기준으로 태양계의 크기를 나타냅니다. 예를 들어, 지구와 태양 사이의 거리를 1이라고 하면 지구와 해왕성 사이의 거리는 30으로 간단하게 나타낼 수 있습니다.

용어 사전

- ★ **비율** 다른 수나 양에 대한 어떤 수나 양의 비
- ★ **구조물** 일정한 설계에 따라 여러 가지 재료를 사용하여 만든 물건
- ★ **탐사** 알려지지 않은 사물이나 사실 등을 자세하게 조사하는 것

어느 우주 탐사선을 타고 태양에서 수성까지 가는 데 40 일 정도의 시간이 걸립니다. 다음은 이 우주 탐사선을 타고 태양에서 다른 태양계 행성까지 가는 데 걸리는 시간이 태양에서 수성까지 가는 데 걸리는 시간의 몇 배인지 나타낸 것입니다.

금성	지구	화성	목성	토성	천왕성	해왕성
약 1.9 배	약 2.6 배	약 3.9 배	약 13.4 배	약 24.8 배	약 49.6 배	약 77.6 배

3 단원

공부한 날 월 일

❶ 각 태양계 행성까지 가는 데 걸리는 시간과 각 행성의 특징을 고려했을 때, 탐사하고 싶은 행성의 이름과 탐사하고 싶은 까닭을 써 봅시다.

예시 답안

• 탐사하고 싶은 행성: 화성

• 탐사하고 싶은 까닭: 비교적 짧은 시간만 들이면 도착할 수 있고, 붉은색으로 보이는 화성의 표면이 어떤 물질로 이루어져 있는지 탐사해 보고 싶다.

활동꿀팁

탐사하고 싶은 태양계 행성까지 가는 데 걸리는 시간과 행성의 특징을 고려하여 더 알고 싶은 내용을 자유롭게 나타내 보아요.

❷ 태양계 행성 탐사 계획서를 만들어 봅시다.

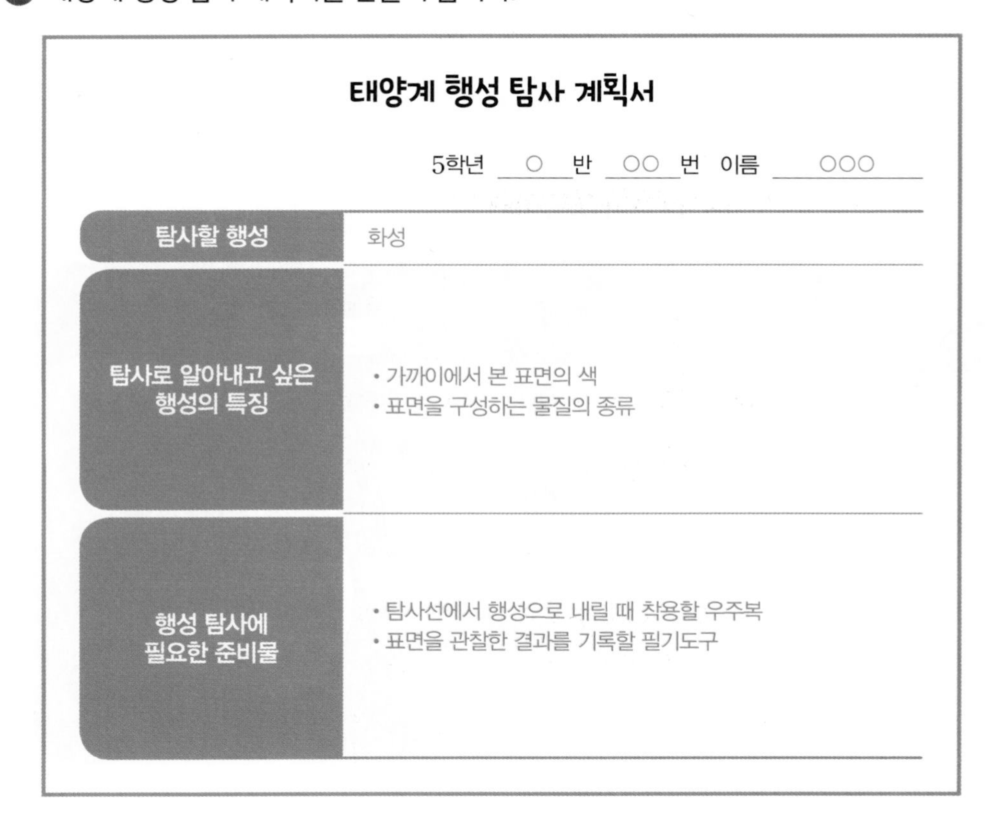
태양계 행성 탐사 계획서

5학년 ○ 반 ○○ 번 이름 ○○○

탐사할 행성	화성
탐사로 알아내고 싶은 행성의 특징	• 가까이에서 본 표면의 색 • 표면을 구성하는 물질의 종류
행성 탐사에 필요한 준비물	• 탐사선에서 행성으로 내릴 때 착용할 우주복 • 표면을 관찰한 결과를 기록할 필기도구

활동꿀팁

탐사 계획을 세우고 그에 따라 탐사에 필요한 준비물을 생각해 보아요. 필요하다면 실제 행성 탐사에 사용되었던 준비물을 누리집을 통해 찾아볼 수도 있어요.

교과서 쏙쏙

이렇게 정리해요

빈칸에 알맞은 말을 넣고, 『과학』 125 쪽에서 알맞은 붙임딱지를 찾아 붙여 내용을 정리해 봅시다.

태양이 지구에 주는 영향

- 태양은 많은 양의 빛을 내보내며, 지구에서 이용되는 거의 모든 에너지의 근원임.
- **태양이 지구에 주는 영향**
  - 물이 ❶ 순환 하고, 지구의 온도가 생물이 살아가기에 알맞게 유지됨.
  - 식물이 태양 빛을 받아 ❷ 양분 을/를 만듦.
  - 태양 빛으로 전기를 만들어 생활에 이용함.

풀이 태양이 있어 물이 순환할 수 있으며, 식물은 태양 빛을 이용해 살아가는 데 필요한 양분을 만듭니다.

태양계 행성

- ❸ 태양계 : 태양과 태양의 영향을 받는 천체 그리고 그 주위의 공간
- 태양계에는 태양 주위를 도는 여덟 개의 ❹ 행성 이/가 있음.
  - 가장 작은 행성은 수성이고, 가장 큰 행성은 목성임.
  - 태양으로부터의 거리가 가장 가까운 행성은 수성이고, 가장 먼 행성은 해왕성임.

풀이 태양계는 태양과 태양의 영향을 받는 천체 그리고 그 주위의 공간으로, 태양과 태양계 행성 등으로 이루어져 있습니다. 태양계 행성은 태양 주위를 돌며, 수성, 금성, 지구, 화성, 목성, 토성, 천왕성, 해왕성이 있습니다.

태양계와 별

행성, 별, 별자리

● 행성과 별

• 행성은 스스로 빛을 내지 않고 태양 ❺ [빛] 을/를 반사하며, 별은 스스로 ❻ [빛] 을/를 냄.

• 밤하늘에서 관측상의 차이점: 여러 날 동안 밤하늘을 관측하면 별 사이에서 ❼ (위치가 고정된, 움직이는) 행성을 볼 수 있음.

● 별자리: 무리 지어 있는 별을 연결해 이름 붙인 것

• 북쪽 하늘에서 볼 수 있는 대표적인 별자리

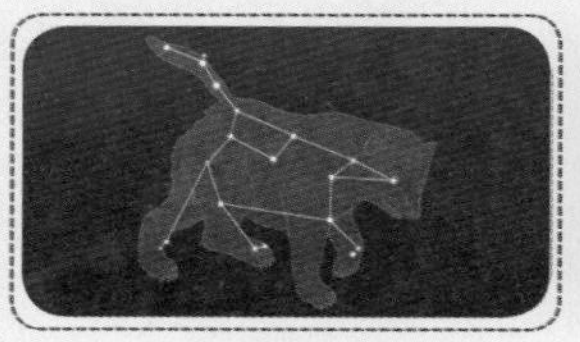
큰곰자리

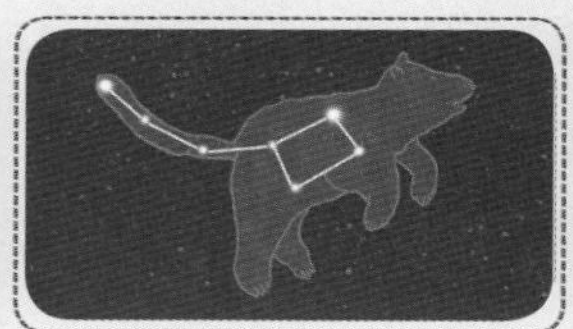
작은곰자리

카시오페이아자리

풀이 스스로 빛을 내지 않고 태양 빛을 반사하는 행성과 달리 별은 스스로 빛을 냅니다. 여러 날 동안 같은 시각에 같은 밤하늘을 관측하면 행성은 별 사이에서 움직입니다.

별자리를 이용해 북극성과 방향 찾기

● 별자리를 이용해 북극성을 찾는 방법: ❽ [카시오페이아자리] (이)나 북두칠성을 이용함.

● 북극성을 이용해 방향을 찾을 수 있는 까닭: 북극성은 항상 정확한 ❾ [북쪽] 에 있기 때문에 북극성을 찾으면 방향을 찾을 수 있음.

풀이 카시오페이아자리나 북두칠성을 이용하면 북극성을 찾을 수 있습니다. 북극성은 항상 정확한 북쪽에 있으므로 북극성을 찾으면 방향을 찾을 수 있습니다.

천왕성을 발견한 윌리엄 허셜과 캐롤라인 허셜

『과학』 70 쪽

윌리엄 허셜과 캐롤라인 허셜은 직접 만든 망원경을 이용하여 밤하늘을 관측하던 중 새로운 천체를 발견했습니다. 허셜 남매는 이 천체를 계속하여 관찰한 결과 그동안 알려지지 않던 천체임을 발견하고 관측 결과를 발표했는데, 이 행성이 바로 천왕성입니다.

창의적으로 생각해요

천왕성을 발견하기 전까지 사람들은 토성이 있는 곳이 태양계의 끝이라고 생각했습니다. 천왕성을 발견한 뒤, 태양계의 크기에 대한 사람들의 생각이 어떻게 달라졌을지 설명해 봅시다.

예시 답안 천왕성은 태양으로부터의 거리가 토성의 약 2 배이다. 따라서 천왕성을 발견하면서 사람들은 태양계의 크기가 이전에 알고 있던 것보다 훨씬 더 크다고 인식하게 되었다.

교과서 쏙쏙

1 태양이 지구에 주는 영향 중에서 다음 그림에 가장 적절한 것을 보기 에서 골라 기호를 써 봅시다.

보기
㉠ 구름이 생기고 비가 내린다. ㉡ 전기를 만들어 생활에 이용한다.
㉢ 바닷물을 증발시켜 소금을 얻는다.

(1) 
(㉢)

(2) 
(㉠)

풀이 태양에 의해 바닷물이 증발해 염전에서 소금을 얻습니다. 태양에 의해 물이 증발해 구름이 만들어지고 다시 비가 되어 내립니다.

2 다음은 태양계 행성에 대한 설명입니다. ㉠~㉢의 ( ) 안에 들어갈 알맞은 말을 각각 골라 ○표 해 봅시다.

태양계에는 모두 ㉠(여덟 개, 아홉 개)의 행성이 있다. 태양계에서 크기가 가장 작은 행성은 수성이고, 가장 큰 행성은 ㉡(목성, 토성)이다. 지구보다 태양으로부터 멀리 있는 행성으로는 화성, 목성, 토성, 천왕성, ㉢(금성, 해왕성)이 있다.

풀이 태양계에 있는 여덟 개의 행성 중 크기가 가장 큰 행성은 목성입니다. 화성, 목성, 토성, 천왕성, 해왕성은 태양으로부터의 거리가 지구보다 멉니다.

3 다음은 어떤 태양계 행성의 모양과 특징을 나타낸 것입니다. 해당하는 행성의 이름을 써 봅시다.

- 뚜렷하고 큰 고리가 있다.
- 지름이 지구의 9.4 배이다.

(토성)

풀이 토성은 뚜렷하고 큰 고리를 가지고 있으며 지구에 비해 훨씬 큽니다.

4 다음은 별과 행성에 대한 설명입니다. (　　) 안에 들어갈 알맞은 말을 각각 써 봅시다.

> (㉠)은 스스로 빛을 내며, (㉡)은 스스로 빛을 내지 않고 태양 빛을 반사한다. 여러 날 동안 밤하늘을 관측하면 (㉠) 사이에서 움직이는 (㉡)을 볼 수 있다.

㉠: (별), ㉡: (행성)

풀이 스스로 빛을 내는 별과 다르게 행성은 스스로 빛을 내지 않고 태양 빛을 반사합니다. 여러 날 동안 밤하늘을 관측하면 별 사이에서 움직이는 행성을 볼 수 있습니다.

5 다음과 같이 북두칠성을 이용해 북극성을 찾으려고 할 때, ㉠~㉤ 중 북극성의 위치로 알맞은 것을 골라 기호를 써 봅시다.

(㉠)

풀이 북두칠성 끝부분에 있는 두 별을 연결하고, 그 간격의 5 배만큼 떨어진 곳의 별을 찾으면 그 별이 북극성입니다.

사고력 | 문제 해결력

6 나침반이 없던 시절의 사람들이 방향을 찾을 때 밤하늘에서 북극성을 찾은 까닭을 설명해 봅시다.

예시 답안 북극성은 항상 정확한 북쪽에 있기 때문이다.

풀이 북극성은 항상 정확한 북쪽에 있기 때문에 방향을 찾는 데 이용됩니다.

3 단원

공부한 날 월 일

그림으로 단원 정리하기

● 그림을 보고, 빈칸에 알맞은 내용을 써 봅시다.

01 태양이 우리 생활과 생물에 주는 영향

50 쪽

- 물이 ❶ (   )하고 지구의 온도가 생물이 살아가기에 알맞게 유지됩니다.
- ❷ (   )은/는 태양 빛을 이용해 살아가는 데 필요한 양분을 만듭니다.
- 태양 빛으로 ❸ (   )을/를 만들어 생활에 이용합니다.

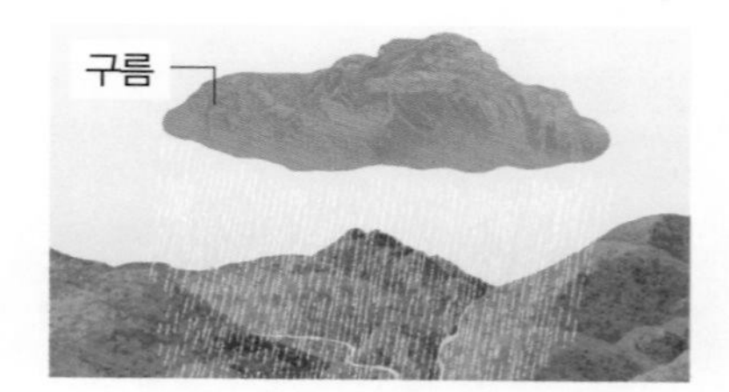

02 태양계 행성의 특징

52 쪽

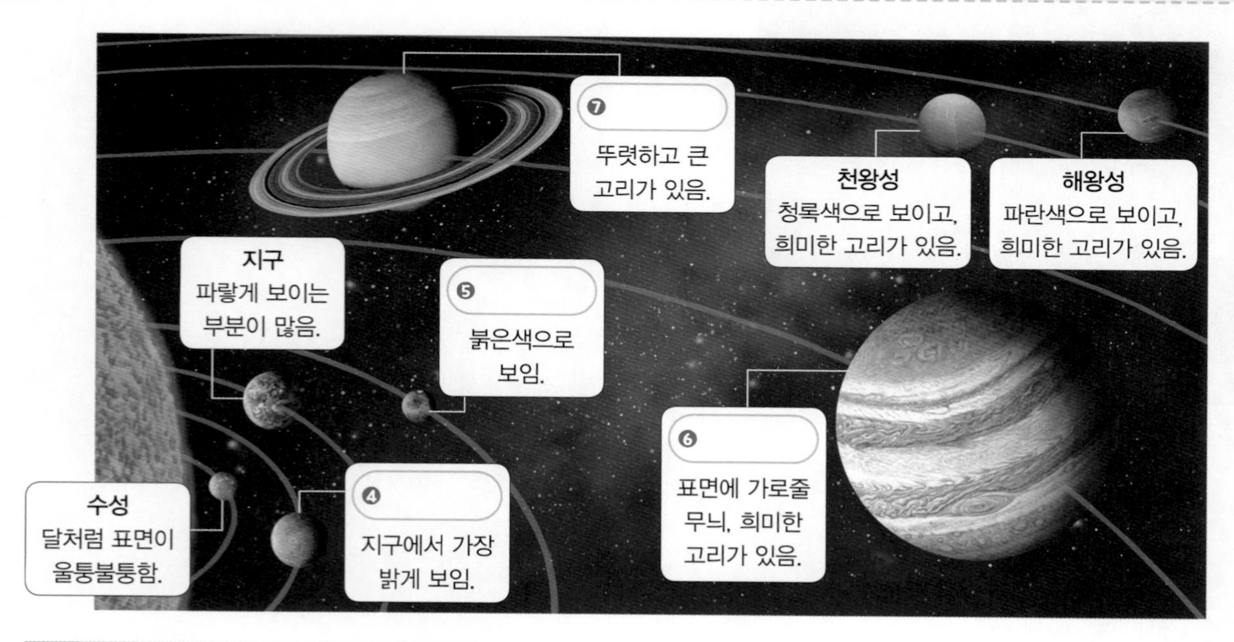

행성	수성	금성	지구	화성	목성	토성	천왕성	해왕성
상대적 크기	0.4 배	0.9 배	1.0 배	0.5 배	11.2 배	9.4 배	4.0 배	3.9 배
상대적 거리	0.4 배	0.7 배	1.0 배	1.5 배	5.2 배	9.6 배	19.2 배	30.0 배

03 행성과 별의 관측상의 차이점

56 쪽

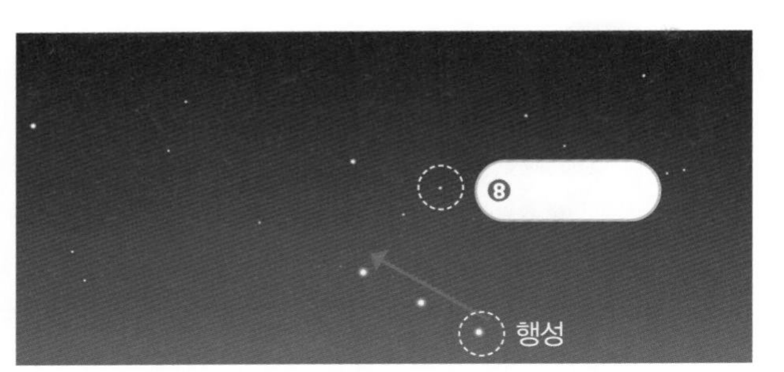

여러 날 동안 관측한 밤하늘

여러 날 동안 밤하늘을 관측하면 별 사이에서 움직이는 행성을 볼 수 있습니다.

04 북쪽 하늘의 별자리

58 쪽

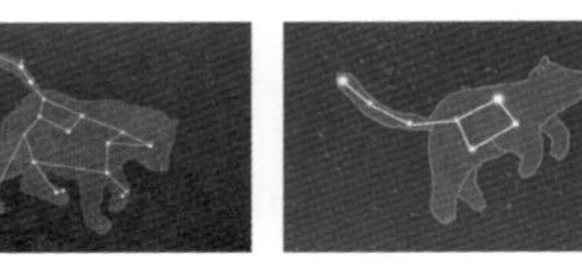

큰곰자리 ❾ 카시오페이아자리

밤하늘을 관측하면 다양한 별자리를 찾을 수 있습니다. 큰곰자리, 작은곰자리, 카시오페이아자리는 북쪽 밤하늘에서 볼 수 있는 대표적인 별자리입니다.

3 단원

공부한 날 월 일

05 북극성을 찾는 방법

60 쪽

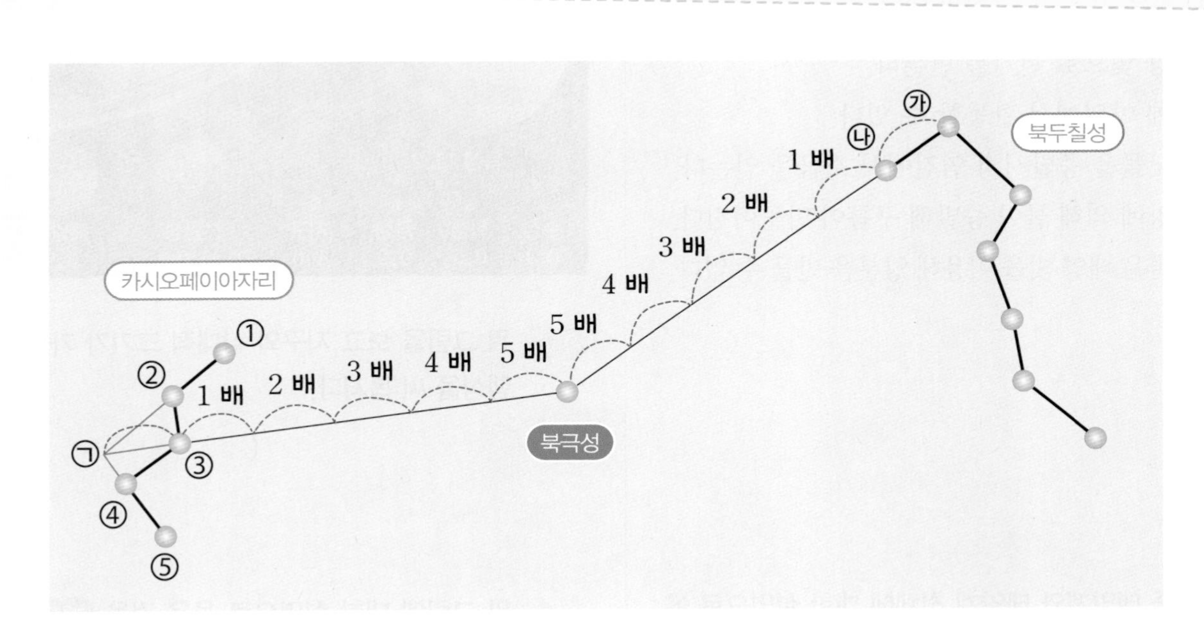

- 북두칠성을 이용하는 방법: ㉮와 ㉯를 연결하고 그 간격의 ❿ 배만큼 떨어진 곳의 별을 찾습니다.
- 카시오페이아자리를 이용하는 방법: ①과 ②를 길게 연장한 선과 ④와 ⑤를 길게 연장한 선이 만나는 점 ㉠을 찾고, ㉠과 ③을 연결해 그 간격의 5 배만큼 떨어진 곳의 별을 찾습니다.

답 ❶ 순환 ❷ 식물 ❸ 전기 ❹ 금성 ❺ 화성 ❻ 목성 ❼ 토성 ❽ 별 ❾ 작은곰자리 ❿ 5

01 태양에 대한 설명으로 옳은 것을 보기에서 골라 기호를 써 봅시다.

보기
㉠ 태양이 내보내는 빛의 양은 매우 적다.
㉡ 지구에 사는 일부 생물에게만 영향을 준다.
㉢ 지구에서 이용되는 거의 모든 에너지의 근원이다.

( )

02 다음 중 태양이 우리 생활과 생물에 주는 영향으로 옳지 않은 것은 어느 것입니까? ( )

① 태양 빛으로 전기를 만든다.
② 낮에 야외에서 활동할 수 있다.
③ 바닷물을 증발시켜 염전에서 소금을 얻는다.
④ 태양에 의해 물이 증발해 구름이 만들어진다.
⑤ 식물은 태양 빛을 이용해 양분을 만들 수 없다.

03 다음 중 태양계와 태양계 천체에 대한 설명으로 옳은 것은 어느 것입니까? ( )

① 지구는 태양계 천체가 아니다.
② 태양은 스스로 빛을 낼 수 없다.
③ 태양계에는 여덟 개의 행성이 있다.
④ 토성은 태양계에서 가장 큰 천체이다.
⑤ 태양 주위의 공간은 태양계에 포함되지 않는다.

04 태양계 행성 중 크기가 가장 작은 행성을 보기에서 골라 기호를 써 봅시다.

보기
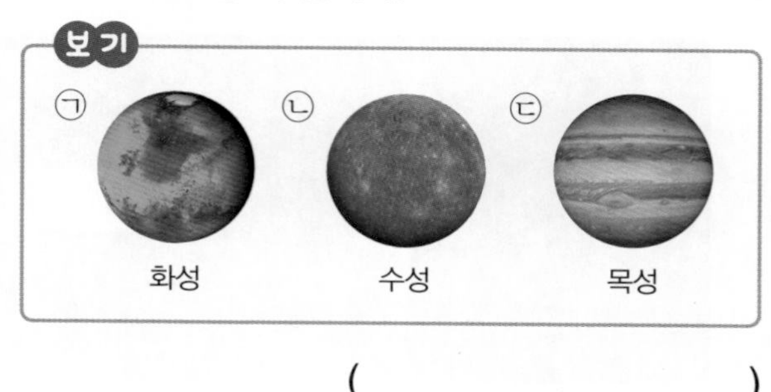

( )

[05~06] 다음은 지구의 크기를 1.0으로 보았을 때 태양계 행성들의 상대적 크기를 나타낸 것입니다. 물음에 답해 봅시다.

05 위 그림을 보고 지구와 상대적 크기가 가장 비슷한 행성을 써 봅시다.

( )

06 위 그림에 대한 설명으로 옳은 것을 보기에서 골라 기호를 써 봅시다.

보기
㉠ 토성은 목성보다 상대적 크기가 크다.
㉡ 수성과 화성은 상대적 크기가 비슷하다.
㉢ 지구보다 상대적 크기가 작은 행성은 두 개이다.

( )

[07~08] 다음은 태양에서 지구까지의 거리를 1.0으로 보았을 때 태양에서 태양계 행성까지의 상대적 거리를 나타낸 것입니다. 물음에 답해 봅시다.

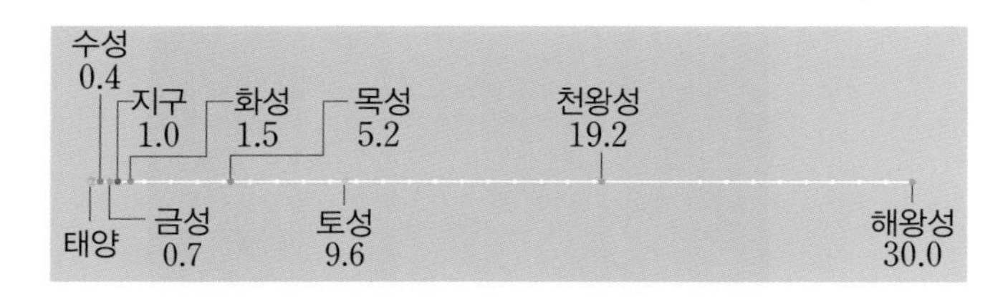

07 금성, 화성, 토성의 상대적 거리를 태양에서 가까운 것부터 순서대로 써 봅시다.

(< (< ( )

08 위 그림에 대한 설명으로 옳은 것을 보기에서 골라 기호를 써 봅시다.

보기
㉠ 태양에서 가장 멀리 떨어져 있는 행성은 해왕성이다.
㉡ 태양까지의 상대적 거리가 지구보다 가까운 행성은 금성과 화성이다.
㉢ 태양까지의 상대적 거리가 멀어질수록 행성 사이의 거리는 대체로 가까워진다.

( )

09 행성과 별에 대한 설명으로 옳지 않은 것을 보기에서 골라 기호를 써 봅시다.

보기
㉠ 별은 스스로 빛을 낸다.
㉡ 행성은 태양 빛을 반사한다.
㉢ 여러 날 동안 밤하늘을 관측하면 별은 위치가 변한다.

( )

10 다음 중 오른쪽과 같은 별자리에 대한 설명으로 옳은 것은 어느 것입니까? ( )

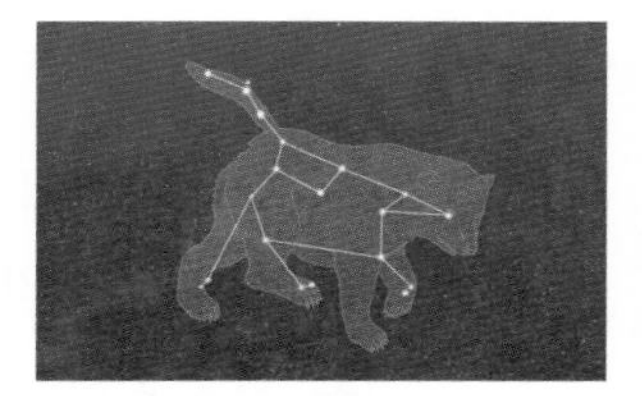

① 작은곰자리이다.
② 봄에만 관측할 수 있다.
③ 북쪽 밤하늘에서 볼 수 있다.
④ 북극성은 이 별자리에 포함된다.
⑤ 무리 지어 있는 행성을 연결해 이름을 붙인 것이다.

3 단원

공부한 날 월 일

[11~12] 다음은 밤하늘에서 볼 수 있는 별과 별자리를 나타낸 것입니다. 물음에 답해 봅시다.

11 위 그림과 같은 별과 별자리를 볼 수 있는 밤하늘의 방향을 써 봅시다.

( ) 밤하늘

12 위 그림에 대한 설명으로 옳지 않은 것은 어느 것입니까? ( )

① ㉡은 항상 북쪽에 있다.
② ㉡을 이용하여 방위를 찾을 수 있다.
③ ㉠과 ㉢은 ㉡을 찾는 데 이용된다.
④ ㉠, ㉡, ㉢은 일 년 내내 관측할 수 있다.
⑤ ㉠을 통해 찾은 ㉡과 ㉢을 통해 찾은 ㉡의 위치는 서로 다르다.

서술형 문제

13 다음은 태양이 우리 생활과 생물에 주는 영향에 대한 학생 (가)~(다)의 대화입니다. 잘못 말한 학생을 고르고, 잘못 말한 내용을 옳게 고쳐 설명해 봅시다.

- (가): 태양이 없어도 지구의 물이 활발히 순환할 거야.
- (나): 태양이 없다면 지구에서 생물들이 살아가기 어려울 거야.
- (다): 태양이 있어 밝은 낮에 운동장에서 친구들과 활동할 수 있어.

14 다음과 같이 태양계 행성을 (가)와 (나)로 분류한 기준을 설명해 봅시다.

(가)	(나)
수성, 금성, 화성	목성, 토성, 천왕성, 해왕성

15 다음은 지구의 크기를 1.0으로 보았을 때 태양계 행성들의 상대적 크기를 나타낸 것입니다. 종이를 오려서 태양계 행성 크기 비교 모형을 만들 때 가장 큰 종이가 필요한 행성 모형을 쓰고, 그렇게 생각한 까닭을 설명해 봅시다.

수성	금성	지구	화성	목성	토성	천왕성	해왕성
0.4	0.9	1.0	0.5	11.2	9.4	4.0	3.9

16 다음은 어느 날 밤하늘에서 관측한 별자리의 모습입니다. 관측한 밤하늘의 방향을 쓰고 그렇게 생각한 까닭을 설명해 봅시다.

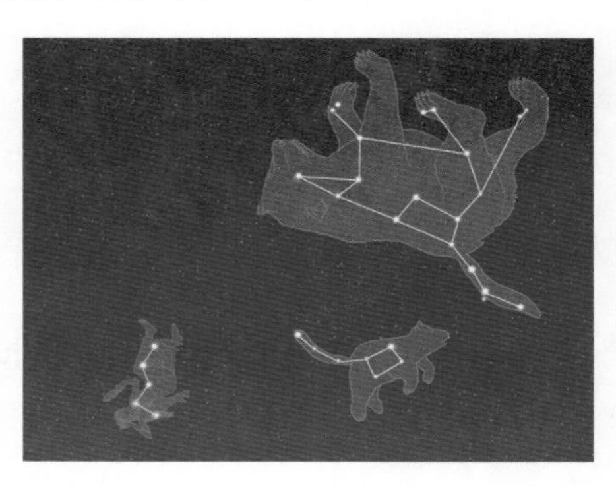

17 북극성이 있는 방향을 쓰고, 북극성으로 방위를 찾을 수 있는 방법을 설명해 봅시다.

18 오른쪽은 북쪽 밤하늘에서 관측한 어느 별자리의 모습입니다. 이 별자리의 이름을 쓰고, 이 별자리를 이용하여 북극성을 찾는 방법을 설명해 봅시다.

바른답·알찬풀이 23 쪽

정답 확인

01 다음은 지구의 상대적 크기를 1.0으로 보았을 때 태양계 행성들의 상대적 크기를 나타낸 것입니다.

행성	수성	금성	지구	화성
상대적 크기	0.4	0.9	1.0	0.5
행성	㉠	토성	천왕성	해왕성
상대적 크기	11.2	9.4	4.0	3.9

(1) ㉠에 들어갈 행성의 이름을 써 봅시다.

( )

(2) (1)에서 답한 행성의 특징 두 가지를 설명해 봅시다.

성취 기준
태양이 지구의 에너지원임을 이해하고 태양계를 구성하는 태양과 행성을 조사할 수 있다.

출제 의도
태양계 행성의 상대적 크기를 비교하고 행성의 특징을 알고 있는지 확인하는 문제예요.

관련 개념
태양계 행성의 상대적 크기와 거리 비교하기 52 쪽

3 단원

공부한 날 월 일

02 다음은 여러 날 동안 관측한 밤하늘의 모습을 나타낸 것입니다.

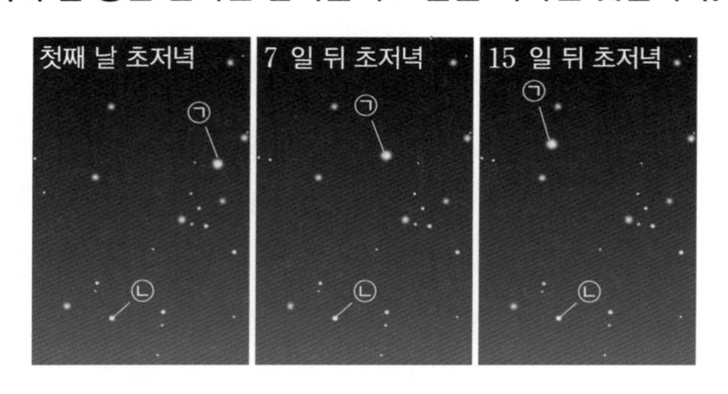

(1) ㉠과 ㉡ 중 행성은 어느 것인지 기호를 써 봅시다.

( )

(2) (1)과 같이 생각한 까닭을 행성과 별의 움직임과 관련지어 설명해 봅시다.

성취 기준
별의 의미를 알고 대표적인 별자리를 조사할 수 있다.

출제 의도
행성과 별의 차이점을 알고 밤하늘에서 행성과 별을 관측할 때 어떤 점이 다른지 알아보는 문제예요.

관련 개념
행성과 별의 관측 56 쪽

01 다음 중 태양이 우리 생활과 생물에 주는 영향으로 옳지 않은 것은 어느 것입니까? (　　　)

① 밝은 낮에 활동할 수 없다.
② 식물이 양분을 만들 수 있다.
③ 물의 순환이 이루어지게 한다.
④ 전기를 만들어 우리 생활에 이용한다.
⑤ 지구의 온도가 생물이 살아가기에 알맞게 유지된다.

02 다음은 태양이 우리 생활과 생물에 주는 영향의 예를 나타낸 것입니다. (　　) 안에 들어갈 알맞은 말을 각각 써 봅시다.

염전에서 바닷물을 증발시켜 (　㉠　)을/를 얻는다.	식물은 태양 빛을 이용해 필요한 (　㉡　)을/를 만든다.

㉠: (　　　　　　), ㉡: (　　　　　　)

03 다음 중 태양계 행성으로 옳지 않은 것은 어느 것입니까? (　　　)

① 수성　② 지구　③ 목성
④ 북극성　⑤ 해왕성

04 다음 설명에 해당하는 태양계 행성으로 옳은 것은 어느 것입니까? (　　　)

- 달처럼 표면이 울퉁불퉁하다.
- 고리가 없고, 어두운 회색으로 보인다.

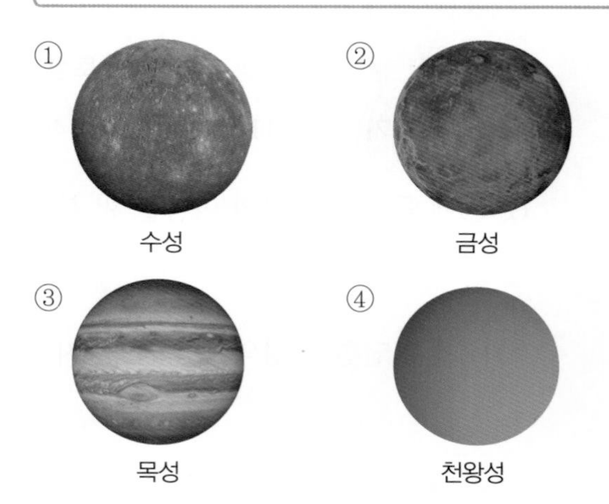

05 오른쪽과 같은 태양계 행성에 대한 설명으로 옳지 않은 것은 어느 것입니까? (　　　)

화성

① 고리가 없다.
② 태양 주위를 돈다.
③ 붉은색으로 보인다.
④ 태양계 행성 중 지구에서 가장 밝게 보인다.
⑤ 태양계 행성 중 상대적 크기가 두 번째로 작다.

06 다음은 지구의 크기를 1.0으로 보았을 때 태양계 행성들의 상대적 크기를 나타낸 것입니다. 지구보다 상대적 크기가 큰 행성은 몇 개인지 써 봅시다.

행성	수성	금성	지구	화성
상대적 크기	0.4	0.9	1.0	0.5
행성	목성	토성	천왕성	해왕성
상대적 크기	11.2	9.4	4.0	3.9

(　　　　　　　) 개

➔ 바른답·알찬풀이 24 쪽

07 다음은 태양계 행성의 상대적 크기와 거리를 비교해 모형으로 만든 것입니다. 이 모형에 대한 설명으로 옳은 것을 보기에서 골라 기호를 써 봅시다.

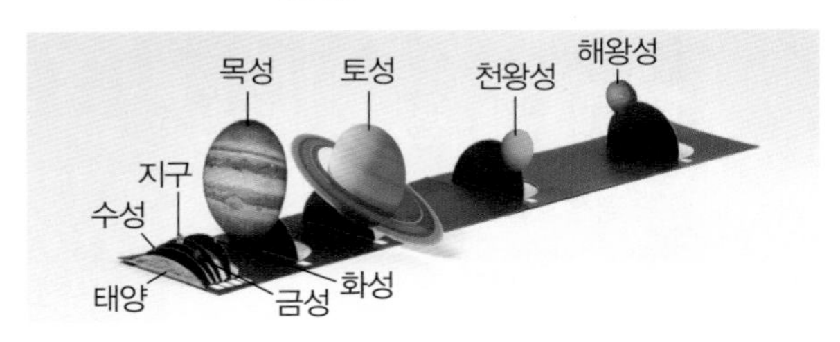

보기

㉠ 토성 모형의 크기가 가장 크다.
㉡ 태양에서 멀리 떨어진 행성 모형일수록 크기가 크다.
㉢ 천왕성 모형은 화성 모형보다 태양에서 멀리 떨어져 있다.

( )

08 오른쪽은 여러 날 동안 관측한 밤하늘에서 천체의 위치 변화에 대한 학생 (가)~(다)의 대화입니다. 잘못 말한 학생은 누구인지 써 봅시다.

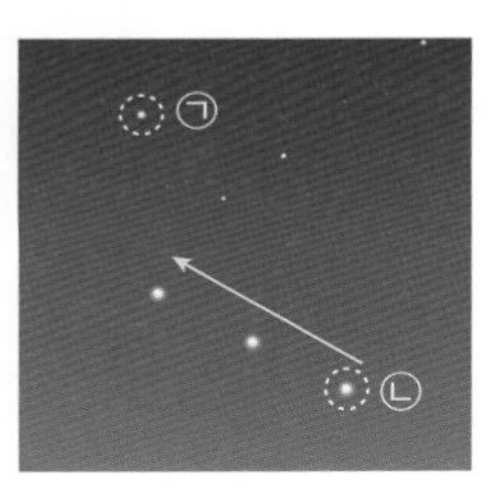

- (가): ㉠은 별이야.
- (나): ㉠은 태양 주위를 돌아.
- (다): ㉡은 태양 빛을 반사하는 천체야.

( )

09 북쪽 밤하늘에서 볼 수 있고, 북두칠성을 포함하고 있는 별자리를 보기에서 골라 기호를 써 봅시다.

보기

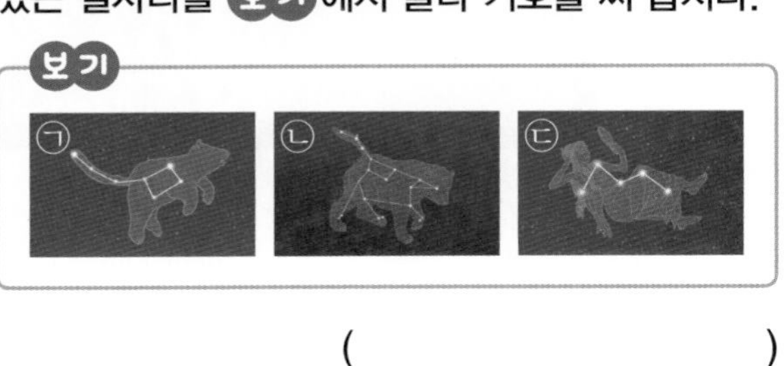

( )

10 다음 중 별자리를 관측하는 방법에 대한 설명으로 옳지 않은 것을 보기에서 골라 기호를 써 봅시다.

보기

㉠ 흐린 날을 피해 맑은 날 관측한다.
㉡ 주변이 좁고 어두운 장소에서 관측한다.
㉢ 주변 건물이나 나무 등의 지형을 같이 기록한다.

( )

11 다음 중 북극성에 대한 설명으로 옳지 않은 것은 어느 것입니까? ( )

① 항상 북쪽에 있다.
② 작은곰자리에 포함되어 있다.
③ 북극성을 이용해 방위를 확인할 수 있다.
④ 카시오페이아자리를 이용해 찾을 수 있다.
⑤ 북극성을 바라보고 섰을 때 북극성이 있는 방향이 남쪽이다.

12 오른쪽은 밤하늘에서 관측한 북두칠성과 북극성을 나타낸 것입니다. ㉠은 ㉡ 간격의 몇 배인지 써 봅시다.

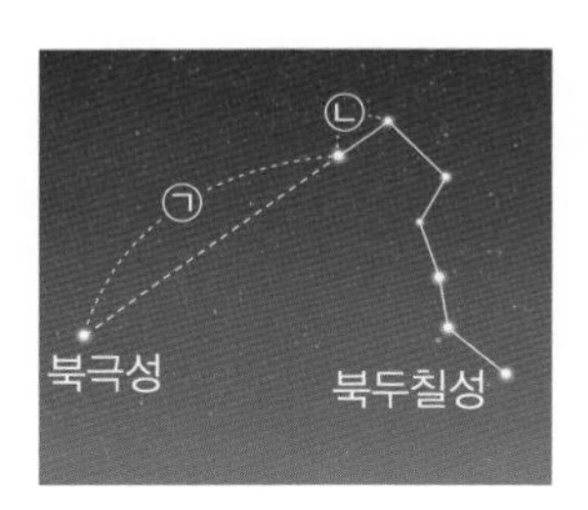

( ) 배

3 단원
공부한 날 월 일

서술형 문제

13 태양이 우리 생활과 생물에 주는 영향을 두 가지 설명해 봅시다.

14 다음은 목성과 토성의 모습을 나타낸 것입니다. 목성과 토성의 공통점 두 가지를 설명해 봅시다.

목성　　　토성

15 다음과 같이 태양계 행성을 (가)와 (나)로 분류한 기준을 설명해 봅시다.

(가)	(나)
수성, 금성	화성, 목성, 토성, 천왕성, 해왕성

16 다음은 태양계 행성의 상대적 거리를 나타낸 것입니다. 태양으로부터의 거리가 멀어질수록 행성 사이의 상대적 거리는 어떻게 되는지 설명해 봅시다.

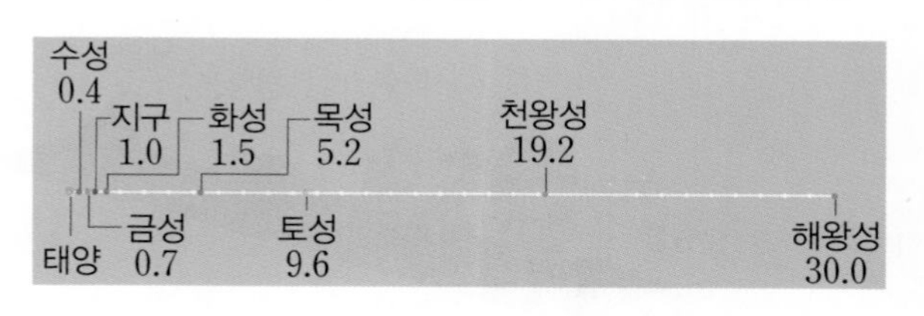

17 다음은 밤하늘에서 관측한 행성과 별의 모습입니다. 일주일 후 같은 시각에 행성과 별의 위치가 어떻게 변하는지 설명해 봅시다.

18 다음을 보고 카시오페이아자리를 이용하여 북극성을 찾는 방법을 설명해 봅시다.

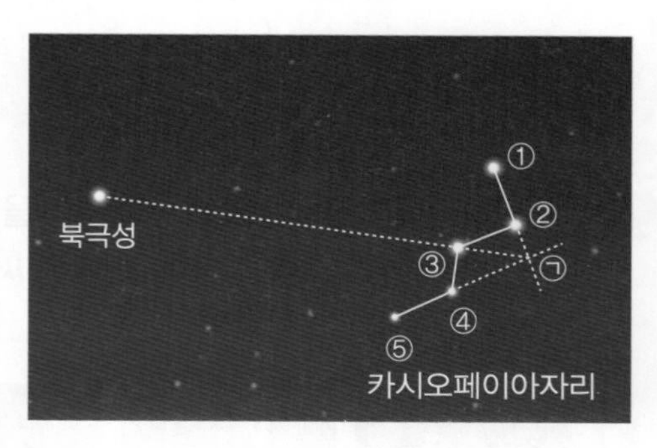

바른답·알찬풀이 26 쪽

01 다음은 태양에서 지구까지의 거리를 1.0으로 보았을 때 태양으로부터 행성까지의 상대적 거리를 나타낸 것입니다.

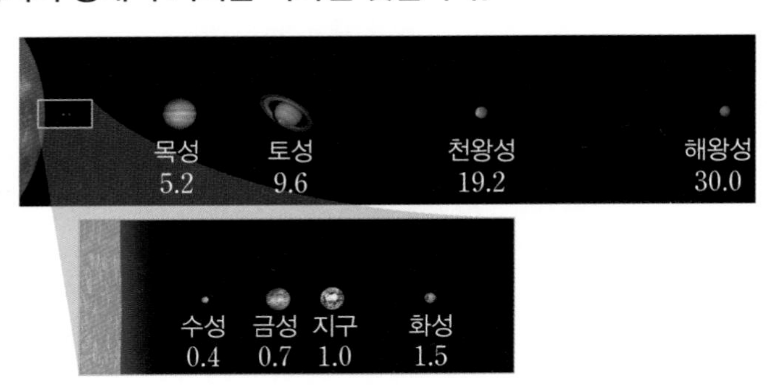

(1) 태양으로부터의 거리가 가장 가까운 행성과 가장 먼 행성을 순서대로 써 봅시다.

(,)

(2) 태양에서 지구까지의 거리를 1 m의 끈으로 나타낼 때 가장 긴 끈이 필요한 행성을 쓰고, 태양에서 그 행성까지의 거리를 몇 m의 끈으로 나타낼 수 있는지 설명해 봅시다.

____

성취 기준
태양이 지구의 에너지원임을 이해하고 태양계를 구성하는 태양과 행성을 조사할 수 있다.

출제 의도
태양계 행성의 상대적인 거리를 비교할 수 있는지 확인하는 문제예요.

관련 개념
태양계 행성의 상대적 크기와 거리 비교하기 52 쪽

3 단원

공부한 날 월 일

02 다음은 어느 날 관측한 밤하늘의 모습을 방위와 함께 나타낸 것입니다.

서쪽 ( )쪽 동쪽

(1) ( ) 안에 들어갈 밤하늘의 방향을 써 봅시다.

( )쪽

(2) (1)과 같이 생각한 까닭을 설명해 봅시다.

____

성취 기준
북쪽 하늘의 별자리를 이용하여 북극성을 찾을 수 있다.

출제 의도
북극성과 북극성 주변 별자리를 이용해서 방향을 찾을 수 있는지 확인하는 문제예요.

관련 개념
밤하늘에서 방위를 확인하는 방법 60 쪽

용해와 용액

이 단원에서 무엇을 공부할지 알아보아요.

공부할 내용	쪽수	교과서 쪽수
1 물질을 물에 넣으면 어떻게 될까요	82~83쪽	『과학』 74~75쪽 『실험 관찰』 34쪽
2 물에 용해된 용질은 어떻게 될까요	84~85쪽	『과학』 76~77쪽 『실험 관찰』 35쪽
3 용질마다 물에 용해되는 양이 같을까요	86~87쪽	『과학』 78~79쪽 『실험 관찰』 36쪽
4 물의 온도가 달라지면 용질이 용해되는 양은 어떻게 될까요 **5** 용해에 영향을 주는 요인을 찾아볼까요	90~91쪽	『과학』 80~83쪽 『실험 관찰』 37~38쪽
6 용액의 진하기를 어떻게 비교할까요 **7** 용액의 진하기를 비교하는 기구를 만들어 볼까요	92~93쪽	『과학』 84~89쪽 『실험 관찰』 39~41쪽

『과학』 72~73 쪽

물을 만난 여러 가지 물질

물에 넣었을 때 녹는 물질과 관련된 경험을 이야기해 보고, 네 컷 만화를 그려 봅시다.

네 컷 만화 그리기

1. 물에 넣었을 때 녹는 물질과 관련된 경험을 이야기해 보고, 네 컷 만화로 그릴 내용을 정해 봅시다.
2. ❶에서 정한 내용을 바탕으로 하여 네 컷 만화에 그릴 각 장면을 생각해 봅시다.
3. 모둠원들과 함께 네 컷 만화를 그리고, 다른 모둠과 공유해 봅시다.

- **각 모둠에서 그린 네 컷 만화를 비교해 보고, 물에 넣었을 때 녹는 물질에는 무엇이 있었는지 이야기해 봅시다.**

예시 답안 물에 녹는 물질에는 소금, 사탕, 분말주스 등이 있다.

1 물질을 물에 넣으면 어떻게 되까요

용액인 것과 용액이 아닌 것

- 설탕물, 손 세정제, 식초 등은 오래 두어도 뜨거나 가라앉는 것이 없기 때문에 용액입니다.
- 미숫가루 물, 생과일주스, 된장국 등은 오래 두면 뜨거나 가라앉는 것이 생기기 때문에 용액이 아닙니다.

❶ 다양한 물질의 용해 현상 관찰하기 탐구

실험 동영상

탐구 과정

❶ 유리병 세 개에 같은 양의 물을 각각 넣은 후, 소금, 식용 색소, 화단 흙을 약숟가락으로 한 숟가락씩 넣습니다. (비슷한 양을 넣어요.)

❷ 각 유리병의 뚜껑을 닫고 흔들었을 때 나타나는 변화를 관찰한 후, 책상에 내려놓고 2 분 정도 가만히 두었을 때 나타나는 변화를 관찰합니다.

탐구 결과

구분	소금	식용 색소	화단 흙
유리병의 뚜껑을 닫고 흔들었을 때	유리병을 흔들수록 소금이 녹아 보이지 않음.	유리병을 흔들수록 식용 색소가 녹아 퍼지면서 색깔이 나타남.	유리병을 흔들수록 화단 흙을 섞은 물이 뿌옇게 흐려짐.
유리병을 2 분 정도 가만히 두었을 때	• 투명함. • 뜨거나 가라앉는 것이 없음.	• 투명한 붉은색임. • 뜨거나 가라앉는 것이 없음.	흙이 뜨거나 바닥에 가라앉음.

→ 소금과 식용 색소는 물에 잘 녹지만, 화단 흙은 물에 잘 녹지 않습니다.

❷ 용해와 용액

1 용해, 용매, 용질, 용액

① 용해: 어떤 물질이 다른 물질에 녹아 골고루 섞이는 현상

② 용매: 다른 물질을 녹이는 물질

③ 용질: 용매에 녹는 물질

④ 용액: 용매와 용질이 골고루 섞여 있는 물질

예 소금을 물에 녹일 때

2 용액의 특징: 용액은 오래 두어도 뜨거나 가라앉는 것이 없고, 거름 장치로 걸러도 거름종이에 남는 것이 없습니다.

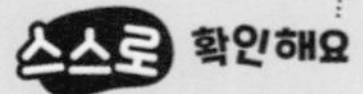

★ 용해 물질이 물 등에 골고루 섞여 용액이 만들어지는 현상

바른답·알찬풀이 28 쪽

스스로 확인해요 『과학』 75 쪽

1 어떤 물질이 다른 물질에 녹아 골고루 섞이는 현상을 (   )(이)라고 합니다.

2 (의사소통 능력) 일상생활에서 볼 수 있는 용액에는 무엇이 있는지 이야기해 봅시다.

바른답·알찬풀이 28 쪽

정답 확인

[1~2] 다음과 같이 같은 양의 물이 담긴 유리병에 소금, 식용 색소, 화단 흙을 각각 한 숟가락씩 넣은 후, 유리병의 뚜껑을 닫고 흔들었습니다. 물음에 답해 봅시다.

1 위 실험에 대한 설명으로 옳은 것에 ○표, 옳지 않은 것에 ×표 해 봅시다.

(1) 소금을 넣은 유리병을 흔들수록 소금이 물에 녹는다. (　　)

(2) 식용 색소를 넣은 유리병을 흔들수록 식용 색소가 물에 녹아 색깔이 나타난다. (　　)

(3) 화단 흙을 넣은 유리병을 흔들수록 화단 흙을 섞은 물이 투명해진다. (　　)

2 위 실험 후, 유리병을 2 분 정도 가만히 두었을 때 뜨거나 가라앉는 것이 있는 물질을 써 봅시다.

(　　　　　　　　)

3 다음 (　) 안에 들어갈 알맞은 말을 각각 써 봅시다.

> 설탕을 물에 녹여 설탕물을 만들 때, (㉠)은/는 용질, (㉡)은/는 용매, (㉢)은/는 용액이다.

㉠: (　　　　), ㉡: (　　　　), ㉢: (　　　　)

4 다음 (　) 안에 들어갈 알맞은 말에 ○표 해 봅시다.

> 용액을 거름 장치로 거르면 거름종이에 남는 것이 (있다, 없다).

4 단원

공부한 날 월 일

공부한 내용을
- 자신 있게 설명할 수 있어요.
- 설명하기 조금 힘들어요.
-  어려워서 설명할 수 없어요.

물에 용해된 용질은 어떻게 될까요

용해되기 전과 후의 무게가 달라지는 경우

- 각설탕을 용해하는 과정에서 액체가 비커 밖으로 튀거나 유리 막대에 액체가 묻으면 용해된 후의 무게가 약간 줄어들어 오차가 발생할 수 있습니다.
- 실험 과정에서 물이 증발하거나 전자저울이 부정확해 오차가 발생할 수 있습니다.
  → 여러 모둠의 결과를 비교하거나, 실험을 반복해서 정확한 결과를 얻는 것이 좋습니다.

❶ 용해 전과 후의 무게 비교하기 탐구

실험 동영상

탐구 과정

❶ 비커에 물을 50 mL 넣고, 페트리 접시에 각설탕을 한 개 올려놓습니다.
❷ 과정 ❶의 비커, 각설탕을 담은 페트리 접시, 유리 막대를 전자저울에 함께 올려놓고 값을 측정합니다.
❸ 각설탕을 물에 넣고 용해되는 모습을 관찰합니다.
❹ 각설탕이 모두 용해되면 설탕물이 담긴 비커, 빈 페트리 접시, 유리 막대를 전자저울에 함께 올려놓고 값을 측정합니다.

탐구 결과

❶ 각설탕이 물에 용해될 때 관찰할 수 있는 현상
- 각설탕 주변으로 일렁임이 보이면서 퍼져 나갑니다.
- 바닥에 있던 각설탕이 줄어들다가 모두 없어져 투명해집니다.

❷ 각설탕이 물에 용해되기 전과 후의 무게

용해되기 전의 무게	용해된 후의 무게

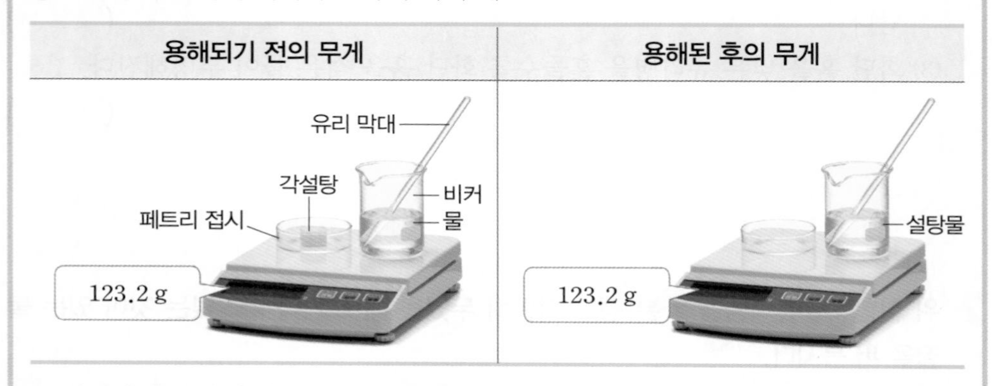

→ 각설탕이 물에 용해되기 전의 무게와 용해된 후의 무게는 같습니다.

❷ 용해되기 전과 용해된 후의 무게가 같은 까닭

1 각설탕을 물에 넣었을 때 시간에 따른 변화: 각설탕을 물에 넣으면 시간이 지나면서 각설탕이 점점 작게 변하여 물속에 골고루 섞입니다.

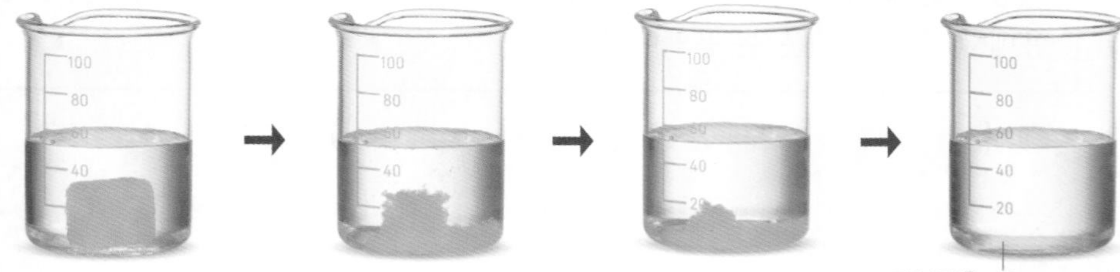

2 각설탕이 물에 용해되기 전과 용해된 후의 무게가 같은 까닭

① 각설탕이 완전히 용해되어 눈에 보이지는 않지만, 없어진 것이 아니라 각설탕이 작게 변하여 물속에 골고루 섞여 용액이 되기 때문에 무게가 변하지 않습니다.
② 용질이 물에 용해되면 없어지는 것이 아니라 물과 골고루 섞여 용액이 됩니다.

★ 오차 셈하거나 측정한 값과 이론적으로 정확한 값의 차이

바른답·알찬풀이 28 쪽

스스로 확인해요 『과학』 77 쪽

1 각설탕이 물에 용해되기 전과 용해된 후의 무게는 (같습니다, 다릅니다).

2 (의사소통 능력) 물 100 g에 소금을 완전히 용해하여 소금물 110 g을 만들었습니다. 이 소금물에 들어 있는 소금의 양은 몇 g인지, 그렇게 생각한 까닭은 무엇인지 이야기해 봅시다.

문제로
개념 탄탄

➡ 바른답·알찬풀이 28 쪽

정답 확인

1 다음과 같이 각설탕이 물에 용해되기 전의 무게와 용해된 후의 무게를 측정했습니다. ( ) 안에 들어갈 알맞은 숫자를 써 봅시다.

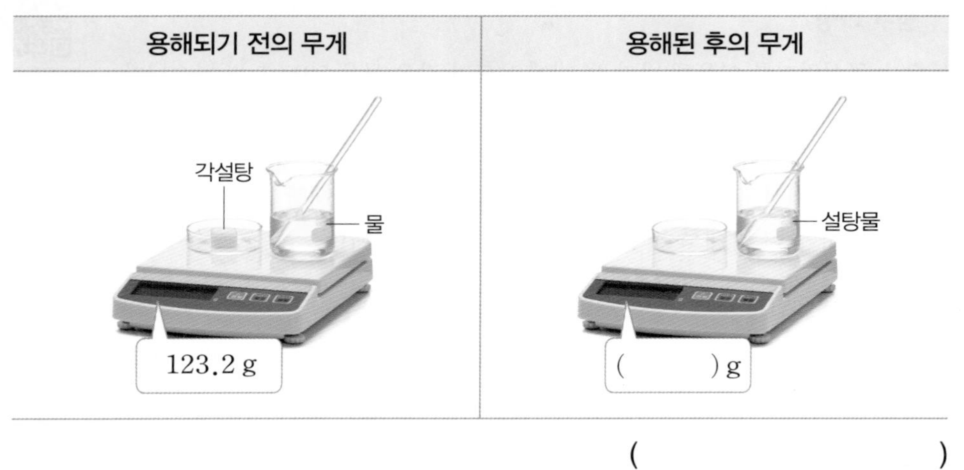

( )

2 물 100 g에 백반 20 g을 완전히 용해하여 만든 백반 용액의 무게는 몇 g인지 써 봅시다.

( ) g

3 다음은 각설탕을 물에 넣었을 때의 모습을 순서 없이 나타낸 것입니다. 시간 순서대로 기호를 써 봅시다.

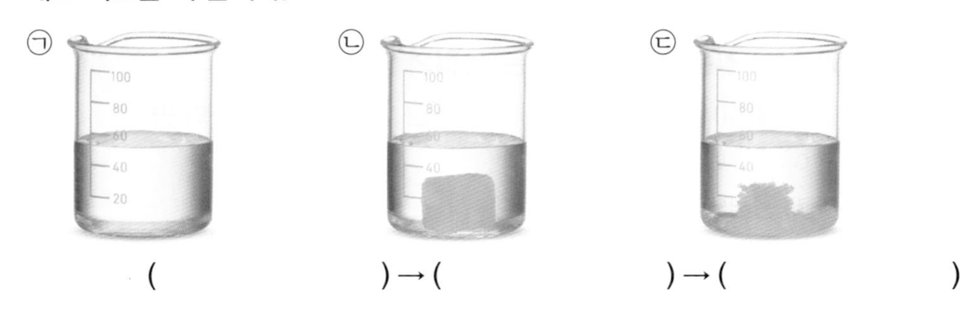

( ) → ( ) → ( )

4 다음 ( ) 안에 들어갈 알맞은 말에 각각 ○표 해 봅시다.

- 소금이 물에 완전히 용해되면 소금은 ㉠ (없어진다, 없어지지 않는다).
- 소금이 물에 용해되기 전과 용해된 후의 무게는 ㉡ (같다, 다르다).

4 단원

공부한 날 월 일

공부한 내용을

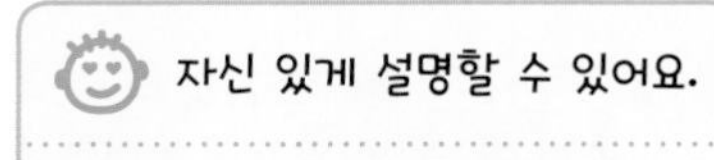

설명하기 조금 힘들어요.

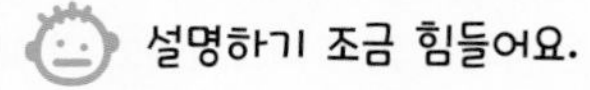

3 용질마다 물에 용해되는 양이 같을까요

실험 관찰

일정한 온도와 양의 물에 용질을 많이 넣었을 때 다 용해되지 않고 남는 까닭

일정한 온도와 양의 물에 어떤 용질이 최대로 용해되는 양은 일정합니다. 예를 들어 20 ℃의 물 100 g에는 최대 35.9 g의 소금이 용해됩니다. 따라서 20 ℃의 물 100 g에 35.9 g보다 많은 양의 소금을 넣으면 다 용해되지 않고 일부가 남습니다.

물의 양을 다르게 해서 실험했을 때 용질이 물에 용해되는 양

온도가 같은 물 100 mL에 소금, 설탕, 제빵 소다를 한 숟가락씩 넣고 유리 막대로 저으면서 용해되는 양을 비교하면 물 50 mL로 실험했을 때보다 물에 용해되는 용질의 양이 많아집니다. 그러나 설탕>소금>제빵 소다 순으로 용질이 많이 용해되는 것은 달라지지 않습니다.

❶ 용질의 종류에 따라 물에 용해되는 양 비교하기 탐구

실험 동영상

탐구 과정

❶ 눈금실린더를 이용해 비커 세 개에 온도가 같은 물을 50 mL씩 넣습니다.

❷ 각 비커에 소금, 설탕, 제빵* 소다를 한 숟가락씩 넣고 유리 막대로 저으면서 변화를 관찰합니다.

❸ 과정 ❷에서 각 용질이 모두 용해되면 소금, 설탕, 제빵 소다를 한 숟가락씩 더 넣으면서 유리 막대로 저어 용해되는 양을 비교합니다.

탐구 결과

(○: 용질이 다 용해됨, ×: 용질이 다 용해되지 않고 바닥에 일부가 남음.)

용질	약숟가락으로 넣은 횟수(회)									
	1	2	3	4	5	6	7	8	9	10
소금	○	○	○	○	○	○	○	○	×	
설탕	○	○	○	○	○	○	○	○	○	○
제빵 소다	○	×								

소금

설탕

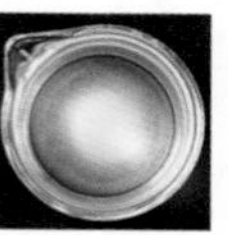
제빵 소다

소금과 설탕은 다 용해되었고, 제빵 소다는 용해되지 않고 바닥에 일부가 남았어요.

소금

설탕

소금은 다 용해되지 않고 바닥에 일부가 남았고, 설탕은 다 용해되었어요.

→ 온도가 같은 물 50 mL에 설탕>소금>제빵 소다 순으로 용질이 많이 용해됩니다.

❷ 온도와 양이 같은 물에 용해되는 용질의 양

1 온도가 같은 물 50 mL에 각각 용해되는 소금, 설탕, 제빵 소다의 양

① 가장 많이 용해되는 용질: 설탕

② 가장 적게 용해되는 용질: 제빵 소다

2 온도와 양이 같은 물에 용해되는 용질의 양

① 온도와 양이 같은 물에 여러 가지 용질을 같은 양씩 넣고 저었을 때 어떤 용질은 모두 용해되지만, 어떤 용질은 어느 정도 용해되면 더 이상 용해되지 않습니다. 예 온도가 같은 물 50 mL에 소금, 설탕, 제빵 소다를 각각 두 숟가락씩 넣고 저었을 때 소금과 설탕은 모두 용해되지만, 제빵 소다는 다 용해되지 않고 바닥에 일부가 남았습니다.

② 물의 온도와 양이 같을 때 용해되는 용질의 양은 용질의 종류에 따라 다릅니다. 예 온도가 같은 물 50 mL에 설탕>소금>제빵 소다 순으로 용질이 많이 용해됩니다.

용어 사전

* 제빵 소다 빵이나 과자 반죽을 부풀게 할 때 사용하는 흰색의 가루 물질

바른답·알찬풀이 28 쪽

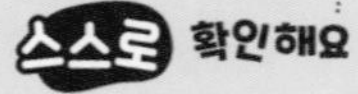

스스로 확인해요 『과학』 79 쪽

1 온도와 양이 같은 물에 용해되는 용질의 양은 용질마다 같습니다. (○, ×)

2 문제 해결력 물에 소금과 식용 색소를 한 숟가락씩 넣어 녹이면서 용해되는 양을 비교하려고 할 때 같게 해야 할 조건은 무엇인지 설명해 봅시다.

문제로
개념 탄탄

➔ 바른답·알찬풀이 29 쪽

정답 확인

[1~2] 다음은 온도가 같은 물 50 mL가 담긴 비커 세 개에 각각 소금, 설탕, 제빵 소다를 한 숟가락씩 넣으면서 저었을 때의 결과입니다. 물음에 답해 봅시다.

(○: 용질이 다 용해됨, ×: 용질이 다 용해되지 않고 바닥에 일부가 남음.)

용질	약숟가락으로 넣은 횟수(회)									
	1	2	3	4	5	6	7	8	9	10
소금	○	○	○	○	○	○	○	○	×	
설탕	○	○	○	○	○	○	○	○	○	○
제빵 소다	○	×								

1 위 실험에 대한 설명으로 옳은 것에 ○표, 옳지 않은 것에 ×표 해 봅시다.

(1) 온도가 같은 물 50 mL에 가장 많이 용해되는 용질은 설탕이다. (   )

(2) 온도가 같은 물 50 mL에 제빵 소다 세 숟가락을 넣으면 다 용해된다. (   )

(3) 온도가 같은 물 50 mL에 소금 아홉 숟가락을 넣으면 다 용해되지 않고 바닥에 일부가 남는다. (   )

2 온도가 같은 물 100 mL를 사용하여 위와 같이 실험했을 때 가장 적게 용해되는 용질을 써 봅시다.

(   )

3 오른쪽은 온도가 같은 물 50 mL에 같은 양의 설탕과 제빵 소다를 각각 넣고 저었을 때의 모습입니다. 물에 용해되는 양을 비교하여 >, =, < 중 (   ) 안에 들어갈 알맞은 기호를 써넣어 봅시다.

설탕

제빵 소다

설탕 (   ) 제빵 소다

4 다음 (   ) 안에 들어갈 알맞은 말을 써 봅시다.

물의 온도와 양이 같을 때 용해되는 용질의 양은 용질의 (   )에 따라 다르다.

(   )

4 단원

공부한 날 월 일

공부한 내용을

자신 있게 설명할 수 있어요.

설명하기 조금 힘들어요.

어려워서 설명할 수 없어요.

문제로 실력 쑥쑥

[01~02] 다음과 같이 같은 양의 물이 담긴 유리병에 소금, 붉은색 식용 색소, 화단 흙을 각각 한 숟가락씩 넣은 후, 유리병의 뚜껑을 닫고 흔들었습니다. 물음에 답해 봅시다.

01 위 실험에 대한 설명으로 옳은 것을 보기에서 골라 기호를 써 봅시다.

> **보기**
> ㉠ 붉은색 식용 색소를 넣은 유리병을 흔들수록 뿌옇게 흐려진다.
> ㉡ 화단 흙을 넣은 유리병을 흔들수록 화단 흙이 점점 물에 녹는다.
> ㉢ 소금을 넣은 유리병을 흔들수록 소금이 물에 녹아 보이지 않는다.

(　　　　　　)

02 위 실험 후, 유리병을 2 분 정도 가만히 두었을 때 다음과 같은 결과가 나타나는 물질을 써 봅시다.

> • 투명한 붉은색이다.
> • 뜨거나 가라앉는 것이 없다.

(　　　　　　)

중요
03 오른쪽과 같이 백반을 물에 넣어 백반 용액을 만들 때, 용질과 용매가 각각 무엇인지 써 봅시다.

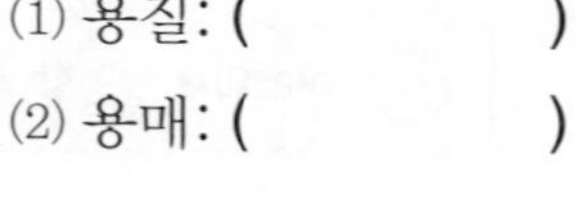

(1) 용질: (　　　　)
(2) 용매: (　　　　)

중요
04 다음 중 용액에 대한 설명으로 옳은 것은 어느 것입니까? (　　　)

① 미숫가루 물은 용액이다.
② 오래 두면 가라앉는 것이 있다.
③ 용질과 용매가 골고루 섞여 있다.
④ 거름 장치로 거르면 남는 것이 있다.
⑤ 용액인 소금물을 오래 두면 뜨는 것이 있다.

[05~06] 다음과 같이 각설탕이 물에 용해되기 전과 용해된 후의 무게를 각각 측정했습니다. 물음에 답해 봅시다.

용해되기 전의 무게	용해된 후의 무게
각설탕, 물 (㉠) g	설탕물 (㉡) g

05 다음은 ㉠과 ㉡을 비교한 것입니다. >, =, < 중 (　　) 안에 들어갈 알맞은 기호를 써넣어 봅시다.

> ㉠ (　　　) ㉡

서술형
06 위 05번과 같은 결과가 나타나는 까닭을 설명해 봅시다.

....

....

07 다음은 각설탕을 물에 넣었을 때 시간에 따른 모습입니다. 이에 대한 설명으로 옳지 않은 것은 어느 것입니까? ( )

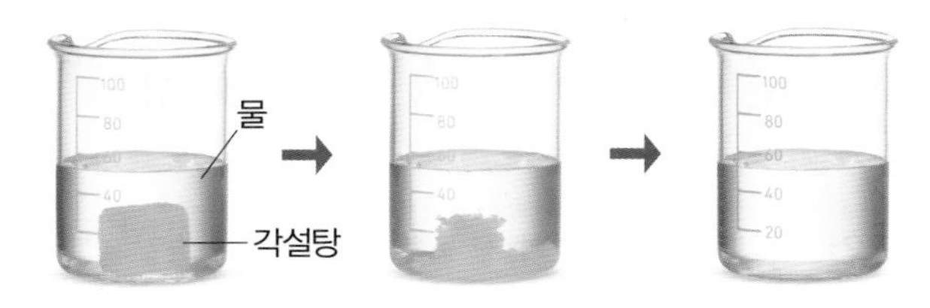

① 각설탕은 용질, 물은 용매이다.
② 각설탕이 용해되면 무게가 줄어든다.
③ 각설탕이 모두 용해된 용액은 투명하다.
④ 각설탕이 작게 변하여 물속에 골고루 섞인다.
⑤ 물 100 g에 각설탕 5 g이 모두 용해된 용액의 무게는 105 g이다.

08 물 120 g에 붕산을 용해하여 붕산 용액 136 g을 만들려고 합니다. 필요한 붕산의 무게는 몇 g인지 써 봅시다.

( ) g

중요

09 20 °C의 물 50 mL에 소금과 제빵 소다를 두 숟가락씩 각각 넣고 저었더니 소금은 다 용해되었고, 제빵 소다는 용해되지 않고 바닥에 일부가 남았습니다. 이에 대한 설명으로 옳은 것을 보기에서 골라 기호를 써 봅시다.

보기
㉠ 온도와 양이 같은 물에 용해되는 양은 제빵 소다가 소금보다 많다.
㉡ 20 °C의 물 50 mL에 소금을 한 숟가락 넣고 저으면 다 용해된다.
㉢ 20 °C의 물 50 mL에 제빵 소다를 세 숟가락 넣고 저으면 다 용해된다.

( )

[10~12] 다음은 온도가 같은 물 50 mL가 담긴 비커 세 개에 각각 소금, 설탕, 제빵 소다를 한 숟가락씩 넣으면서 저었을 때의 결과입니다. 물음에 답해 봅시다.

(○: 용질이 다 용해됨, ×: 용질이 다 용해되지 않고 바닥에 일부가 남음.)

용질	약숟가락으로 넣은 횟수(회)								
	1	2	3	4	5	6	7	8	9
소금	○	○	○	○	㉠	○	○	○	×
설탕	○	○	○	○	㉡	○	○	○	○
제빵 소다	○	×							

10 위 실험에서 온도와 양이 같은 물에 용해되는 양이 가장 많은 용질과 가장 적은 용질을 순서대로 써 봅시다.

(,)

서술형

11 ○, × 중 위 ㉠과 ㉡에 알맞은 기호를 각각 쓰고, 소금, 설탕, 제빵 소다를 각각 다섯 숟가락씩 넣고 저었을 때의 결과를 설명해 봅시다.

12 위 실험에서 물의 양을 50 mL에서 100 mL로 변경하여 실험했을 때의 결과에 대한 설명으로 옳은 것은 어느 것입니까? ( )

① 소금이 가장 많이 용해된다.
② 설탕이 가장 많이 용해된다.
③ 제빵 소다가 가장 많이 용해된다.
④ 세 물질 모두 물에 용해되지 않는다.
⑤ 세 물질이 물에 용해되는 양은 서로 같다.

4 단원

공부한 날 월 일

물의 온도가 달라지면 용질이 용해되는 양은 어떻게 될까요
용해에 영향을 주는 요인을 찾아볼까요

물의 온도가 낮아졌을 때 용질이 용해되는 양

따뜻한 물에 붕산을 최대로 녹인 용액이 든 비커를 얼음물이 든 비커에 넣어 온도를 낮추면 붕산이 물에 용해되는 양이 줄어들어 바닥에 붕산 알갱이가 생깁니다.

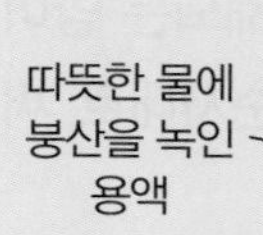

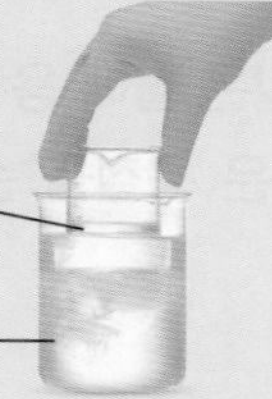

용어 사전

* **붕산** 유리나 도자기 유약 등의 재료로 쓰이는 흰색의 고체 물질

바른답·알찬풀이 30 쪽

『과학』 81 쪽

1 일반적으로 물의 온도가 (낮을수록, 높을수록) 용질이 더 많이 용해됩니다.

2 (문제 해결력) 비커 바닥에 남아 있는 설탕을 모두 용해할 수 있는 방법을 설명해 봅시다.

『과학』 83 쪽

1 용질이 물에 용해되는 양에 영향을 주는 요인은 용질의 (　　　) 과/와 물의 (　　　)입니다.

2 (문제 해결력) 같은 양의 물에 붕산을 더 많이 용해하는 방법을 용해에 영향을 주는 요인과 관련지어 설명해 봅시다.

❶ 물의 온도에 따라 용질이 물에 용해되는 양

1 물의 온도에 따라 용질이 용해되는 양 비교하기 

실험 동영상

탐구 과정

❶ 물의 온도에 따라 붕산이 용해되는 양을 비교할 수 있는 실험을 설계합니다.

조건	같게 해야 할 조건	붕산의 양, 물의 양 등 (물의 온도를 제외한 조건은 모두 같게 해요.)
	다르게 해야 할 조건	물의 온도
준비물	따뜻한 물, 차가운 물, 비커(100 mL) 두 개, 눈금실린더(100 mL), 붕산, 페트리 접시, 약숟가락, 유리 막대 두 개	
실험 과정	눈금실린더로 비커 두 개에 따뜻한 물과 차가운 물을 각각 50 mL씩 담은 후, 붕산을 두 숟가락씩 넣고 유리 막대로 저으며 변화를 관찰합니다.	

❷ 설계한 대로 실험해 보고, 물의 온도에 따라 붕산이 용해되는 양을 비교합니다.

탐구 결과

따뜻한 물	충분히 저으면 붕산이 모두 녹아 투명한 용액이 됨.	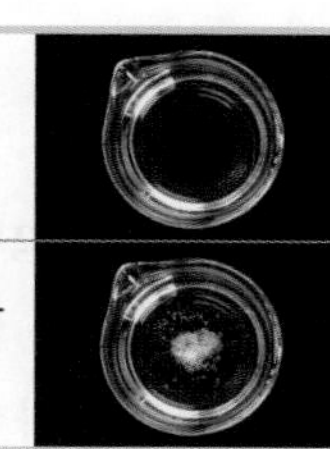
차가운 물	충분히 저어도 붕산이 어느 정도 녹다가 더 이상 녹지 않고 바닥에 일부가 남음.	

→ 물의 온도가 높을수록 붕산이 더 많이 용해됩니다.

2 물의 온도에 따라 용질이 물에 용해되는 양:
일반적으로 물의 온도가 높을수록 용질이 더 많이 용해됩니다. → 용질이 용해되지 않고 남아 있을 때 물의 온도를 높이면 남아 있는 용질을 더 많이 용해할 수 있습니다.

❷ 용해에 영향을 주는 요인

1 용해에 영향을 주는 요인 찾기 (탐구)

실험실에서 일어난 여러 상황	용해에 영향을 주는 요인
온도가 같은 물 50 mL에 같은 양의 소금과 붕산을 용해했더니 붕산만 일부가 남음.	용질의 종류
물에 녹지 않은 제빵 소다가 바닥에 남아 있는 비커를 가열했더니 바닥에 남은 제빵 소다가 모두 사라짐.	물의 온도

2 용해에 영향을 주는 요인

① 물의 온도와 양이 같을 때 용질이 용해되는 양은 용질의 종류에 따라 다릅니다.

② 용질의 종류와 물의 양이 같을 때 용질이 용해되는 양은 물의 온도에 따라 다릅니다.

문제로
개념 탄탄

바른답·알찬풀이 30 쪽

정답 확인

월

일

1 물의 온도에 따라 붕산이 용해되는 양을 비교하려고 합니다. 같게 해야 할 조건과 다르게 해야 할 조건에 해당하는 것을 선으로 이어 봅시다.

(1) 물의 양 •

(2) 붕산의 양 •

(3) 물의 온도 •

• ㉠ 같게 해야 할 조건

• ㉡ 다르게 해야 할 조건

2 다음은 따뜻한 물 50 mL가 담긴 비커와 차가운 물 50 mL가 담긴 비커에 붕산을 각각 두 숟가락씩 넣고 저었을 때의 결과입니다. ㉠과 ㉡에서 비커에 담긴 물은 따뜻한 물과 차가운 물 중 어느 것인지 각각 ○표 해 봅시다.

㉠

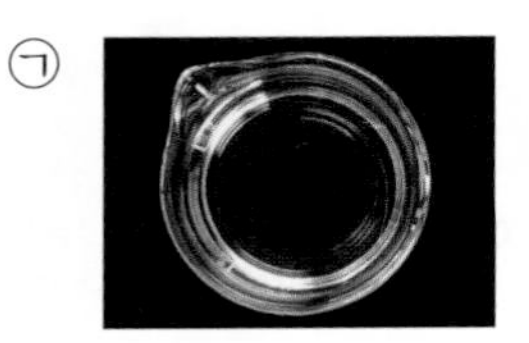

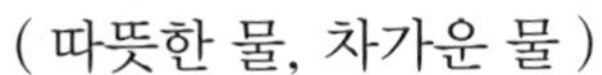

㉡

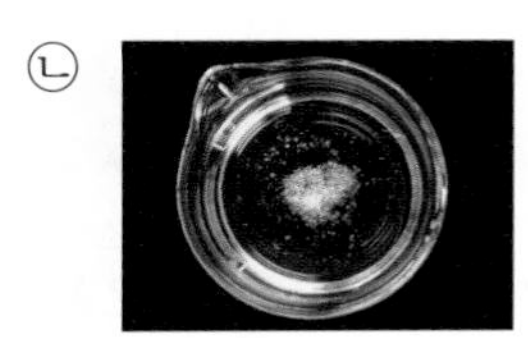

(따뜻한 물, 차가운 물)

3 다음 중 용해에 영향을 주는 요인이 용질의 종류인 경우는 '종류', 물의 온도인 경우는 '온도'라고 써 봅시다.

(1) 따뜻한 물에 백반을 녹인 용액을 얼음물에 넣고 식혔더니 비커 바닥에 백반 알갱이가 생겼다. (　　　　)

(2) 온도가 같은 물 50 mL에 같은 양의 소금과 제빵 소다를 녹였더니 소금은 모두 용해되었지만 제빵 소다는 다 용해되지 않고 일부가 바닥에 가라앉았다. (　　　　)

4 용해에 영향을 주는 요인에 대한 설명으로 옳은 것에 ○표, 옳지 않은 것에 ×표 해 봅시다.

(1) 제빵 소다가 물 100 mL에 용해되는 양은 물의 온도와 관계없이 일정하다. (　　)

(2) 물의 온도와 양이 같을 때 용질이 용해되는 양은 용질의 종류에 따라 다르다. (　　)

(3) 용질이 용해되지 않고 남아 있을 때 물의 온도를 낮추면 남아 있는 용질을 더 많이 용해할 수 있다. (　　)

공부한 내용을

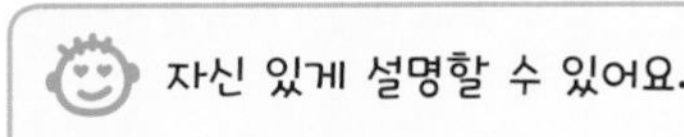

설명하기 조금 힘들어요.

어려워서 설명할 수 없어요.

6~7 용액의 진하기를 어떻게 비교할까요 / 용액의 진하기를 비교하는 기구를 만들어 볼까요

1 용액의 진하기

1 용액의 진하기: 같은 양의 용매에 용해된 용질의 양이 많고 적은 정도

2 용액의 진하기 비교하기 탐구

실험 동영상

① 용액의 진하기를 비교하는 방법

- 색깔이 있는 용액은 흰색 종이를 대어 봅니다.
- 자로 용액의 높이를 측정해 봅니다.
- 용액을 전자저울에 올려놓고 값을 측정해 봅니다.
- 방울토마토나 메추리알을 넣어 봅니다.

② 용액의 진하기를 비교한 결과

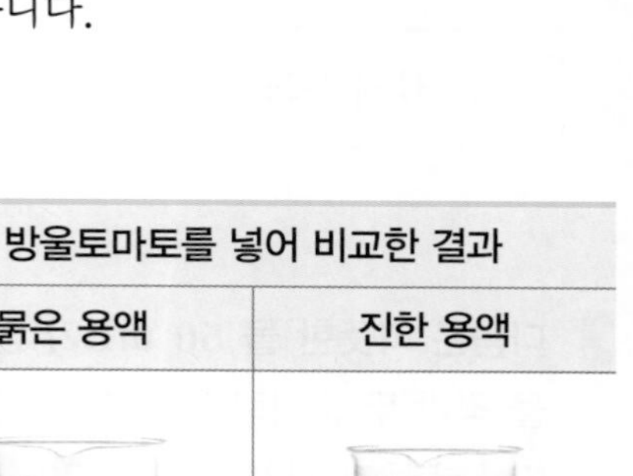

흰색 종이를 대어 비교한 결과		방울토마토를 넣어 비교한 결과	
묽은 용액	진한 용액	묽은 용액	진한 용액
흰색 종이 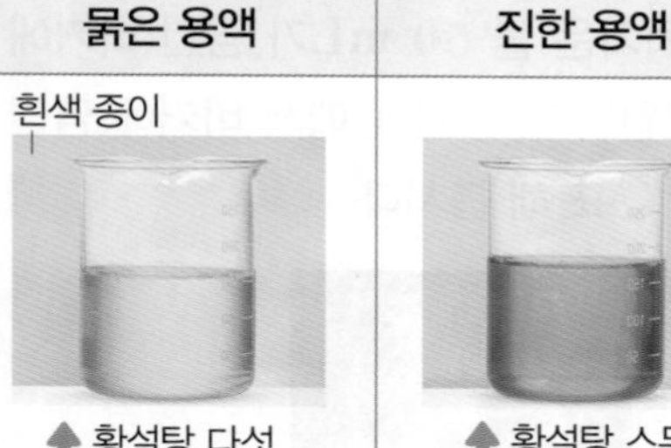 ▲ 황설탕 다섯 숟가락을 넣은 용액	 ▲ 황설탕 스무 숟가락을 넣은 용액	 ▲ 백설탕 다섯 숟가락을 넣은 용액	 ▲ 백설탕 스무 숟가락을 넣은 용액
용액의 진하기가 진할수록 용액의 색깔이 더 진함.		용액의 진하기가 진할수록 방울토마토가 더 높이 떠오름.	

③ 진한 용액의 특징

- 용액의 색깔을 비교해 보면 진한 용액일수록 색깔이 더 진합니다.
- 용액의 높이를 비교해 보면 진한 용액일수록 용액의 높이가 더 높습니다.
- 용액을 전자저울에 올려놓고 값을 비교해 보면 진한 용액일수록 더 무겁습니다.
- 용액에 방울토마토나 메추리알을 넣어 보면 진한 용액일수록 물체가 더 높이 떠오릅니다.

2 용액의 진하기를 비교하는 기구 만들기 탐구

실험 동영상

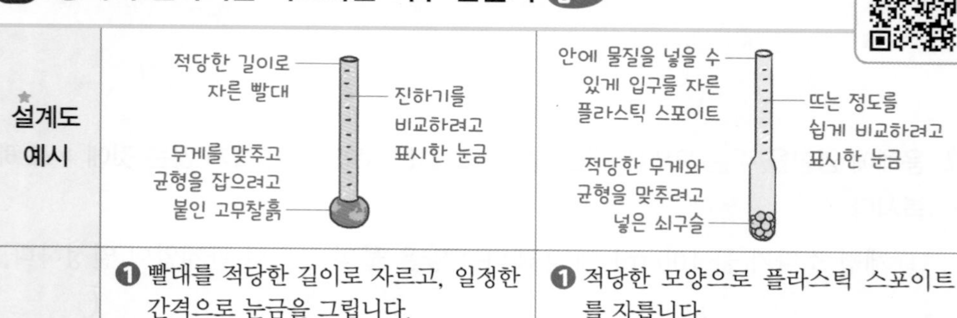

만드는 과정		
	❶ 빨대를 적당한 길이로 자르고, 일정한 간격으로 눈금을 그립니다. ❷ 빨대 끝에 고무찰흙을 붙여 용액에 띄워 보면서 용액이 진할수록 떠오르게 무게를 맞춥니다. ❸ 고무찰흙의 위치를 바꿔 가며 균형을 잡아 기구를 완성합니다.	❶ 적당한 모양으로 플라스틱 스포이트를 자릅니다. ❷ 뜨거나 가라앉는 정도를 쉽게 비교하기 위해 일정한 간격으로 눈금을 표시합니다. ❸ 적당한 개수의 쇠구슬을 넣어 플라스틱 스포이트의 무게와 균형을 맞춥니다.

실험 관찰

용액의 진하기를 비교할 때 유의할 점

용매의 양이 같고 용질의 양이 다를 때에만 용액의 높이나 무게를 이용하여 용액의 진하기를 비교할 수 있습니다.

용액의 진하기를 비교하는 기구를 만들 때 고려해야 할 점

- 용액에서 뜨는 정도가 적절하도록 무게를 맞추어야 합니다.
- 기울어지지 않고 바로 설 수 있어야 합니다.
- 뜨는 정도를 쉽게 비교할 수 있도록 눈금 사이의 간격을 일정하게 그려야 합니다.

용어 사전

★ 설계도 기계나 장치를 만들 때 사용 목적에 맞도록 구조, 모양, 치수 등을 결정하여 그린 그림

바른답·알찬풀이 31 쪽

스스로 확인해요

『과학』 86 쪽

1 용액의 진하기는 같은 양의 (용질, 용매)에 용해된 (용질, 용매)의 양이 많고 적은 정도를 나타냅니다.

2 (문제 해결력) 어떤 용질을 물에 용해한 용액에 가라앉은 메추리알을 떠오르게 하는 방법을 용액의 진하기와 관련지어 설명해 봅시다.

문제로 개념 탄탄

바른답·알찬풀이 31 쪽

정답 확인

[1~2] 다음과 같이 물 150 mL가 든 비커 두 개에 각각 황설탕 다섯 숟가락, 스무 숟가락을 넣어 진하기가 다른 두 용액을 만들었습니다. 물음에 답해 봅시다.

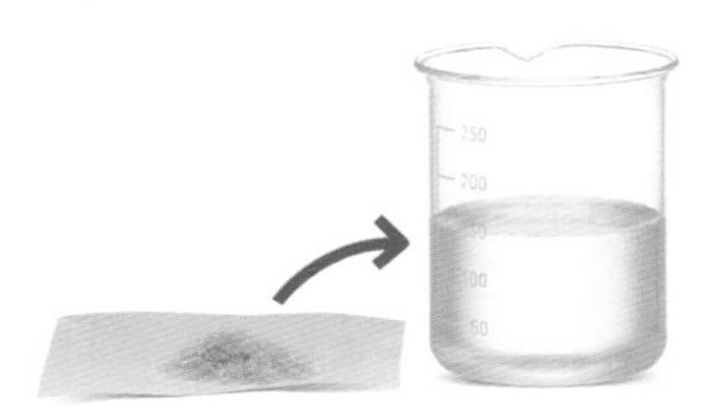
황설탕 다섯 숟가락을 용해하기

황설탕 스무 숟가락을 용해하기

1 위 두 용액의 진하기를 비교하는 방법으로 옳은 것에 ○표, 옳지 않은 것에 ×표 해 봅시다.

(1) 용액의 온도를 재어 비교한다. ( )

(2) 용액에 메추리알을 넣어 뜨는 정도를 비교한다. ( )

(3) 용액을 전자저울에 올려놓고 측정한 값을 비교한다. ( )

2 오른쪽은 위 두 용액에 흰색 종이를 대어 본 결과입니다. ㉠과 ㉡ 중 황설탕을 스무 숟가락 용해한 용액은 어느 것인지 써 봅시다.

( )

㉠ 

㉡ 

3 다음은 진하기가 다른 백설탕 용액에 같은 방울토마토를 넣은 결과입니다. 두 용액에 용해된 백설탕의 양을 비교하여 >, =, < 중 알맞은 기호를 써넣어 봅시다.

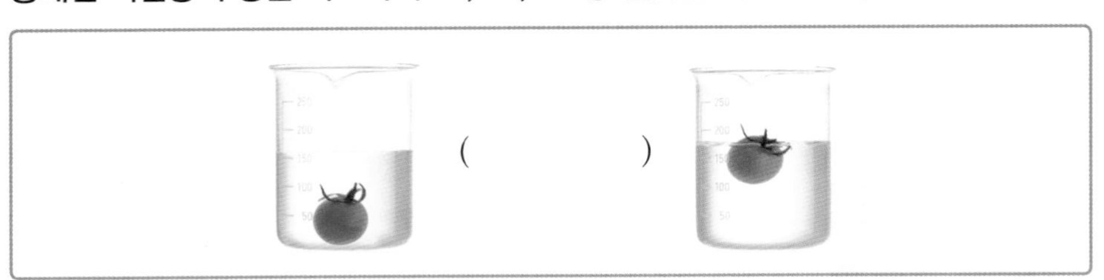

4 다음은 용액의 진하기를 비교할 수 있는 기구를 만들어 진하기가 다른 소금물에 넣어 본 결과입니다. ㉠~㉢ 중 가장 진한 용액을 골라 기호를 써 봅시다.

㉠ 

㉡ 

㉢ 

( )

4 단원

공부한 날 월 일

창의적으로 생각해요 『과학』 87 쪽

우리나라 바다에서도 사해에서처럼 사람의 몸을 뜨게 할 수 있는 방법을 이야기해 봅시다.

예시 답안
- 우리나라 바닷물에 소금을 용해하여 사해의 물처럼 진하게 만든다.
- 우리나라 바닷물이 빠르게 증발할 수 있도록 한다.

공부한 내용을

- 자신 있게 설명할 수 있어요.
- 설명하기 조금 힘들어요.
- 어려워서 설명할 수 없어요.

[01~02] 다음은 따뜻한 물 50 mL가 담긴 비커와 차가운 물 50 mL가 담긴 비커에 붕산을 각각 두 숟가락씩 넣고 저은 후 붕산이 용해되는 양을 관찰하는 실험입니다. 물음에 답해 봅시다.

01 위 실험에서 같게 해 준 조건과 다르게 해 준 조건을 보기에서 각각 골라 써 봅시다.

보기

물의 양　　물의 온도　　붕산의 양

(1) 같게 해 준 조건: (　　　　　　　)

(2) 다르게 해 준 조건: (　　　　　　　)

중요

02 다음은 위 실험의 결과입니다. 이에 대한 설명으로 옳은 것을 보기에서 두 가지 골라 기호를 써 봅시다.

(가) (나)

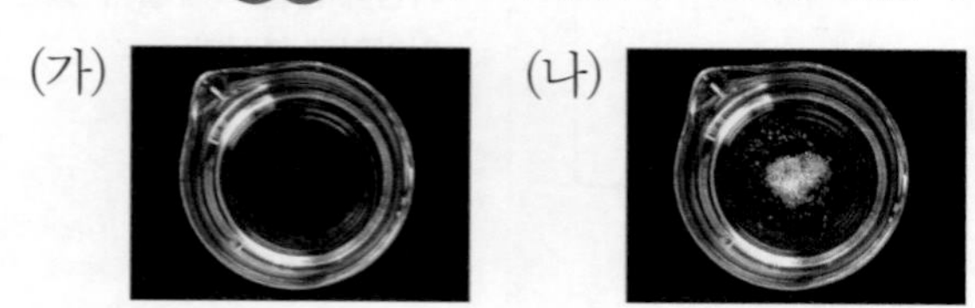

보기

㉠ (가)의 비커에 담긴 물은 따뜻한 물이다.

㉡ 물의 온도가 높을수록 붕산이 더 많이 용해된다.

㉢ (나)의 비커를 얼음물에 넣으면 바닥에 가라앉은 붕산이 더 용해된다.

(　　　　,　　　　)

03 다음은 온도가 다른 물이 각각 같은 양만큼 담긴 비커입니다. ㉠~㉢을 백반이 최대로 용해될 수 있는 양이 많은 것부터 순서대로 써 봅시다.

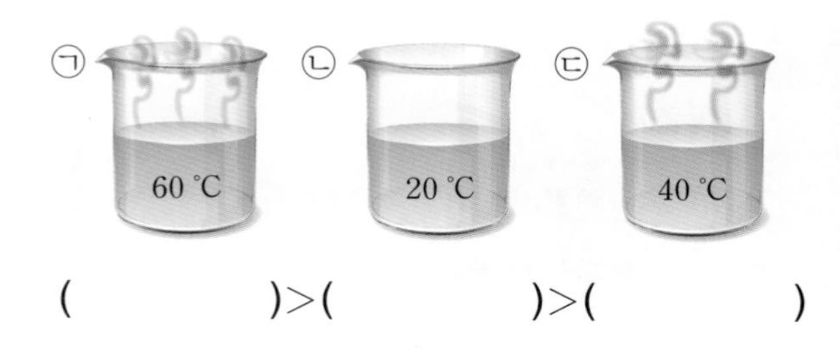

(　　　　) > (　　　　) > (　　　　)

서술형

04 차가운 물이 든 비커에 소금을 넣고 잘 저어 주었더니 오른쪽과 같이 바닥에 가라앉았습니다. 물을 더 넣지 않고 바닥에 가라앉은 소금을 더 녹일 수 있는 방법을 한 가지 설명해 봅시다.

소금

중요

05 다음은 용해와 관련된 상황입니다. 이에 대한 설명으로 옳은 것은 어느 것입니까? (　　　)

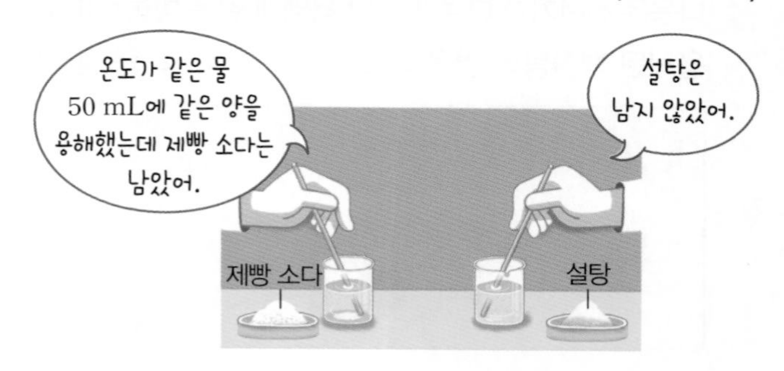

① 용해에 영향을 주는 요인은 물의 온도이다.

② 용해에 영향을 주는 요인은 용질의 종류이다.

③ 물의 온도가 낮을수록 제빵 소다가 물에 많이 용해된다.

④ 물의 온도와 양이 같을 때 제빵 소다가 설탕보다 많이 용해된다.

⑤ 물의 온도와 양이 같을 때 제빵 소다와 설탕이 용해되는 양은 같다.

➔ 바른답·알찬풀이 32 쪽

06 다음 ( ) 안에 들어갈 알맞은 말에 각각 ○표 해 봅시다.

- 같은 양의 ㉠ (용매, 용질)에 용해된 ㉡ (용매, 용질)의 양이 많고 적은 정도를 용액의 진하기라고 한다.
- 같은 양의 물에 붕산이 두 숟가락 용해된 용액은 한 숟가락 용해된 용액보다 ㉢ (묽다, 진하다).

[07~08] 다음과 같이 물 150 mL가 담긴 비커 두 개에 각각 백설탕 다섯 숟가락, 스무 숟가락을 용해하여 진하기가 다른 두 용액을 만들었습니다. 물음에 답해 봅시다.

(가)

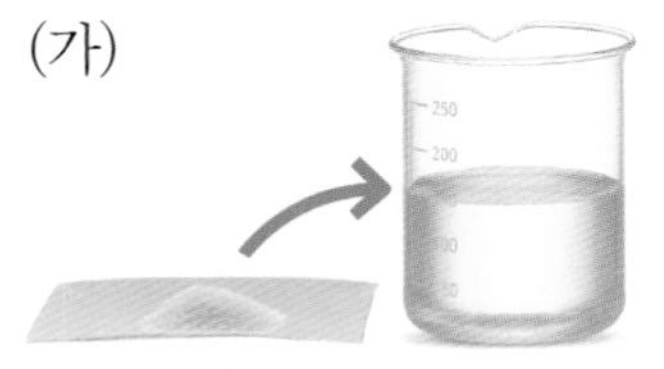

백설탕 다섯 숟가락을 용해하기

(나)

백설탕 스무 숟가락을 용해하기

중요

07 위 두 용액의 진하기를 비교하는 방법으로 가장 적절한 것을 보기에서 골라 기호를 써 봅시다.

보기
㉠ 흰색 종이를 대어 색깔을 비교한다.
㉡ 용액에 방울토마토를 넣어 뜨는 정도를 비교한다.
㉢ 용액을 10 분 동안 놓아두었을 때 일어나는 변화를 비교한다.

( )

서술형

08 위 07번에서 고른 방법으로 (가)와 (나)의 진하기를 비교하였을 때의 결과를 설명해 봅시다.

....

....

09 다음은 같은 양의 물에 황설탕 다섯 숟가락을 넣어 녹인 용액과 스무 숟가락을 넣어 녹인 용액입니다. 같은 양의 물에 황설탕 열 숟가락을 넣어 녹인 용액으로 옳은 것은 어느 것입니까? ( )

황설탕 다섯 숟가락을 넣어 녹인 용액

황설탕 스무 숟가락을 넣어 녹인 용액

①

②

③

④

10 다음과 같이 용액의 진하기를 비교하는 기구를 만들어 진하기가 다른 두 용액에 넣었더니 똑같이 가라앉아서 진하기를 비교할 수 없었습니다. 기구를 보완하는 방법으로 가장 적절한 것을 보기에서 골라 기호를 써 봅시다.

묽은 용액

진한 용액

보기
㉠ 빨대의 길이를 더 짧게 자른다.
㉡ 눈금 간격을 더 좁게 표시한다.
㉢ 기구가 두 용액에서 떠오르는 높이가 달라질 때까지 고무찰흙의 양을 줄인다.

( )

『과학』 90~91 쪽

생활 속의 용액으로 하루 일과 나타내기

우리가 사용하는 생활용품 중에는 용액이 많습니다. 손을 깨끗이 씻기 위해 사용하는 손 세정제, 입속 세균을 없애 주는 구강 청정제도 용액입니다. 또, 목이 마를 때 마시는 스포츠 음료도 용액입니다. 그러나 음료 중에 미숫가루 물, 율무차, 생과일주스 등은 오래 두면 뜨거나 가라앉는 것이 생기기 때문에 용액이 아닙니다. 우리 주변에서 용액인 것과 용액이 아닌 것에는 또 무엇이 있을까요? 용액의 특징을 바탕으로 하여 생활 속에서 용액을 찾아 하루 일과를 나타내 봅시다.

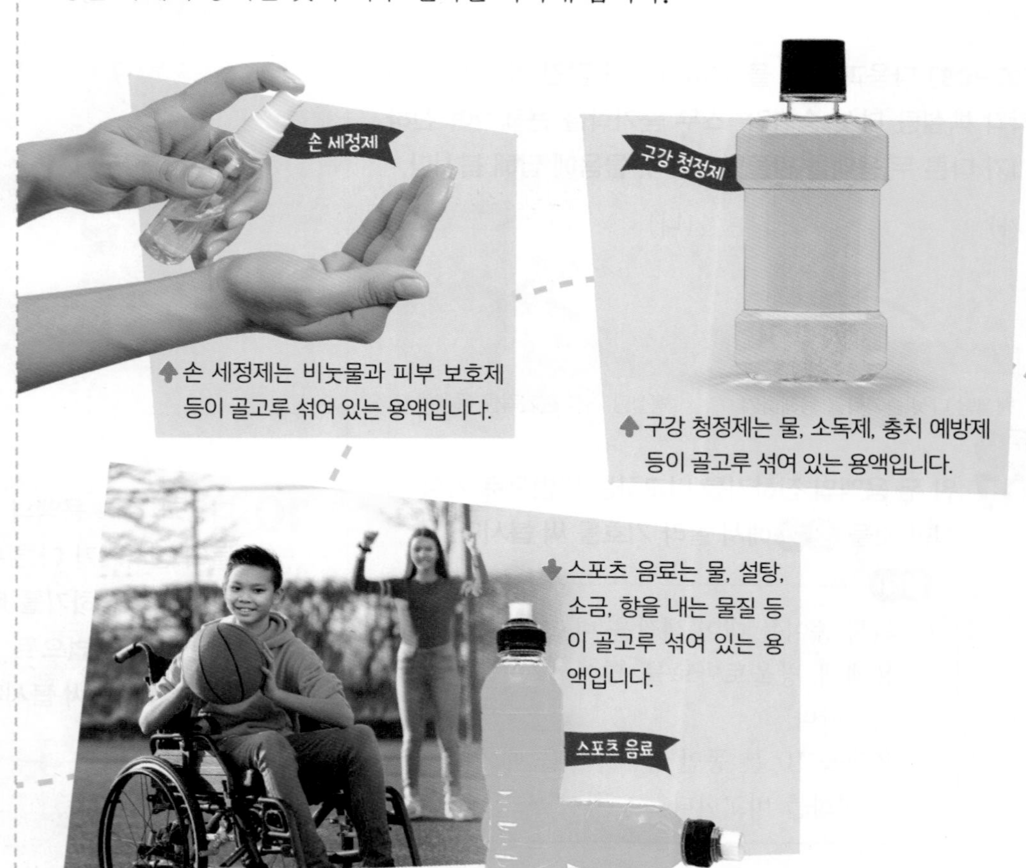

손 세정제는 비눗물과 피부 보호제 등이 골고루 섞여 있는 용액입니다.

구강 청정제는 물, 소독제, 충치 예방제 등이 골고루 섞여 있는 용액입니다.

스포츠 음료는 물, 설탕, 소금, 향을 내는 물질 등이 골고루 섞여 있는 용액입니다.

용액의 특징

용액은 용매와 용질이 골고루 섞여 있는 물질입니다. 용액은 오래 두어도 뜨거나 가라앉는 것이 없고, 거름 장치로 걸러도 거름종이에 남는 것이 없습니다. 손 세정제, 구강 청정제, 스포츠 음료는 용액의 특징을 갖고 있지만, 미숫가루 물, 율무차, 생과일주스는 오래 두면 뜨거나 가라앉는 것이 생기고, 거름 장치로 거르면 미숫가루, 율무차 가루, 과일 찌꺼기 등이 걸러지기 때문에 용액이 아닙니다.

용어 사전

* 구강 청정제　입속의 세균을 없애거나 입냄새를 제거하기 위해 입속을 세척하는 액체

❶ 내 하루를 떠올려 보고, 하루 동안 사용한 생활용품 중에서 용액인 것과 용액이 아닌 것에는 무엇이 있었는지 써 봅시다.

오늘 하루 동안 사용한 생활용품과 먹었던 음식을 떠올려 용액의 특징과 비교해 보고, 용액인 것과 용액이 아닌 것을 구분해 보아요.

예시 답안

• 용액인 것에는 구강 청정제, 스포츠 음료, 손 세정제, 식초, 인공 눈물, 소금물 등이 있었다.

• 용액이 아닌 것에는 수프, 생과일주스 등이 있었다.

❷ ❶을 바탕으로 하여 오늘 하루 동안 사용한 용액을 찾아 일과표에 나타내 봅시다.

오늘 하루 동안 사용한 용액을 시간 순서대로 일과표에 나타내 보아요. 글이나 그림 등 원하는 형식으로 자유롭게 나타낼 수 있어요.

예시 답안

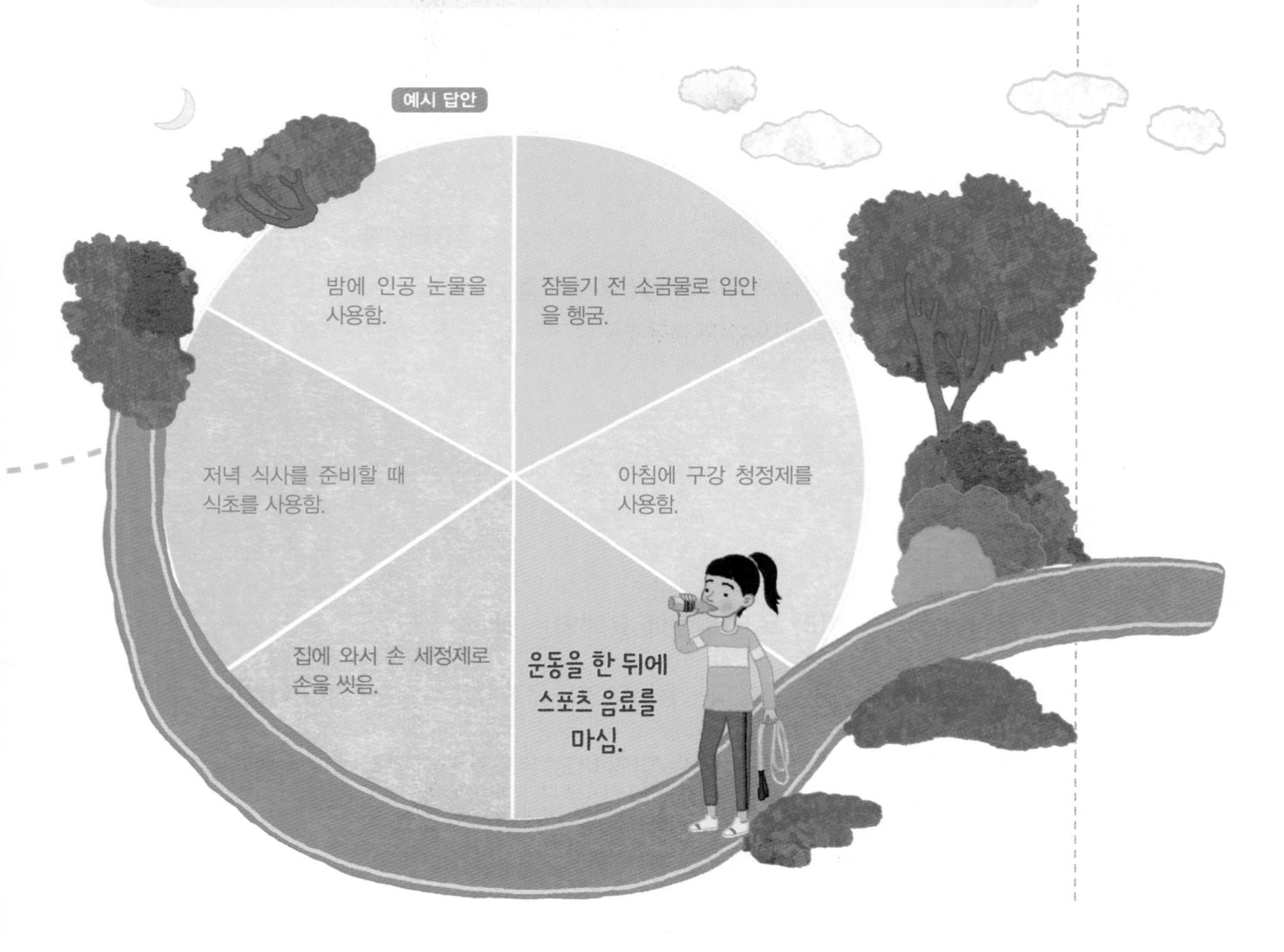

4 단원

공부한 날 월 일

『과학』 92~93 쪽

이렇게 정리해요

빈칸에 알맞은 말을 넣고, 『과학』 125 쪽에서 알맞은 붙임딱지를 찾아 붙여 내용을 정리해 봅시다.

용해, 용매, 용질, 용액

- 용해: 어떤 물질이 다른 물질에 녹아 골고루 섞이는 현상
- 용매, 용질, 용액

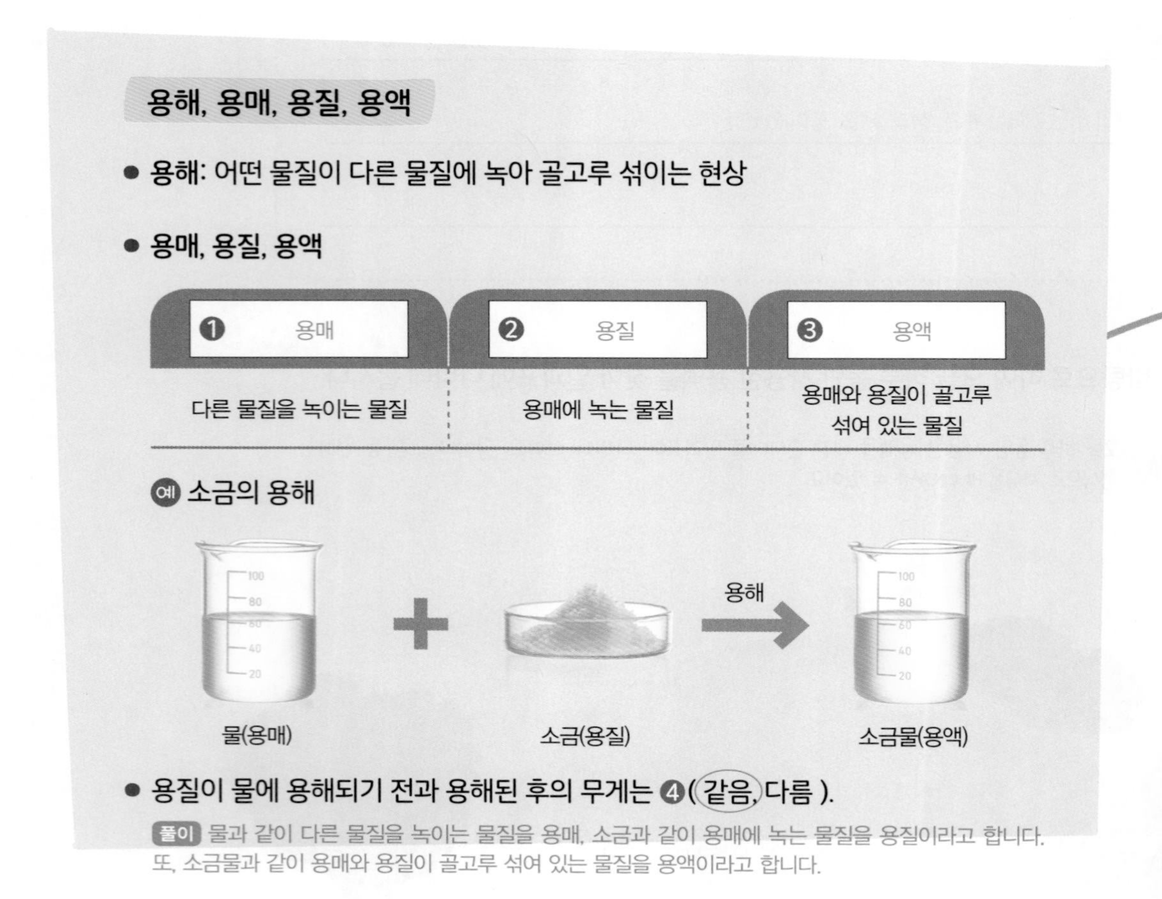

- 용질이 물에 용해되기 전과 용해된 후의 무게는 ❹(같음, 다름).

풀이 물과 같이 다른 물질을 녹이는 물질을 용매, 소금과 같이 용매에 녹는 물질을 용질이라고 합니다. 또, 소금물과 같이 용매와 용질이 골고루 섞여 있는 물질을 용액이라고 합니다.

용질의 종류에 따라 용질이 물에 용해되는 양

- 온도와 양이 같은 물에 용해되는 용질의 양은 용질마다 서로 ❺(같음, 다름).
- 용질의 종류에 따라 물에 용해되는 양의 비교: 온도와 양이 같은 물에 용해되는 설탕, 소금, 제빵 소다의 양은 설탕 > 소금 > 제빵 소다 순서로 많음.

풀이 같은 양의 용질을 온도와 양이 같은 물에 각각 넣고 저었을 때 어떤 용질은 모두 용해되고, 어떤 용질은 어느 정도 용해되면 더 이상 용해되지 않고 바닥에 남습니다.

용해와 용액

물의 온도에 따라 용질이 물에 용해되는 양

- 같은 종류의 용질이라도 물의 온도에 따라 물에 용해되는 양이 ❻ 다름 .
- 일반적으로 물의 온도가 ❼(낮을수록, 높을수록) 용질이 많이 용해됨.
- 물의 온도에 따라 용질이 물에 용해되는 양: 차가운 물에 넣은 용질이 용해되지 않고 바닥에 남아 있을 때 물의 온도를 높이면 남아 있는 용질을 모두 녹일 수 있음.

풀이 물의 온도에 따라 용질이 물에 녹는 양은 달라집니다. 일반적으로 물의 양이 같을 때 물의 온도가 높을수록 용질이 많이 용해됩니다.

용액의 진하기를 비교하는 방법

- 용액의 진하기: 같은 양의 용매에 용해된 ❽ 용질 의 양이 많고 적은 정도
- 용매의 양이 같을 때 용질의 양이 많을수록 ❾ 진한 용액임.
- 용액의 진하기를 비교하는 방법

색깔로 비교하기		물체가 뜨는 정도로 비교하기	
묽은 용액	진한 용액	묽은 용액	진한 용액

풀이 용액의 색깔이 있는 경우 용액의 진하기가 진할수록 색깔이 진합니다. 또, 용액의 진하기가 진할수록 물체를 넣었을 때 물체가 높이 떠오릅니다.

과학 이야기 용해와 용액을 이용한 보석 사탕

『과학』 94 쪽

따뜻한 진한 설탕물에 나무 젓가락을 꽂아 식히면 온도가 낮아지면서 용액에 녹아 있던 설탕이 설탕 알갱이로 나타나기 시작합니다. 이 설탕 알갱이가 모이면 보석 사탕이 됩니다.

창의적으로 생각해요

나만의 보석 사탕을 만들 수 있는 방법을 생각해 봅시다.

예시 답안 실로 특별한 모양을 만들고, 실에 설탕을 묻혀 진한 설탕물에 넣어 두면 설탕이 실에 달라붙어 특별한 모양의 보석 사탕을 만들 수 있다.

4 단원

공부한 날 월 일

1 **다음 중 용해와 용액에 대한 설명으로 옳지 않은 것은 어느 것입니까?** (①)

① 투명하더라도 색깔이 있는 것은 용액이 아니다.
② 소금과 같이 용매에 녹는 물질을 용질이라고 한다.
③ 물과 같이 다른 물질을 녹이는 물질을 용매라고 한다.
④ 소금물과 같이 용매와 용질이 골고루 섞여 있는 물질을 용액이라고 한다.
⑤ 소금이 물에 녹는 것처럼 어떤 물질이 다른 물질에 녹아 골고루 섞이는 현상을 용해라고 한다.

풀이 색깔이 있어도 용액일 수 있습니다. 식용 색소(용질)를 물(용매)에 용해하면 투명하지만 색깔이 있는 용액이 됩니다.

2 **물 100 g에 설탕을 완전히 용해하여 설탕물 120 g을 만들었습니다. 물음에 답해 봅시다.**

(1) (   ) 안에 들어갈 알맞은 기호를 골라 ○표 해 봅시다.

> 물의 무게 + 설탕의 무게 ($>$, $=$, $<$) 설탕물의 무게

(2) (1)의 답과 연관 지어 설탕물 120 g에 용해된 설탕의 무게를 써 봅시다.

(20) g

풀이 용해 전 물의 무게와 설탕의 무게를 더한 값은 용해 후 설탕물의 무게와 같습니다. 따라서 전체 무게인 120 g에서 물의 무게인 100 g을 빼면 용해된 설탕의 무게가 20 g임을 알 수 있습니다.

3 **다음은 온도와 양이 같은 물에 소금, 설탕, 제빵 소다를 각각 열 숟가락씩 넣고 유리 막대로 충분히 저었을 때의 결과입니다. 이 결과를 옳게 해석한 것은 어느 것입니까?**

(⑤)

구분	소금	설탕	제빵 소다
실험 결과	바닥에 조금 남아 있음.	모두 용해됨.	바닥에 많이 남아 있음.

① 소금이 설탕보다 더 많이 용해된다.
② 제빵 소다가 소금보다 더 많이 용해된다.
③ 제빵 소다가 설탕보다 더 많이 용해된다.
④ 제빵 소다를 조금 더 넣으면 모두 용해될 것이다.
⑤ 물의 온도와 양이 같을 때 물질마다 용해되는 양이 다르다.

풀이 소금은 바닥에 조금 남았고, 설탕은 모두 용해되었고, 제빵 소다는 바닥에 많이 남아 있으므로 온도와 양이 같은 물에 용해되는 용질의 양은 설탕 $>$ 소금 $>$ 제빵 소다 순으로 많습니다.

4 물 50 mL가 담긴 비커에 붕산을 넣고 유리 막대로 충분히 저었으나 붕산의 일부가 비커 바닥에 남았습니다. 남은 붕산을 모두 용해할 수 있는 방법을 보기 에서 골라 기호를 써 봅시다.

보기

㉠ 비커를 얼음물에 넣는다. ㉡ 비커를 더 큰 것으로 바꾼다.
㉢ 비커를 알코올램프로 가열한다. ㉣ 비커에 들어 있는 물의 양을 줄인다.

(㉢)

풀이 비커를 알코올램프로 가열해 물의 온도를 높이면 바닥에 남아 있는 붕산을 모두 용해할 수 있습니다.

5 다음은 설탕을 물에 녹인 용액 ㉠~㉢에 용액의 진하기를 비교하는 기구를 넣은 모습입니다. 진한 용액부터 순서대로 기호를 써 봅시다.

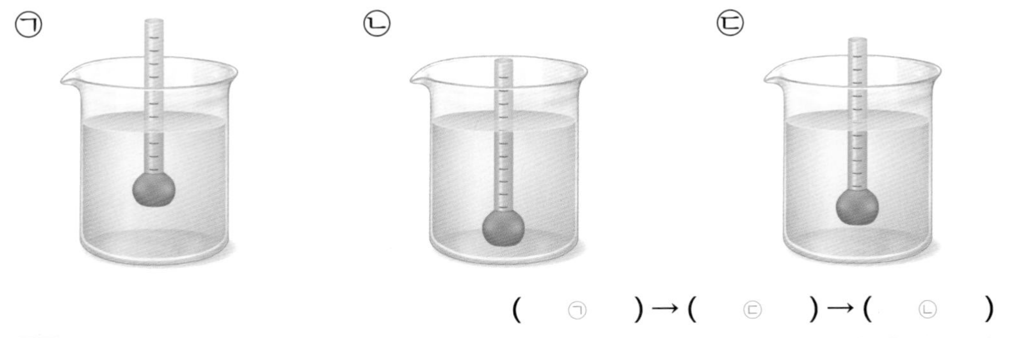

(㉠) → (㉢) → (㉡)

풀이 용액의 진하기가 진할수록 물체를 넣었을 때 물체가 높이 떠오릅니다. 따라서 기구를 물에 넣었을 때 기구가 높이 뜬 용액일수록 진한 용액입니다.

사고력 | 의사소통 능력

6 다음 글을 읽고 알 수 있는 용해에 영향을 주는 요인을 한 가지 쓰고, 그렇게 답한 까닭을 설명해 봅시다.

과일을 씻기 위해 두 개의 그릇에 온도와 양이 같은 물을 각각 넣고 소금과 제빵 소다를 각각 같은 양씩 넣어 잘 저어 주었다. 잠시 후 소금은 모두 용해되었는데 제빵 소다는 용해되지 않고 바닥에 남았다.

예시 답안 용질의 종류이다. 온도와 양이 같은 물에 소금은 모두 용해되었고 제빵 소다는 모두 용해되지 않았기 때문이다.

풀이 온도와 양이 같은 물에 같은 양의 소금과 제빵 소다를 용해하는 상황입니다. 소금은 모두 용해되었고 제빵 소다는 바닥에 남았으므로 용해에 영향을 주는 요인은 용질의 종류입니다.

4 단원

공부한 날 월 일

그림으로 단원 정리하기

● 그림을 보고, 빈칸에 알맞은 내용을 써 봅시다.

01 용해, 용매, 용질, 용액

G 82 쪽

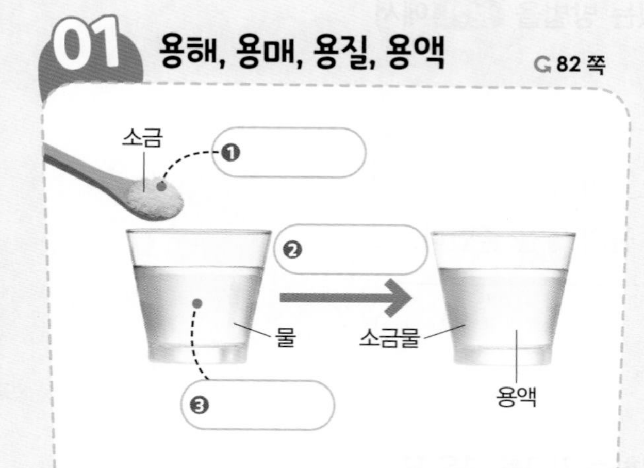

용액은 오래 두어도 뜨거나 가라앉는 것이 없고, 거름 장치로 걸러도 거름 종이에 남는 것이 없습니다.

02 용질이 물에 용해되기 전과 용해된 후의 무게

G 84 쪽

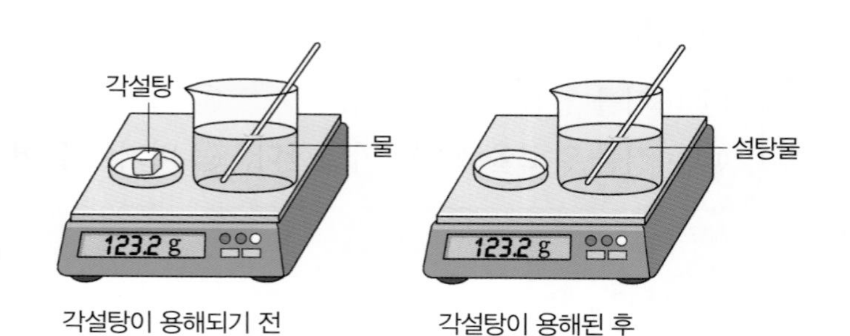

각설탕이 용해되기 전 / 각설탕이 용해된 후

- 용질이 물에 용해되기 전의 무게와 용해된 후의 무게는 ❹ .
- 물에 용해된 용질은 없어지는 것이 아니라 작게 변하여 물속에 골고루 섞여 있는 것입니다.

03 용질의 종류에 따라 용질이 물에 용해되는 양

G 86 쪽

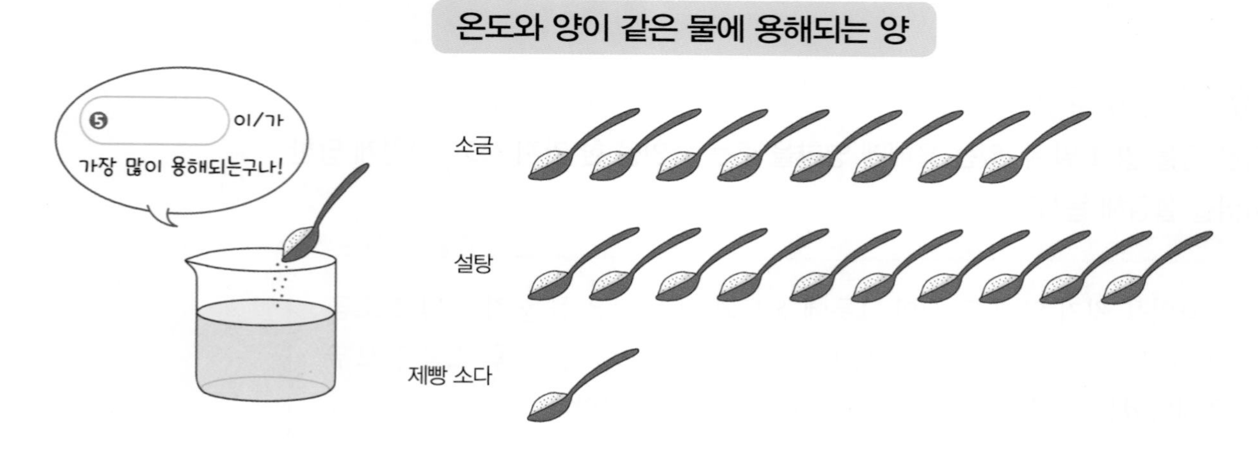

물의 온도와 양이 같을 때 용해되는 용질의 양은 용질의 종류에 따라 다릅니다.

04 물의 온도에 따라 용질이 물에 용해되는 양

G 90 쪽

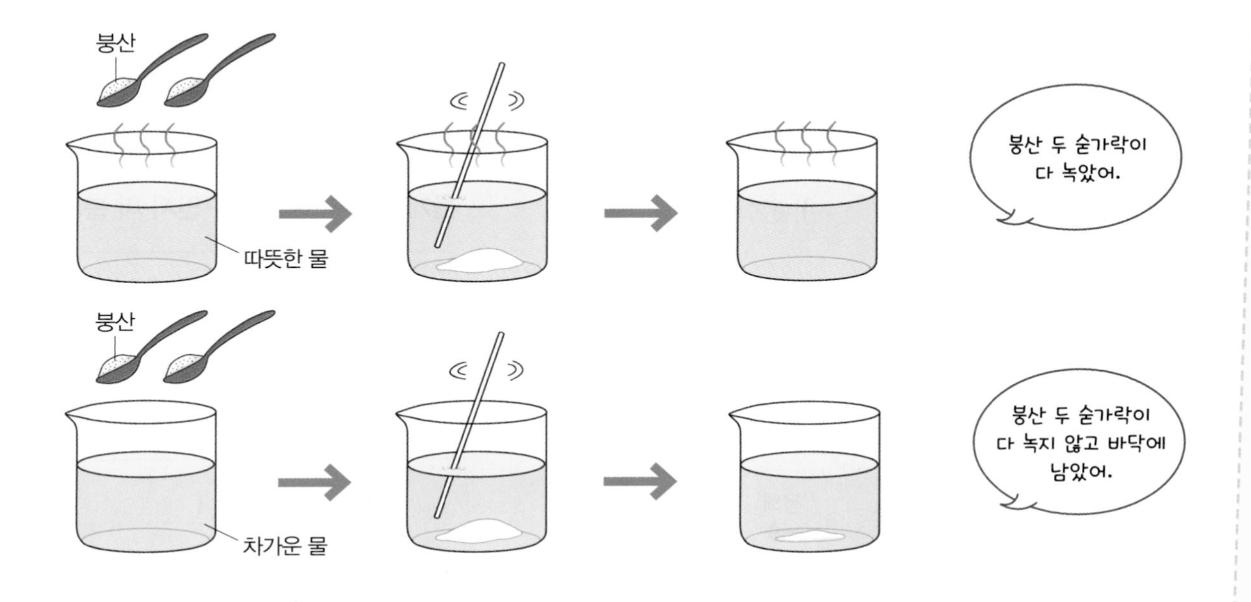

용질이 물에 용해되는 양은 일반적으로 물의 온도가 ❻ (　　　) 수록 늘어납니다.

05 용액의 진하기를 비교하는 방법

G 92 쪽

흰색 종이

묽은 용액　　❼ (　　　) 용액

흰색 종이를 대어 보았을 때 용액의 진하기가 진할수록 용액의 색깔이 더 진합니다.

❽ (　　　) 용액　　❾ (　　　) 용액

방울토마토를 넣었을 때 용액의 진하기가 진할수록 방울토마토가 더 높이 떠오릅니다.

답 ❶ 용질 ❷ 용해 ❸ 용매 ❹ 같습니다 ❺ 설탕 ❻ 높을 ❼ 진한 ❽ 묽은 ❾ 진한

4 단원

공부한 날 월 일

01 다음 ( ) 안에 들어갈 알맞은 말을 각각 써 봅시다.

- 어떤 물질이 다른 물질에 녹아 골고루 섞이는 현상을 (㉠)(이)라고 합니다.
- 용매와 (㉡)이/가 골고루 섞여 있는 물질을 (㉢)(이)라고 합니다.

㉠: ( ), ㉡: ( ), ㉢: ( )

02 다음과 같이 소금을 물에 녹여 소금물을 만들었습니다. 이에 대한 설명으로 옳지 않은 것은 어느 것입니까? ( )

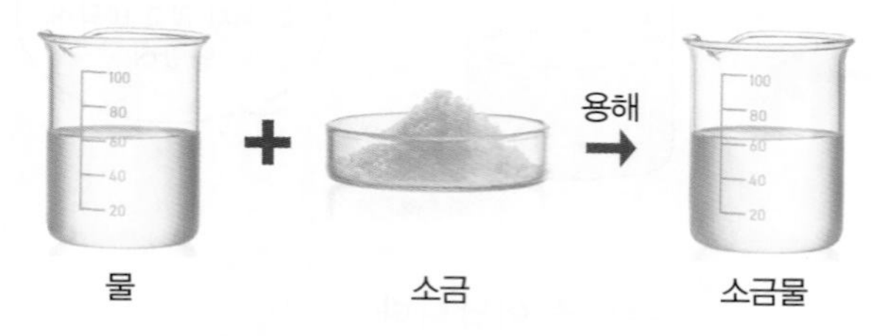

① 물은 용매이다.
② 소금은 용질이다.
③ 소금물은 용액이다.
④ 소금물에는 소금과 물이 골고루 섞여 있다.
⑤ 소금물을 거름 장치로 거르면 소금이 거름종이에 남는다.

03 다음은 용액에 대한 설명입니다. 이에 대한 설명으로 옳은 것을 보기에서 두 가지 골라 기호를 써 봅시다.

보기
㉠ 흔들면 뿌옇게 흐려진다.
㉡ 설탕물과 식초는 용액이다.
㉢ 오래 두어도 뜨거나 가라앉는 것이 없다.

(,)

04 물에 소금 25 g을 넣어 용해한 용액의 무게를 측정했더니 135 g이었습니다. 물의 무게는 몇 g인지 써 봅시다.

( )g

[05~06] 다음은 각설탕 5 g이 물 50 g에 용해되는 과정입니다. 물음에 답해 봅시다.

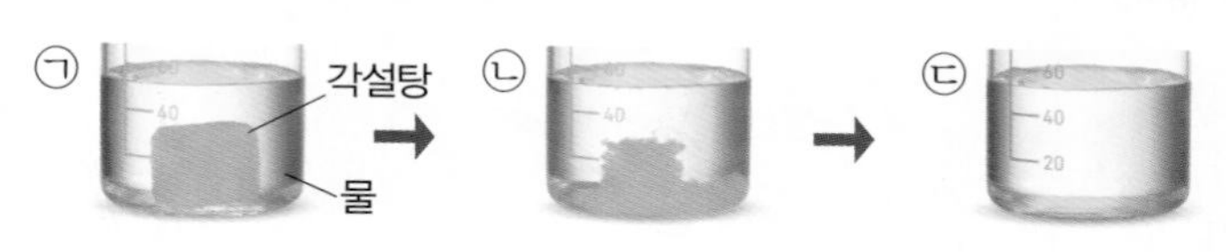

05 다음은 위 과정에 대한 학생 (가)~(다)의 대화입니다. 옳게 말한 학생은 누구인지 써 봅시다.

- (가): 각설탕이 물에 용해되면 없어져.
- (나): 각설탕이 작아지다가 다시 점점 커져.
- (다): 각설탕이 작게 변해서 물속에 골고루 섞여.

( )

06 위 과정 ㉢에 각설탕 5 g을 더 넣고 완전히 녹인 용액의 무게로 옳은 것은 어느 것입니까? ( )

① 45 g ② 50 g ③ 55 g
④ 60 g ⑤ 65 g

07 다음은 온도가 같은 물 50 mL가 담긴 각 비커에 같은 양의 소금, 설탕, 제빵 소다를 넣고 저어 주었을 때의 결과입니다. 이에 대한 설명으로 옳은 것을 보기에서 골라 기호를 써 봅시다.

소금

설탕

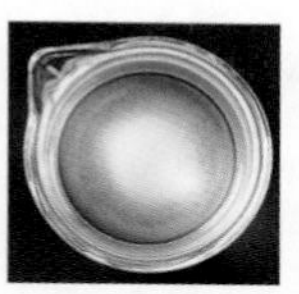
제빵 소다

보기
㉠ 온도와 양이 같은 물에 소금이 가장 적게 용해된다.
㉡ 온도와 양이 같은 물에 제빵 소다가 가장 적게 용해된다.
㉢ 온도와 양이 같은 물에 용해되는 용질의 양은 용질의 종류에 관계없이 항상 일정하다.

( )

➔ 바른답·알찬풀이 33 쪽

08 다음은 20 °C의 물 50 mL가 담긴 비커 세 개에 각각 용질 (가)~(다)를 한 숟가락씩 넣으면서 저었을 때의 결과입니다. 이에 대한 설명으로 옳은 것은 어느 것입니까? (　　　)

(○: 용질이 다 용해됨, ×: 용질이 다 용해되지 않고 바닥에 일부가 남음.)

용질	약숟가락으로 넣은 횟수(회)						
	1	2	3	4	5	6	7
(가)	○	○	○	○	○	○	×
(나)	○	○	○	○	○	○	○
(다)	○	×					

① 20 °C의 물 50 mL에 (가)가 가장 많이 용해된다.
② 20 °C의 물 50 mL에 (나)가 가장 적게 용해된다.
③ 20 °C의 물 50 mL에 (다) 세 숟가락을 넣으면 다 용해된다.
④ 20 °C의 물 50 mL에 (나) 여섯 숟가락을 넣으면 다 용해된다.
⑤ 20 °C의 물 50 mL에 (가) 다섯 숟가락을 넣으면 다 용해되지 않고 바닥에 일부가 남는다.

09 다음은 온도가 서로 다른 물 50 mL가 담긴 비커 세 개에 각각 붕산을 두 숟가락씩 넣고 저은 결과입니다. ㉠~㉢을 물의 온도가 높은 것부터 순서대로 써 봅시다.

㉠ 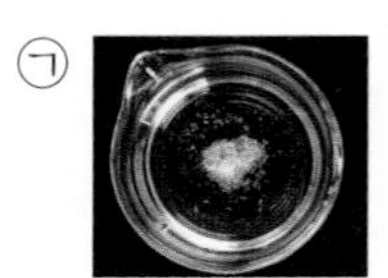 ㉡ 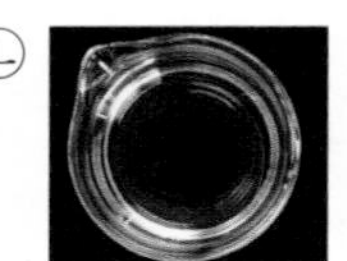 ㉢ 

(　　　)>(　　　)>(　　　)

10 다음과 같이 물에 제빵 소다가 다 용해되지 않고 남아 있는 비커를 가열했더니 제빵 소다가 다 용해되어 보이지 않게 되었습니다. 다음 (　　) 안에 공통으로 들어갈 알맞은 말을 써 봅시다.

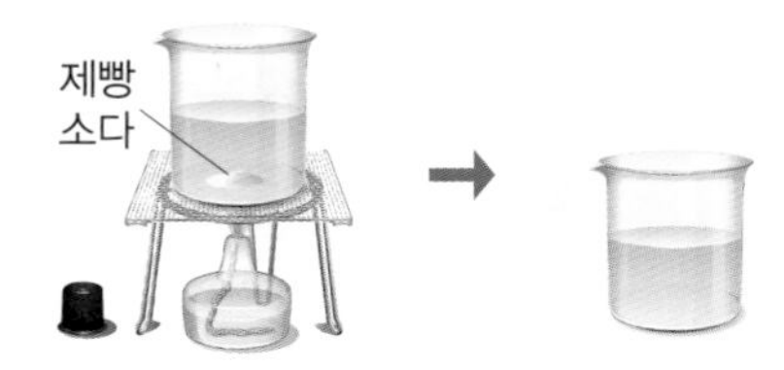

- 물의 (　　　)이/가 높아져서 바닥에 남은 제빵 소다가 용해되었다.
- 위 현상에서 제빵 소다의 용해에 영향을 준 요인은 물의 (　　　)이다.

(　　　　　)

[11~12] 다음은 같은 양의 물에 서로 다른 양의 황설탕을 녹인 용액입니다. 물음에 답해 봅시다.

(가)  (나) 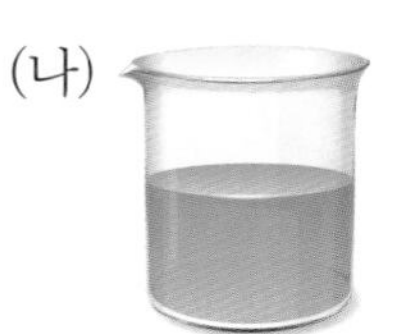 (다) 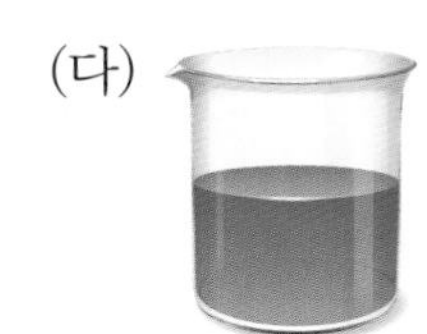

11 위 용액에 대한 설명으로 옳은 것을 보기에서 골라 기호를 써 봅시다.

보기
㉠ (가)가 가장 진한 용액이다.
㉡ (나)가 가장 묽은 용액이다.
㉢ 용해된 황설탕의 양은 (다)가 가장 많다.

(　　　　　)

12 위 (가)~(다)에 같은 방울토마토를 띄웠을 때 방울토마토가 가장 높이 떠오르는 것의 기호를 써 봅시다.

(　　　　　)

4 단원 공부한 날 월 일

서술형 문제

13 다음은 물이 담긴 유리병에 소금, 식용 색소, 화단 흙을 각각 한 숟가락씩 넣은 뒤, 뚜껑을 닫고 흔든 후 2 분 정도 가만히 둔 것입니다. (가)~(다)를 용액인 것과 용액이 아닌 것으로 구분해 봅시다.

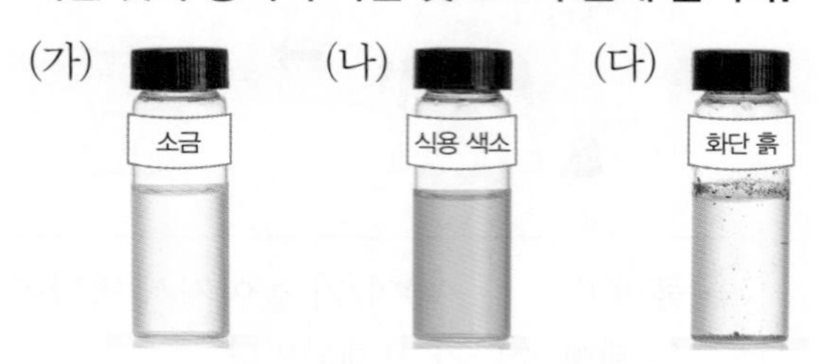

14 다음과 같이 각설탕이 물에 용해되기 전과 용해된 후의 무게를 측정했습니다. 용해되기 전의 무게는 몇 g인지 쓰고, 그 까닭을 설명해 봅시다.

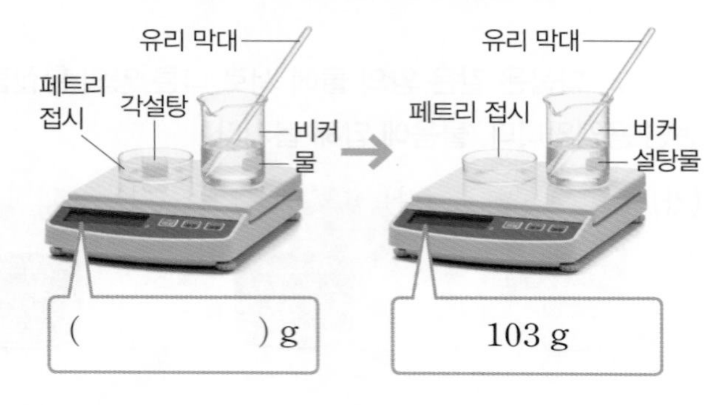

15 오른쪽은 온도와 양이 같은 물에 같은 양의 소금과 제빵 소다를 각각 넣고 저었을 때의 결과입니다. 온도와 양이 같은 물에 용해되는 소금과 제빵 소다의 양을 비교하여 설명해 봅시다.

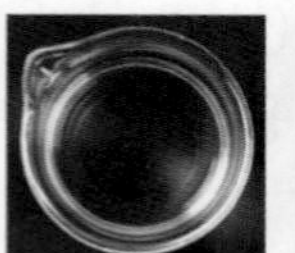
소금

제빵 소다

16 다음과 같이 따뜻한 물에 붕산을 녹인 용액을 얼음물이 든 비커에 넣었더니 비커 바닥에 붕산 알갱이가 생겼습니다. 이러한 결과가 나타난 까닭을 설명해 봅시다.

17 다음은 진하기가 다른 백설탕 용액에 메추리알을 띄운 결과입니다. ㉠~㉢ 중 가장 진한 용액을 골라 기호를 쓰고, 그 까닭을 설명해 봅시다.

18 다음은 용액의 진하기를 비교하는 기구의 설계도입니다. 이 설계도에서 보완할 점을 한 가지 찾아 설명해 봅시다.

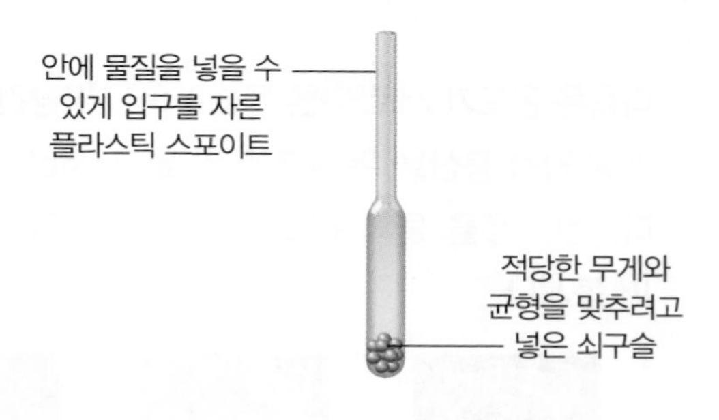

➔ 바른답·알찬풀이 35 쪽

01 다음은 20 °C의 물 50 mL에 소금, 설탕, 제빵 소다를 한 숟가락씩 넣으면서 유리 막대로 저은 결과입니다.

(○: 용질이 다 용해됨, ×: 용질이 다 용해되지 않고 바닥에 일부가 남음.)

용질	약숟가락으로 넣은 횟수(회)								
	1	2	3	4	5	6	7	8	9
소금	○	○	○	○	○	○	○	○	×
설탕	○	○	○	○	○	○	○	○	○
제빵 소다	○	×							

(1) 위 실험 결과를 보고, 세 숟가락을 넣었을 때 다 용해되는 물질 두 가지를 써 봅시다.

다 용해되는 물질: (　　　　　,　　　　　)

(2) 위 실험 결과로부터 알 수 있는 사실을 다음 용어를 모두 사용하여 설명해 봅시다.

양	온도	용해	용질의 종류

성취 기준
용질의 종류에 따라 물에 용해되는 양이 달라짐을 비교할 수 있다.

출제 의도
온도와 양이 같은 물에 용해되는 용질의 양을 비교하고, 용질의 종류에 따라 물에 용해되는 양이 달라진다는 사실을 알고 있는지 확인하는 문제예요.

관련 개념
용질의 종류에 따라 물에 용해되는 양 비교하기 G 86 쪽

02 오른쪽은 용액의 진하기를 비교하는 기구를 이용하여 물 150 mL에 백설탕 다섯 숟가락을 넣어 녹인 용액과 열 숟가락을 넣어 녹인 용액의 진하기를 비교한 것입니다.

㉠ 

㉡ 

(1) ㉠과 ㉡ 중 백설탕 다섯 숟가락을 넣어 녹인 용액을 골라 기호를 써 봅시다.

(　　　　　)

(2) 물 150 mL에 백설탕 스무 숟가락을 넣어 녹인 용액에 기구를 넣었을 때의 결과를 오른쪽 그림에 나타내고, 그 까닭을 설명해 봅시다.

성취 기준
용액의 진하기를 상대적으로 비교하는 방법을 고안할 수 있다.

출제 의도
물체가 뜨는 정도를 이용하여 용액의 진하기를 비교할 수 있는지 확인하는 문제예요.

관련 개념
용액의 진하기 G 92 쪽

[01~02] 다음과 같이 같은 양의 물이 담긴 유리병에 소금, 식용 색소, 화단 흙을 각각 한 숟가락씩 넣은 후, 유리병의 뚜껑을 닫고 흔들었습니다. 물음에 답해 봅시다.

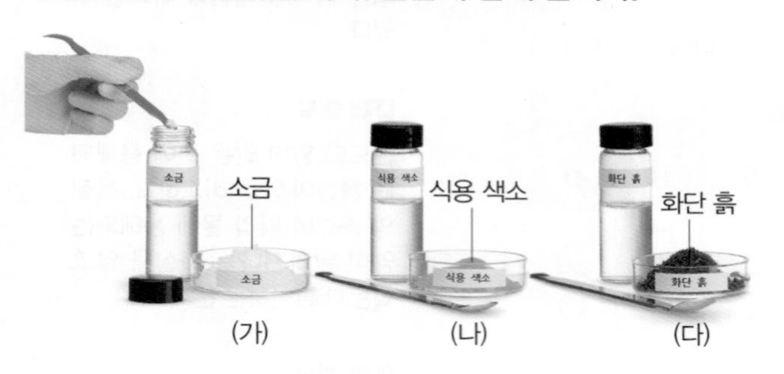

01 다음은 위 실험에서 (가)의 결과입니다. (　　) 안에 들어갈 알맞은 말을 써 봅시다.

> 유리병을 흔들수록 소금이 물에 (㉠) 되어 (㉡)인 소금물이 된다.

㉠: (　　　　　　), ㉡: (　　　　　　)

02 위 실험에 대한 설명으로 옳은 것을 **보기**에서 골라 기호를 써 봅시다.

> **보기**
> ㉠ (가)에서 소금은 용매이다.
> ㉡ (나)에서 식용 색소는 물에 용해되지 않는다.
> ㉢ (다)에서 유리병을 오래 두면 뜨거나 가라앉는 것이 생긴다.

(　　　　　　)

03 다음과 같이 물 100 g에 설탕을 녹여 설탕물 180 g을 만들 때, 필요한 설탕의 양은 몇 g인지 써 봅시다.

(　　　　　　) g

[04~05] 다음은 각설탕이 물에 용해되기 전과 용해된 후의 무게를 비교하는 실험입니다. 물음에 답해 봅시다.

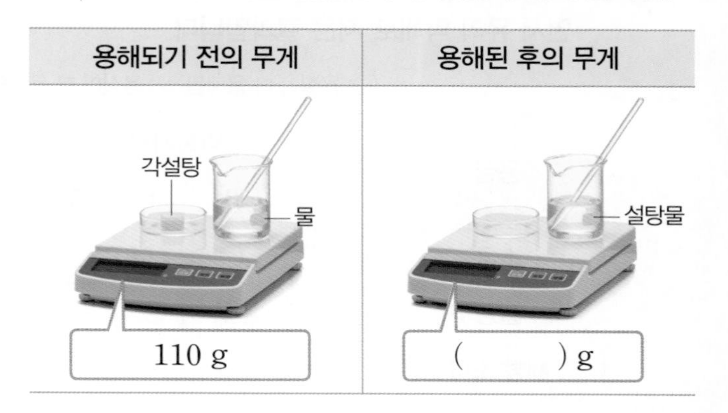

04 위 (　　) 안에 들어갈 알맞은 숫자를 써 봅시다.

(　　　　　　)

05 위 실험에 대한 설명으로 옳은 것은 어느 것입니까? (　　)

① 각설탕이 물에 용해되면 없어진다.
② 각설탕이 물에 용해되면 크기가 커진다.
③ 각설탕이 물에 용해되면 무게가 줄어든다.
④ 각설탕이 물에 용해되면 물이 뿌옇게 흐려진다.
⑤ 각설탕이 물에 용해되면 물과 골고루 섞여 용액이 된다.

06 다음은 20 ˚C의 물 50 mL에 용질 ㉠~㉢을 한 숟가락씩 넣으면서 저었을 때의 결과입니다. ㉠~㉢ 중 20 ˚C의 물 100 mL에 가장 많이 용해되는 용질을 골라 기호를 써 봅시다.

(○: 용질이 다 용해됨, ×: 용질이 다 용해되지 않고 바닥에 일부가 남음.)

용질	약숟가락으로 넣은 횟수(회)						
	1	2	3	4	5	6	7
㉠	○	○	○	○	○	○	×
㉡	○	○	○	×			
㉢	○	×					

(　　　　　　)

➔ 바른답·알찬풀이 36 쪽

07 다음은 20 ℃의 물 50 mL가 담긴 비커 세 개에 각각 소금, 설탕, 제빵 소다를 두 숟가락씩 넣고 저었을 때의 결과입니다. 이에 대한 설명으로 옳지 않은 것은 어느 것입니까? (   )

소금

설탕

제빵 소다

① 20 ℃의 물 50 mL에 소금 두 숟가락이 다 용해된다.
② 20 ℃의 물 50 mL에 설탕 두 숟가락이 다 용해된다.
③ 온도와 양이 같은 물에 제빵 소다가 가장 적게 용해된다.
④ 20 ℃의 물 50 mL에 제빵 소다 세 숟가락이 다 용해된다.
⑤ 20 ℃의 물 50 mL에 제빵 소다 두 숟가락이 다 용해되지 않고 바닥에 일부가 남는다.

08 오른쪽과 같이 따뜻한 물에 백반을 녹인 용액을 얼음물이 든 비커에 넣었을 때 일어나는 현상으로 옳은 것은 어느 것입니까? (   )

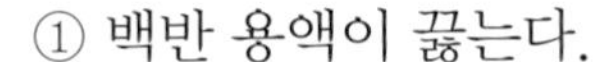

① 백반 용액이 끓는다.
② 백반 알갱이가 생긴다.
③ 백반 용액의 무게가 늘어난다.
④ 백반 용액의 색깔이 붉게 변한다.
⑤ 백반 용액이 든 비커에서 백반이 없어진다.

[09~10] 다음은 50 mL의 차가운 물과 따뜻한 물에 붕산을 두 숟가락씩 넣고 저은 결과입니다. 물음에 답해 봅시다.

㉠ 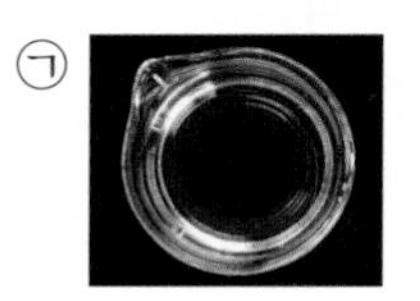

㉡ 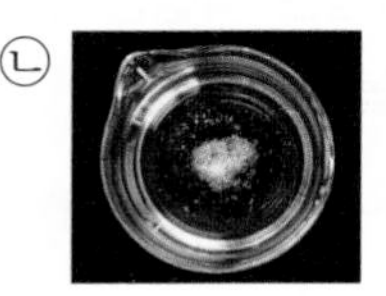

09 다음은 위 실험에 대한 학생 (가)~(다)의 대화입니다. 잘못 말한 학생은 누구인지 써 봅시다.

- (가): 다르게 해 준 조건은 물의 온도야.
- (나): 같게 해 준 조건은 물과 붕산의 양이야.
- (다): 같은 양의 물에 용해되는 붕산의 양은 물의 온도와 관계없이 일정해.

(   )

10 위에서 차가운 물의 결과를 골라 기호를 써 봅시다.

(   )

[11~12] 다음은 같은 양의 물에 백설탕 다섯 숟가락, 열 숟가락, 스무 숟가락을 넣고 용해하여 진하기가 다른 세 가지 용액을 만든 후, 같은 방울토마토를 넣은 결과입니다. 물음에 답해 봅시다.

(가) 

(나)

(다)

11 백설탕 스무 숟가락을 넣고 녹인 용액의 기호를 써 봅시다.

(   )

12 위 용액에 대한 설명으로 옳은 것을 보기에서 두 가지 골라 기호를 써 봅시다.

보기
㉠ (가)가 (나)보다 무겁다.
㉡ (나)가 (다)보다 진한 용액이다.
㉢ 용액에 용해된 백설탕의 양은 (다)가 (가)보다 많다.

(,   )

4 단원

공부한 날 월 일

서술형 문제

[13~14] 다음은 각설탕이 물에 용해되는 과정입니다. 물음에 답해 봅시다.

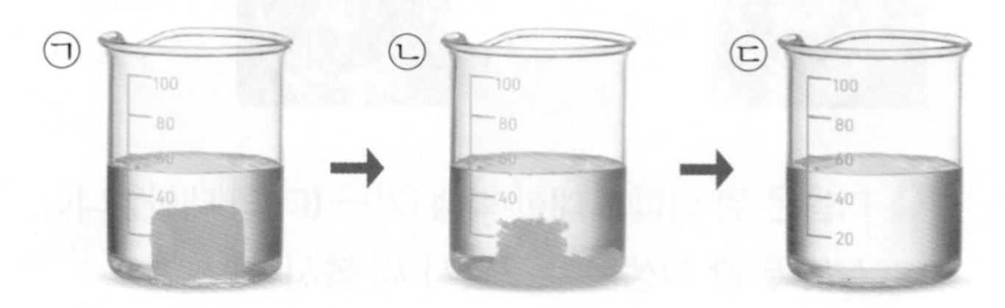

13 위 과정에서 용질, 용매, 용액은 각각 무엇인지 설명해 봅시다.

14 위 과정 ㉠~㉢의 무게를 비교하고, 그 까닭을 설명해 봅시다.

15 다음은 20 ℃의 물 50 mL가 담긴 비커 네 개에 각각 제빵 소다, 소금, 설탕을 넣고 저었을 때의 결과입니다. 같은 온도와 양의 물에 가장 많이 용해되는 용질이 무엇인지 쓰고, 그 까닭을 설명해 봅시다.

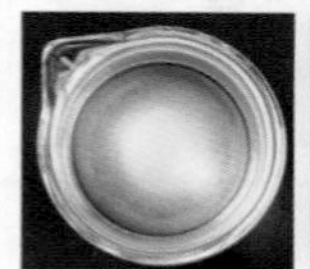
제빵 소다 두 숟가락

소금 두 숟가락

소금 아홉 숟가락

설탕 아홉 숟가락

16 다음 중 백반이 가장 많이 용해되는 비커를 골라 기호를 쓰고, 그 까닭을 설명해 봅시다.

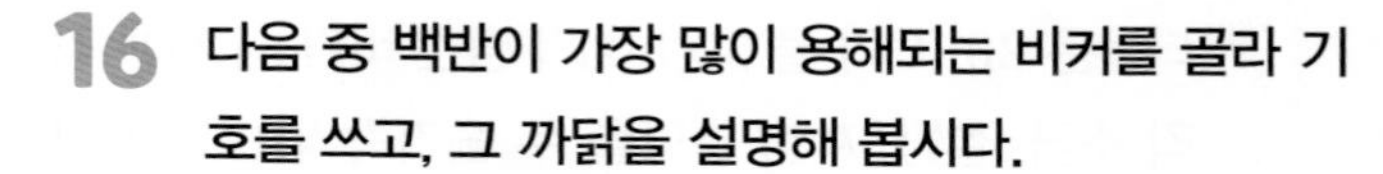
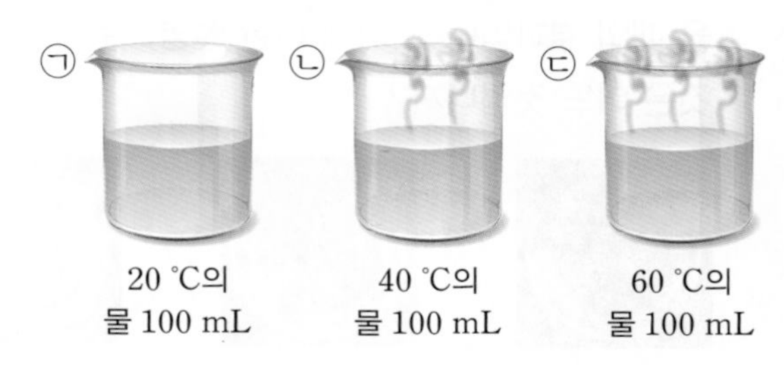

㉠ 20 ℃의 물 100 mL
㉡ 40 ℃의 물 100 mL
㉢ 60 ℃의 물 100 mL

17 다음은 실험실에서 관찰할 수 있는 용해와 관련된 현상입니다. 이 현상에서 알 수 있는 사실을 용해에 영향을 주는 요인과 관련지어 설명해 봅시다.

18 오른쪽은 설탕물에 용액의 진하기를 비교하는 기구를 띄운 결과입니다. 이 기구가 더 높이 떠오르게 하는 방법을 용액의 진하기와 관련지어 설명해 봅시다.

바른답·알찬풀이 38 쪽

01 다음은 물의 온도에 따라 붕산이 용해되는 양을 알아보기 위한 실험입니다.

> (가) 차가운 물과 따뜻한 물을 준비한다.
> (나) 눈금실린더로 두 개의 비커에 따뜻한 물과 차가운 물을 각각 50 mL씩 담는다.
> (다) 따뜻한 물이 담긴 비커에 붕산 두 숟가락, 차가운 물이 담긴 비커에 붕산 세 숟가락을 넣고 저으면서 변화를 관찰한다.

(1) 위 실험 과정 (가)~(다) 중 옳지 않은 것을 골라 기호를 써 봅시다.

( )

(2) 위 (1)에서 답한 과정을 옳게 고쳐 봅시다.

____

(3) 다음은 위 실험을 옳은 과정으로 수행했을 때의 결과입니다. 이로부터 알 수 있는 사실을 설명해 봅시다.

> 따뜻한 물이 든 비커는 붕산이 모두 녹아 투명한 용액이 되었고, 차가운 물이 든 비커는 붕산이 어느 정도 녹다가 더 이상 녹지 않고 바닥에 남았다.

____

성취 기준
물의 온도에 따라 용질의 녹는 양이 달라짐을 실험할 수 있다.

출제 의도
물의 온도에 따라 붕산이 용해되는 양을 알아보는 실험을 할 때 같게 해야 할 조건과 다르게 해야 할 조건을 알고 있는지 확인하는 문제예요.

관련 개념
물의 온도에 따라 용질이 물에 용해되는 양 G 90 쪽

02 다음은 물 150 mL에 서로 다른 양의 황설탕을 넣고 녹인 용액 ㉠~㉢입니다.

㉠  ㉡  ㉢ 

(1) 위 ㉠~㉢을 용해된 황설탕의 양이 많은 것부터 순서대로 써 봅시다.

( )>( )>( )

(2) 위 ㉠~㉢에 메추리알을 넣었을 때 메추리알이 떠오르는 높이가 가장 높은 것을 골라 기호를 쓰고, 그 까닭을 설명해 봅시다.

____

성취 기준
용액의 진하기를 상대적으로 비교하는 방법을 고안할 수 있다.

출제 의도
색깔을 이용하여 용액의 진하기를 비교하고, 이를 이용하여 용액에 물체를 넣었을 때 뜨는 정도를 예상할 수 있는지 확인하는 문제예요.

관련 개념
용액의 진하기 G 92 쪽

4 단원

공부한 날 월 일

다양한 생물과 우리 생활

이 단원에서 무엇을 공부할지 알아보아요.

공부할 내용	쪽수	교과서 쪽수
1 버섯과 곰팡이의 특징은 무엇일까요	114～115 쪽	『과학』 98～101 쪽 『실험 관찰』 44～45 쪽
2 해캄과 짚신벌레의 특징은 무엇일까요	116～117 쪽	『과학』 102～105 쪽 『실험 관찰』 46～47 쪽
3 세균의 특징은 무엇일까요	118～119 쪽	『과학』 106～107 쪽 『실험 관찰』 48 쪽
4 다양한 생물이 우리 생활에 미치는 영향은 무엇일까요	122～123 쪽	『과학』 108～109 쪽 『실험 관찰』 49 쪽
5 첨단 생명 과학은 우리 생활에 어떻게 이용될까요	124～125 쪽	『과학』 110～111 쪽 『실험 관찰』 50～51 쪽

『과학』 96~97 쪽

우리 주변의 다양한 생물

학교에 사는 다양한 생물을 동물, 식물, 동물과 식물이 아닌 생물로 구분하고, 생물 이름 띠 빙고 놀이를 해 봅시다.

생물 이름 띠 빙고 놀이 하기

1. 띠 빙고 종이를 준비하고, 각 칸에 『과학』 96~97 쪽에 있는 생물 이름을 한 가지씩 적습니다.
2. 모둠별로 놀이 순서를 정하고 한 사람이 먼저 '동물', '식물', '동물과 식물이 아닌 생물' 중에서 하나를 외칩니다.
3. 나머지 사람은 띠 빙고 종이의 양쪽 끝에 해당 생물이 있으면 한 칸을 찢어 냅니다.
4. ❷~❸을 반복하며 띠 빙고 종이가 다 없어질 때까지 놀이합니다.

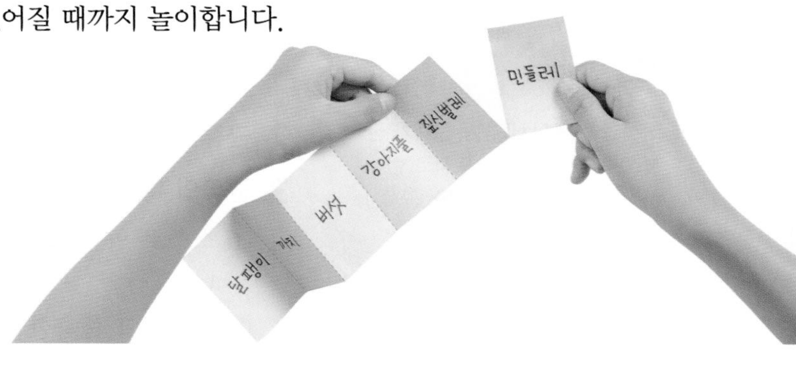

- 『과학』 96~97 쪽에 있는 생물 이외에 우리 주변에 또 어떤 생물이 살고 있을지 이야기해 봅시다.

예시 답안 공원에 소나무, 나팔꽃 등의 식물도 살고, 참새, 지렁이 등의 동물도 산다.

1 버섯과 곰팡이의 특징은 무엇일까요

실험 관찰

현미경의 배율

- 접안렌즈의 배율과 대물렌즈의 배율을 곱해서 계산합니다.
- 낮은 배율로 먼저 관찰한 다음 높은 배율로 관찰합니다.

균류와 식물의 차이점

- 균류는 포자로 번식하고, 식물은 주로 씨로 번식합니다.
- 균류는 균사로 이루어져 있고, 식물은 주로 뿌리, 줄기, 잎, 꽃 등으로 이루어져 있습니다.
- 균류는 주로 죽은 생물이나 다른 생물에서 양분을 얻고, 식물은 햇빛, 물 등을 이용해 스스로 양분을 만듭니다.

용어 사전

- ★ **배율** 현미경으로 물체의 모습을 확대하는 정도
- ★ **균사** 버섯과 곰팡이 같은 균류의 몸을 이루는 것
- ★ **포자** 버섯과 곰팡이 같은 생물이 번식하기 위해 만드는 것

바른답·알찬풀이 39 쪽

스스로 확인해요 『과학』 101쪽

1 버섯과 곰팡이처럼 몸 전체가 균사로 이루어져 있고 포자로 번식하는 생물을 (동물, 식물, 균류)(이)라고 합니다.

2 (사고력) 버섯과 식물의 다른 점을 설명해 봅시다.

❶ 실체 현미경 사용법 익히기 (탐구)

실험 동영상

1 실체 현미경 각 부분의 이름과 하는 일

- **회전판**: 대물렌즈의 배율★을 조절하는 나사
- **접안렌즈**: 눈으로 보는 렌즈이며, 상을 확대해 주는 렌즈
- **대물렌즈**: 관찰 대상 쪽 렌즈이며, 상을 확대해 주는 렌즈
- **초점 조절 나사**: 관찰 대상이 선명히 보이도록 초점을 맞출 때 사용하는 나사
- **조명**
- **재물대**: 관찰 대상을 올려놓는 곳
- **조명 조절 나사**: 조명의 밝기를 조절하는 나사

2 실체 현미경 사용법

실체 현미경으로 관찰하면 관찰 대상을 돋보기보다 더 확대해 관찰할 수 있어요.

① 회전판을 돌려 배율이 가장 낮은 대물렌즈가 가운데에 오게 합니다.
② 관찰 대상이 담긴 페트리 접시를 재물대에 올려놓습니다.
③ 전원을 켜고 조명 조절 나사로 조명의 밝기를 조절합니다.
④ 현미경을 옆에서 보면서 초점 조절 나사로 대물렌즈를 관찰 대상에 최대한 가깝게 내립니다.
⑤ 접안렌즈로 관찰 대상을 보면서 초점 조절 나사로 대물렌즈를 천천히 올려 초점을 맞추어 관찰합니다.

❷ 균류

실험 동영상

1 버섯과 곰팡이 관찰하기 (탐구)

구분	버섯	곰팡이
맨눈	윗부분은 갈색이고, 아랫부분은 하얀색임.	푸른색, 검은색, 하얀색 등 색깔이 다양함.
돋보기	윗부분의 안쪽에 주름이 빽빽하게 있음.	가느다란 선이 모여 있고, 끝에 작은 알갱이들이 있음.
실체 현미경	윗부분의 안쪽에 주름이 많고 깊게 파여 있음.	가는 실처럼 생긴 것이 많고, 크기가 작고 둥근 알갱이가 보임.

2 균류: 버섯과 곰팡이처럼 몸 전체가 균사★로 이루어져 있고 포자★로 번식하는 생물 (균사: 가늘고 긴 모양이에요.)

3 균류의 특징

① 스스로 양분을 만들지 못하고 주로 죽은 생물이나 다른 생물에서 양분을 얻습니다.
② 따뜻하고 축축한 환경에서 잘 자라기 때문에 여름철에 자주 볼 수 있습니다.

문제로 개념 탄탄

바른답·알찬풀이 39 쪽

정답 확인

1 다음은 실체 현미경으로 버섯을 관찰하는 과정을 순서 없이 나타낸 것입니다. 가장 먼저 해야 할 과정은 무엇인지 기호를 써 봅시다.

(가) 버섯이 담긴 페트리 접시를 재물대에 올려놓는다.
(나) 전원을 켜고 조명 조절 나사로 조명의 밝기를 조절한다.
(다) 회전판을 돌려 배율이 가장 낮은 대물렌즈가 가운데에 오게 한다.
(라) 접안렌즈로 버섯을 보면서 초점 조절 나사로 대물렌즈를 천천히 올려 초점을 맞춘다.
(마) 현미경을 옆에서 보면서 초점 조절 나사로 대물렌즈를 버섯에 최대한 가깝게 내린다.

( )

2 빵에 자란 곰팡이를 실체 현미경으로 관찰한 결과로 옳은 것을 보기에서 골라 기호를 써 봅시다.

보기

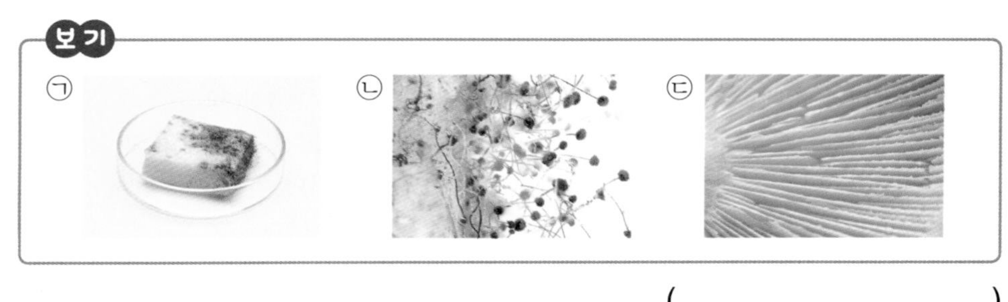

( )

3 다음은 버섯과 곰팡이에 대한 설명입니다. 옳은 것에 ○표, 옳지 않은 것에 ×표 해 봅시다.

(1) 버섯은 스스로 양분을 만든다. ( )
(2) 버섯과 곰팡이는 모두 균류이다. ( )
(3) 곰팡이는 균사로 이루어져 있고 포자로 번식한다. ( )

4 다음은 균류에 대한 설명입니다. ( ) 안에 들어갈 알맞은 말에 ○표 해 봅시다.

균류는 따뜻하고 (건조한, 축축한) 환경에서 잘 자라기 때문에 여름철에 자주 볼 수 있다.

5 단원

공부한 날 월 일

공부한 내용을

 자신 있게 설명할 수 있어요.

 설명하기 조금 힘들어요.

 어려워서 설명할 수 없어요.

2 해캄과 짚신벌레의 특징은 무엇일까요

해캄 표본 만드는 방법

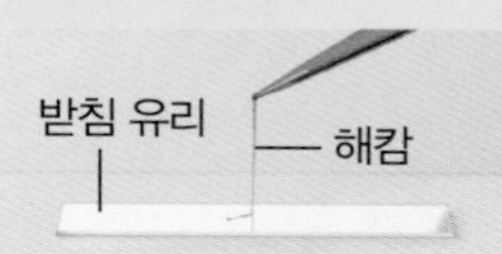

해캄을 겹치지 않게 펴서 받침 유리에 올려놓습니다.

덮개 유리를 비스듬히 기울여 공기 방울이 생기지 않게 천천히 덮습니다.

해캄과 짚신벌레의 차이점

- 해캄은 스스로 양분을 만들어 살고, 짚신벌레는 다른 생물을 먹으며 삽니다.
- 해캄은 스스로 움직일 수 없고, 짚신벌레는 스스로 헤엄쳐 움직일 수 있습니다.

용어 사전

★ **영구 표본** 표본을 오랫동안 보존해 관찰할 수 있게 만든 것

스스로 확인해요 바른답·알찬풀이 39 쪽

『과학』 105 쪽

1 동물과 식물, 균류로 분류되지 않는 해캄, 짚신벌레와 같은 생물을 (   )(이)라고 합니다.

2 (사고력) 해캄과 식물의 다른 점을 비교해 봅시다.

1 광학 현미경 사용법 익히기 (탐구)

실험 동영상

1 광학 현미경 각 부분의 이름과 하는 일

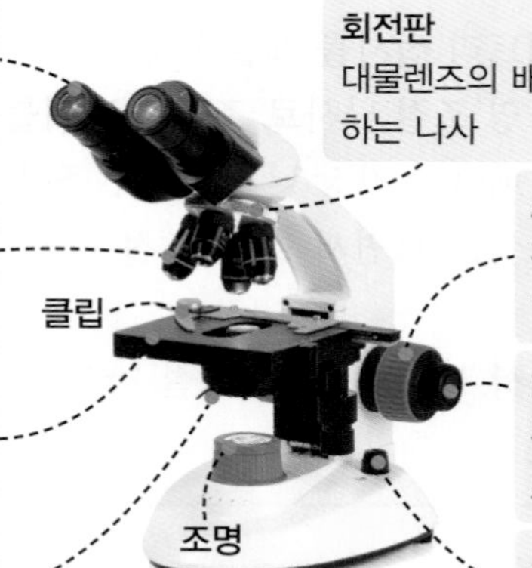

- **접안렌즈**: 눈으로 보는 렌즈이며, 상을 확대해 주는 렌즈
- **대물렌즈**: 관찰 대상 쪽 렌즈이며, 상을 확대해 주는 렌즈
- **재물대**: 관찰 대상을 올려놓는 곳
- **조리개**: 빛의 양을 조절하는 장치
- **회전판**: 대물렌즈의 배율을 조절하는 나사
- **조동 나사**: 관찰 대상이 보이도록 초점을 맞출 때 사용하는 나사
- **미동 나사**: 관찰 대상이 정확히 보이도록 초점을 맞출 때 사용하는 나사
- **조명 조절 나사**: 조명의 밝기를 조절하는 나사

2 광학 현미경 사용법

광학 현미경으로 관찰하면 맨눈으로 관찰하기 힘든 관찰 대상을 실체 현미경보다 더 높은 배율로 확대해 관찰할 수 있어요.

① 회전판을 돌려 배율이 가장 낮은 대물렌즈가 가운데에 오게 합니다.
② 전원을 켜고 조리개로 빛의 양을 조절합니다.
③ 클립을 벌려 표본을 재물대의 가운데에 고정합니다.
④ 현미경을 옆에서 보면서 조동 나사로 재물대를 올려 표본과 대물렌즈 사이의 거리를 최대한 가깝게 합니다. 대물렌즈와 표본이 닿지 않게 주의해요.
⑤ 접안렌즈로 표본을 보면서 조동 나사로 재물대를 천천히 내려 관찰 대상을 찾고, 미동 나사로 초점을 정확히 맞추어 관찰합니다.

2 원생생물

1 해캄과 짚신벌레 관찰하기 

구분	해캄	짚신벌레 영구★ 표본
맨눈	초록색을 띠며 가늘고 긴 모양임.	점처럼 보임.
돋보기	여러 가닥의 해캄이 뭉쳐 있고, 머리카락과 비슷함.	점이 여러 개인 것은 보이지만 자세한 생김새는 알 수 없음.
광학 현미경	긴 가닥이 여러 마디로 나누어져 있음.	길쭉한 모양이고, 몸 표면에 가는 털이 있음.

해캄을 광학 현미경으로 관찰할 때에는 표본을 만들어 관찰해요.

사용하는 염색액에 따라서 짚신벌레의 색깔이 다르게 보여요.

2 원생생물: 동물과 식물, 균류로 분류되지 않는 해캄, 짚신벌레와 같은 생물

3 원생생물의 특징

① 동물, 식물, 균류와 생김새가 다르고 구조가 단순합니다.
② 주로 물이 고여 있는 연못이나 물살이 느린 하천에 삽니다.

문제로

개념 탄탄

➔ 바른답·알찬풀이 39 쪽

정답 확인

1 오른쪽은 짚신벌레 같은 생물을 자세히 관찰할 수 있는 관찰 도구입니다. 이 관찰 도구의 이름을 써 봅시다.

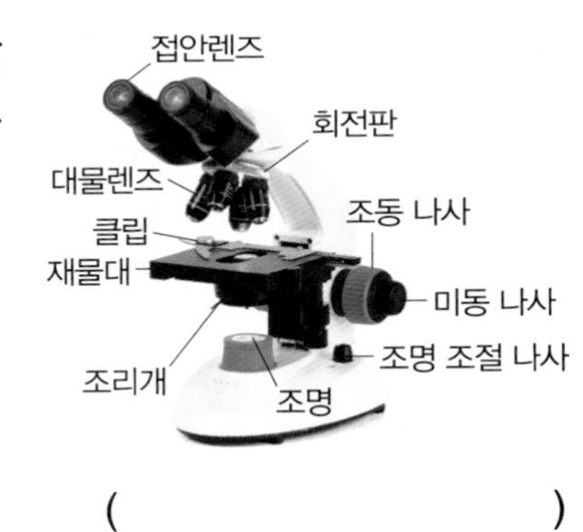

(　　　　　　　　　　)

2 해캄과 짚신벌레를 광학 현미경으로 관찰한 결과를 선으로 이어 봅시다.

(1) 해캄 •　　　　• ㉠ 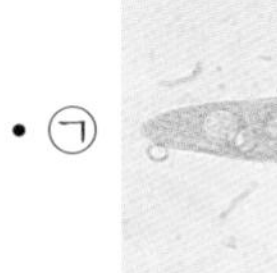

(2) 짚신벌레 •　　　　• ㉡ 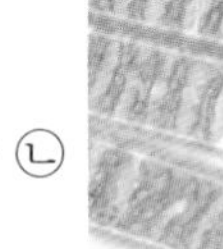

3 다음은 해캄과 짚신벌레에 대한 설명입니다. 옳은 것에 ○표, 옳지 않은 것에 ×표 해 봅시다.

(1) 해캄은 다른 생물을 먹으며 산다. (　　)

(2) 짚신벌레는 스스로 움직일 수 없다. (　　)

(3) 해캄과 짚신벌레는 모두 동물, 식물, 균류로 분류되지 않는다. (　　)

4 다음은 원생생물에 대한 설명입니다. (　　) 안에 들어갈 알맞은 말에 ○표 해 봅시다.

원생생물은 주로 물이 고여 있는 연못이나 물살이 (빠른, 느린) 하천에 산다.

5 단원

공부한 날 월 일

공부한 내용을

자신 있게 설명할 수 있어요.

설명하기 조금 힘들어요.

어려워서 설명할 수 없어요.

3 세균의 특징은 무엇일까요

❶ 세균의 크기 우리 주변에는 맨눈에 보이지 않지만 많은 세균이 있어요.

실험 관찰

- 세균은 매우 작아서 맨눈이나 돋보기로 볼 수 없습니다.
- 세균은 배율이 높은 현미경을 사용하여 관찰할 수 있습니다.

❷ 세균의 특징

1 세균의 특징 조사하기 탐구

세균	생김새		사는 곳
대장균		막대 모양으로 생김.	물, 큰창자
포도상 구균		• 공 모양으로 생김. • 여러 개가 뭉쳐 있음.	공기, 음식물, 피부
스트렙토코쿠스 무탄스		• 공 모양으로 생김. • 여러 개가 연결되어 있음.	치아
헬리코박터 파일로리		• 나선 모양으로 생김. • 꼬리가 있음.	위

대장균
사람이나 동물의 창자에 살고 있는 막대 모양의 세균으로, 특히 큰창자(대장)에 많이 살고 있어 대장균이라고 합니다. 대장균은 창자 이외의 부분에서는 병을 일으키기도 합니다.

2 세균의 특징

① 균류나 원생생물에 비해 크기가 매우 작고 생김새가 단순합니다.
② 세균의 생김새는 공 모양, 막대 모양, 나선 모양 등이 있고, 꼬리가 있는 세균도 있습니다.

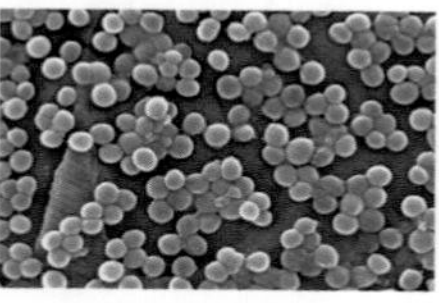
▲ 공 모양 세균

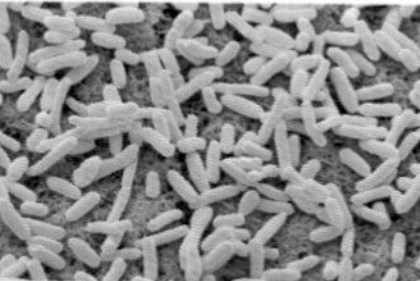
▲ 막대 모양 세균

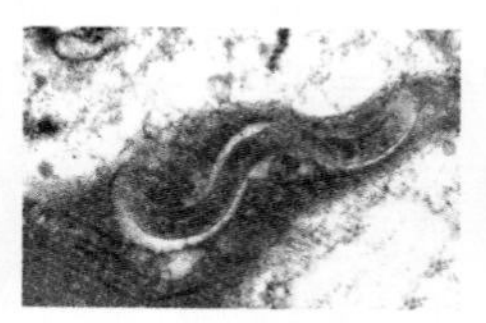
▲ 나선 모양 세균

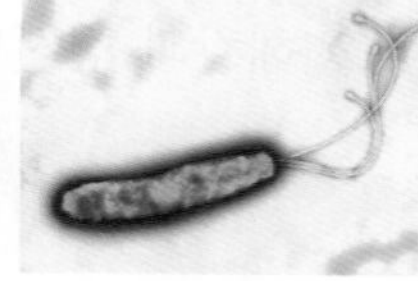
▲ 꼬리가 있는 세균

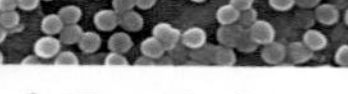

③ 하나씩 떨어져 있기도 하고 여러 개가 연결되어 있기도 합니다.
④ 살기에 알맞은 환경이 되면 짧은 시간 안에 많은 수로 늘어날 수 있습니다.
⑤ 우리 주변에 있는 흙이나 물, 다른 생물의 몸, 우리가 사용하는 물체 등 다양한 곳에서 삽니다.

용어 사전
- 창자 큰창자와 작은창자를 통틀어 이르는 말
- 나선 물체의 겉모양이 소라 껍데기처럼 빙빙 비틀린 것

바른답·알찬풀이 39 쪽

스스로 확인해요 『과학』 107 쪽

1 세균은 균류나 원생생물에 비해 크기가 매우 (작고, 크고), 생김새가 (단순, 복잡)합니다.
2 (의사소통 능력) 다양한 세균의 공통점이 무엇인지 이야기해 봅시다.

문제로

개념 탄탄

바른답·알찬풀이 40 쪽

정답 확인

1 다음 (　　) 안에 들어갈 알맞은 말에 ○표 해 봅시다.

세균은 크기가 매우 작아서 (돋보기, 현미경)을/를 사용해야 관찰할 수 있다.

2 균류, 원생생물, 세균 중 크기가 가장 작은 생물은 어느 것인지 써 봅시다.

(　　　　　　　　)

3 세균의 다양한 생김새를 선으로 이어 봅시다.

(1) 공 모양 세균 •　　　　• ㉠

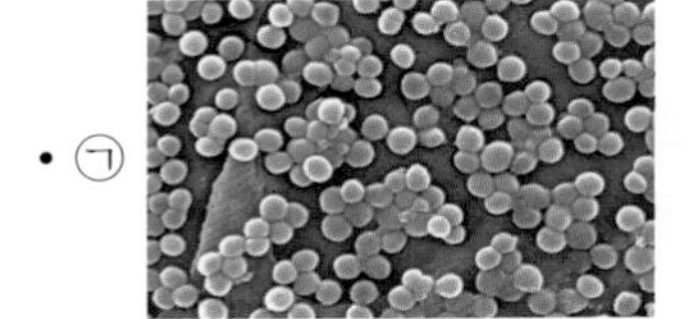

(2) 막대 모양 세균 •　　　　• ㉡

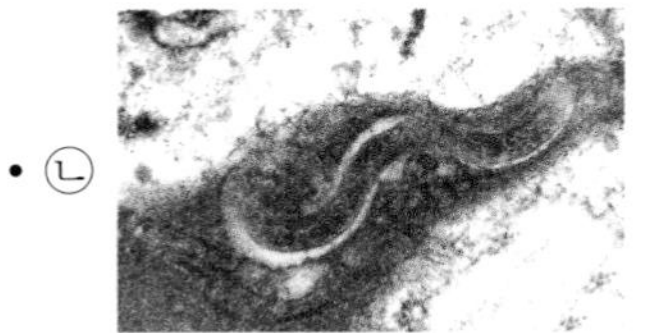

(3) 나선 모양 세균 •　　　　• ㉢

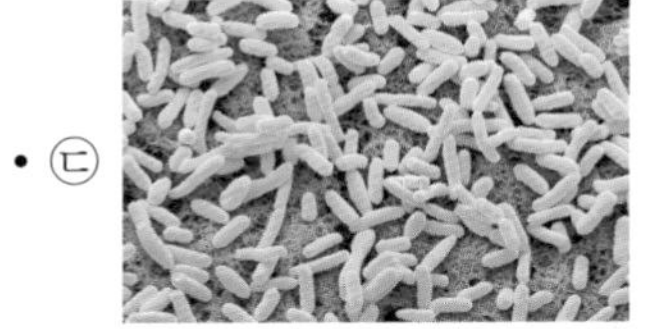

4 다음은 세균에 대한 설명입니다. 옳은 것에 ○표, 옳지 않은 것에 ×표 해 봅시다.

(1) 다른 생물의 몸에서는 살 수 없다. (　　)

(2) 하나씩 떨어져 있기도 하고 여러 개가 연결되어 있기도 하다. (　　)

(3) 살기에 알맞은 환경이 되면 짧은 시간 안에 많은 수로 늘어난다. (　　)

5 단원

공부한 날 월 일

공부한 내용을

- 자신 있게 설명할 수 있어요.
- 설명하기 조금 힘들어요.
-  어려워서 설명할 수 없어요.

01 다음 중 균류에 속하는 생물로 옳은 것을 두 가지 골라 봅시다. (,)

① 버섯
② 세균
③ 해캄
④ 곰팡이
⑤ 짚신벌레

[02~03] 오른쪽은 빵에 자란 곰팡이의 모습을 나타낸 것입니다. 물음에 답해 봅시다.

02 위 곰팡이를 가장 자세히 관찰할 수 있는 관찰 도구로 옳은 것을 보기에서 골라 기호를 써 봅시다.

보기
㉠ 맨눈 ㉡ 돋보기 ㉢ 실체 현미경

( )

중요
03 위 곰팡이에 대한 설명으로 옳지 않은 것은 어느 것입니까? ( )

① 포자로 번식한다.
② 여름철에 자주 볼 수 있다.
③ 스스로 양분을 만들 수 있다.
④ 몸 전체가 균사로 이루어져 있다.
⑤ 따뜻하고 축축한 환경에서 잘 자란다.

04 버섯과 식물의 차이점에 대한 설명으로 옳은 것을 보기에서 골라 기호를 써 봅시다.

보기
㉠ 버섯은 씨로 번식하고, 식물은 포자로 번식한다.
㉡ 버섯은 균사로 이루어져 있고, 식물은 뿌리, 줄기, 잎, 꽃 등으로 이루어져 있다.
㉢ 버섯은 스스로 양분을 만들고, 식물은 죽은 생물이나 다른 생물에서 양분을 얻는다.

( )

05 다음은 광학 현미경으로 짚신벌레 영구 표본을 관찰하는 과정을 순서 없이 나타낸 것입니다. 광학 현미경 사용법에 맞게 순서대로 기호를 써 봅시다.

(가) 회전판을 돌려 배율이 가장 낮은 대물렌즈가 가운데에 오게 한다.
(나) 현미경을 옆에서 보면서 조동 나사로 재물대를 올려 표본과 대물렌즈 사이의 거리를 최대한 가깝게 한다.
(다) 전원을 켜고 조리개로 빛의 양을 조절한 뒤 표본을 재물대의 가운데에 고정한다.
(라) 접안렌즈로 표본을 보면서 조동 나사로 재물대를 천천히 내려 짚신벌레를 찾고, 미동 나사로 초점을 정확히 맞춰 관찰한다.

( ) → ( ) → ( ) → ( )

중요
06 짚신벌레와 해캄 중 다음과 같은 특징을 가지는 생물은 어느 것인지 써 봅시다.

• 원생생물에 속한다.
• 스스로 움직일 수 없지만, 스스로 양분을 만들어 산다.

( )

중요

07 다음은 해캄과 짚신벌레를 광학 현미경으로 관찰한 결과를 순서 없이 나타낸 것입니다. (   ) 안에 들어갈 알맞은 이름을 각각 써 봅시다.

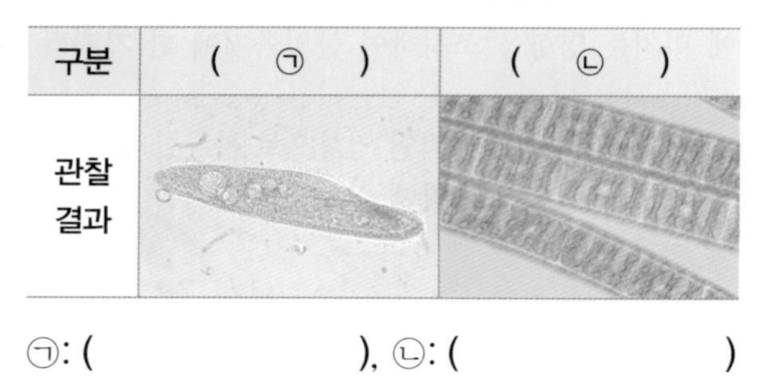

구분	(㉠)	(㉡)
관찰 결과		

㉠: (   ), ㉡: (   )

서술형

08 원생생물의 특징을 사는 환경과 관련지어 설명해 봅시다.

09 다음은 세균에 대한 학생 (가)~(다)의 대화입니다. 잘못 말한 학생은 누구인지 써 봅시다.

(   )

중요

10 다음 중 세균의 특징에 대한 설명으로 옳지 않은 것은 어느 것입니까? (   )

① 꼬리가 있는 세균이 있다.
② 균류나 원생생물에 비해 크기가 크다.
③ 균류나 원생생물보다 생김새가 단순하다.
④ 공 모양, 막대 모양, 나선 모양 등이 있다.
⑤ 하나씩 떨어져 있기도 하고 여러 개가 연결되어 있기도 하다.

11 다음 중 막대 모양 세균의 모습으로 옳은 것은 어느 것입니까? (   )

① 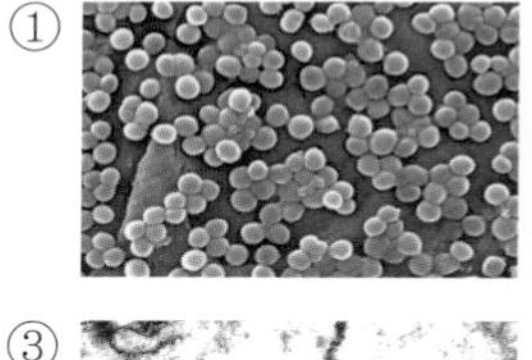
② 
③ 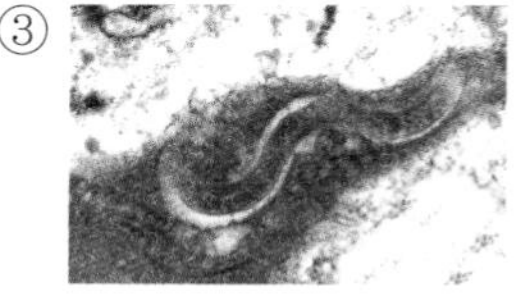
④ 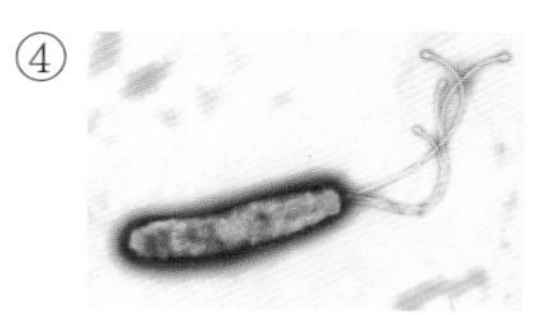

서술형

12 세균은 살기에 알맞은 환경이 되면 어떻게 되는지 번식과 관련지어 설명해 봅시다.

5 단원

공부한 날 월 일

다양한 생물이 우리 생활에 미치는 영향은 무엇일까요

1 곰팡이, 원생생물, 세균 등이 우리 생활에 미치는 영향 조사하기 탐구

균류가 우리 생활에 미치는 긍정적인 영향

- 버섯은 식품으로 이용됩니다.
- 곰팡이와 버섯은 죽은 생물을 분해합니다.
- 효모는 곡식이나 과일을 발효시켜 빵이나 술을 만드는 데 활용됩니다.

탐구 과정

1. 다양한 생물이 우리 생활에 미치는 영향을 조사하여 붙임쪽지에 한 가지씩 적습니다.
2. 붙임쪽지에 적은 내용을 긍정적인 영향과 부정적인 영향으로 분류합니다.
3. 분류 결과를 바탕으로 다양한 생물이 우리 생활에 어떤 영향을 미치는지 토의합니다.

탐구 결과

긍정적인 영향	부정적인 영향
• 곰팡이를 활용해 된장을 만든다. • 원생생물이 산소를 만든다. • 세균이 김치를 익게 한다.	• 곰팡이가 음식을 상하게 한다. • 원생생물이 적조*를 일으킨다. • 세균이 사람에게 질병을 일으킨다.

다양한 생물이 우리 생활에 미치는 부정적인 영향을 줄이기 위해 우리가 할 수 있는 일

- 질병을 일으키는 곰팡이와 세균을 막기 위해 손을 깨끗하게 씻습니다.
- 음식이 상하지 않게 하기 위해 냉장고에 음식을 보관합니다.
- 음식을 충분히 익혀 먹습니다.

2 다양한 생물이 우리 생활에 미치는 영향

구분	긍정적인 영향	부정적인 영향
곰팡이	된장, 간장 등의 음식을 만드는 데 활용됨.	음식이나 주변의 물건 등을 상하게 함.
원생생물	주로 다른 생물의 먹이가 되거나 산소를 만들기도 함.	적조를 일으킴. 여러 생물에게 피해를 줘요.
세균	김치, 요구르트 등의 음식을 만드는 데 활용됨.	질병을 일으킴. 공기, 물, 음식, 물건 등을 거쳐 다른 생물로 옮아가요.

→ 다양한 생물은 음식을 만드는 데 활용되거나 산소를 만드는 등 우리 생활에 긍정적인 영향을 미치기도 하고, 음식을 상하게 하거나 질병을 일으키는 등 부정적인 영향을 미치기도 합니다.

용어 사전

* 적조 특정 원생생물의 수가 비정상적으로 많아져 바닷물의 색깔이 붉게 보이는 현상

바른답·알찬풀이 41 쪽

스스로 확인해요 『과학』 109 쪽

1 곰팡이, 원생생물, 세균 등은 우리 생활에 부정적인 영향만 미칩니다. (○, ×)

2 (의사소통 능력) 곰팡이, 원생생물, 세균 등이 우리 생활에 미치는 부정적인 영향을 줄이기 위해 우리가 실천할 수 있는 것에는 무엇이 있는지 이야기해 봅시다.

→ 바른답·알찬풀이 41 쪽

정답 확인

1 다음은 곰팡이, 원생생물, 세균이 우리 생활에 미치는 영향에 대한 설명입니다. 옳은 것에 ○표, 옳지 않은 것에 ×표 해 봅시다.

(1) 세균이 김치를 익게 한다. ( )

(2) 곰팡이를 활용해 요구르트를 만든다. ( )

(3) 원생생물은 주로 다른 생물의 먹이가 된다. ( )

2 다음 ( ) 안에 들어갈 알맞은 말을 써 봅시다.

원생생물은 생물이 사는 데 필요한 ( )을/를 만들기도 한다.

( )

3 다음 중 곰팡이나 세균이 활용된 음식이 아닌 것을 골라 기호를 써 봅시다.

㉠ 
된장

㉡ 
두부

㉢ 
김치

( )

4 곰팡이, 원생생물, 세균 중 적조를 일으키는 생물은 어느 것인지 써 봅시다.

( )

5 다음은 다양한 생물이 우리 생활에 미치는 영향에 대한 설명입니다. ( ) 안에 들어갈 알맞은 말에 각각 ○표 해 봅시다.

다양한 생물은 음식을 만드는 데 활용되거나 산소를 만드는 등 우리 생활에 ㉠ (긍정적인, 부정적인) 영향을 미치기도 하고, 음식을 상하게 하거나 질병을 일으키는 등 ㉡ (긍정적인, 부정적인) 영향을 미치기도 한다.

5 단원

공부한 날 월 일

공부한 내용을

 자신 있게 설명할 수 있어요.

 설명하기 조금 힘들어요.

 어려워서 설명할 수 없어요.

5 첨단 생명 과학은 우리 생활에 어떻게 이용될까요

1 첨단 생명 과학

최신의 생명 과학 기술을 활용하여 생물의 특성을 연구하고 우리 생활에 이용하는 과학이에요.

첨단 생명 과학은 생물의 다양한 특성을 활용하여 우리 생활의 여러 가지 문제를 해결해 줍니다.

2 첨단 생명 과학이 우리 생활에 이용된 예

1 첨단 생명 과학이 우리 생활에 이용된 예 조사하기 탐구

탐구 과정

❶ 모둠별로 첨단 생명 과학에 활용된 균류, 원생생물, 세균 중에서 조사하고 싶은 생물을 선택합니다.
❷ 선택한 생물을 활용한 첨단 생명 과학이 우리 생활에 이용된 예를 조사합니다.
❸ 조사한 내용으로 보고서를 작성하여 정리합니다.

탐구 결과

예시

원생생물을 활용하여 만든 건강식품

↑ 영양소가 많은 원생생물을 활용하여 만든 건강식품

영양소가 많은 원생생물을 활용하여 건강식품을 만듭니다. 이 건강식품이 우리가 건강한 생활을 할 수 있게 도와줍니다.

2 첨단 생명 과학이 우리 생활에 이용된 예

① 질병 치료: 세균을 자라지 못하게 하는 특성이 있는 균류를 활용하여 질병을 치료하는 약을 만듭니다.
② 친환경 연료 생산: 기름 성분을 많이 가지고 있는 원생생물을 활용하여 오염 물질이 덜 나오는 친환경 연료를 만듭니다.
③ 플라스틱 분해: 플라스틱을 분해하는 특성이 있는 세균을 활용하여 플라스틱을 분해합니다.

균류, 원생생물, 세균 등을 첨단 생명 과학에 활용해요.

↑ 곰팡이를 활용하여 만든 질병을 치료하는 약

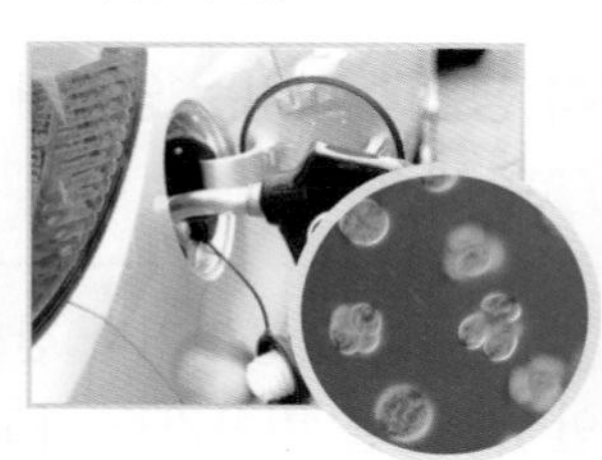

↑ 원생생물을 활용하여 만든 친환경 연료

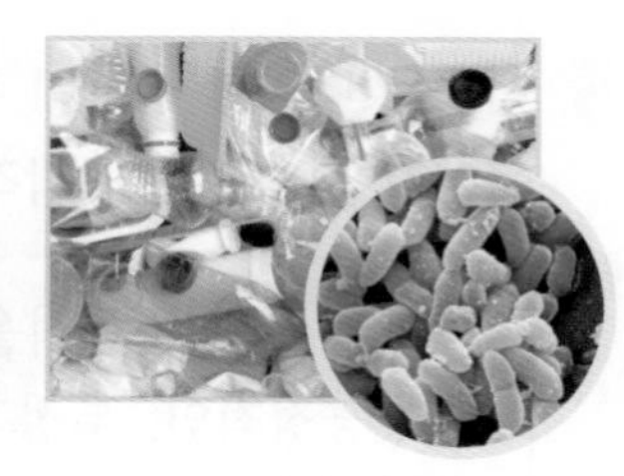

↑ 세균을 활용한 플라스틱 분해

실험 관찰

첨단 생명 과학이 우리 생활에 이용된 또 다른 예

- 플라스틱의 원료를 가진 세균을 활용하여 플라스틱을 만듭니다.
- 음식물 쓰레기를 분해하는 원생생물을 활용하여 음식물 쓰레기를 처리합니다.
- 오염된 물질을 분해하는 특성이 있는 균류를 활용하여 오염된 하천이나 토양을 깨끗하게 합니다.
- 해충을 없애는 특성이 있는 균류나 세균을 활용하여 친환경 생물★ 농약을 만들어 농작물의 피해를 줄이고 환경 오염도 줄일 수 있습니다.

용어 사전

★ 생물 농약 화학 물질로 만든 살충제 대신에 해충의 천적 등을 이용하는 약제를 이르는 말

바른답·알찬풀이 41 쪽

스스로 확인해요 『과학』 111 쪽

1 첨단 생명 과학은 동물과 식물의 특성만 연구합니다. (○, ×)
2 (의사소통 능력) 첨단 생명 과학이 발전하면 어떤 점이 좋은지 이야기해 봅시다.

문제로 개념 탄탄

➜ 바른답·알찬풀이 41 쪽

정답 확인

1 오른쪽은 영양소가 많은 어떤 생물을 활용하여 만든 건강식품입니다. 이 건강식품에 활용되는 생물로 옳은 것을 보기에서 골라 기호를 써 봅시다.

보기
㉠ 균류 ㉡ 원생생물 ㉢ 세균

( )

2 다음 생물이 첨단 생명 과학에 활용되는 예를 선으로 이어 봅시다.

(1)	세균을 자라지 못하게 하는 균류	㉠	질병 치료
(2)	기름 성분을 많이 가지고 있는 원생생물	㉡	플라스틱 분해
(3)	플라스틱을 분해하는 세균	㉢	친환경 연료 생산

3 다음 ( ) 안에 들어갈 알맞은 말에 ○표 해 봅시다.

균류인 (곰팡이, 세균)을/를 활용해 질병을 치료하는 약을 만든다.

4 다음은 첨단 생명 과학이 우리 생활에 이용된 예입니다. ( ) 안에 들어갈 알맞은 말을 써 봅시다.

해충을 없애는 특성이 있는 균류나 ( )을/를 활용해 친환경 생물 농약을 만들어 농작물의 피해를 줄이고 환경 오염도 줄일 수 있다.

( )

5 단원

공부한 날 월 일

창의적으로 생각해요 『과학』 113 쪽

내가 첨단 생명 과학자라면 대장균을 어떻게 활용할지 이야기해 봅시다.

예시 답안
- 대장균이 빠른 시간 안에 많은 수로 늘어나는 특성을 활용해 질병을 치료하는 약을 많이 만든다.
- 대장균이 우리 몸속에 있는 음식물 찌꺼기를 분해하여 바이타민을 만드는 특성을 활용해 영양제를 만든다.

공부한 내용을
- 자신 있게 설명할 수 있어요.
- 설명하기 조금 힘들어요.
- 어려워서 설명할 수 없어요.

01 다음 중 세균이 우리 생활에 미치는 긍정적인 영향으로 옳은 것을 두 가지 골라 봅시다.

(,)

① 질병을 일으킨다.
② 김치를 익게 한다.
③ 음식을 상하게 한다.
④ 다른 생물의 먹이가 된다.
⑤ 요구르트를 만드는 데 활용된다.

02 오른쪽과 같이 적조를 일으켜 여러 생물에게 피해를 주는 생물로 옳은 것을 보기에서 골라 기호를 써 봅시다.

보기
㉠ 곰팡이 ㉡ 원생생물 ㉢ 세균

( )

중요
03 곰팡이, 원생생물, 세균 중 우리 생활에 다음과 같은 영향을 미치는 생물은 어느 것인지 써 봅시다.

• 음식을 상하게 한다.
• 된장, 간장을 만드는 데 활용된다.

( )

04 다음 중 주로 다른 생물의 먹이가 되는 생물을 골라 기호를 써 봅시다.

㉠ 곰팡이

㉡ 
원생생물

㉢ 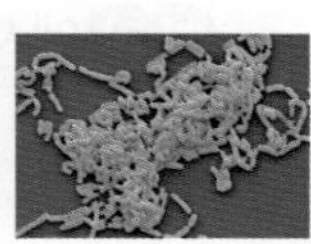
세균

( )

중요
05 다양한 생물이 우리 생활에 미치는 부정적인 영향으로 옳지 않은 것을 보기에서 골라 기호를 써 봅시다.

보기
㉠ 세균이 질병을 일으킨다.
㉡ 원생생물이 산소를 만든다.
㉢ 곰팡이가 물건을 상하게 한다.

( )

서술형
06 균류가 우리 생활에 미치는 긍정적인 영향을 두 가지 설명해 봅시다.

중요
07 다음 중 첨단 생명 과학이 우리 생활에 이용된 예로 옳지 않은 것은 어느 것입니까? ( )

① 세균이 김치를 익게 한다.
② 세균을 활용해 플라스틱을 만든다.
③ 플라스틱을 분해하는 데 세균을 활용한다.
④ 해충을 없애는 곰팡이를 활용해 친환경 생물 농약을 만든다.
⑤ 오염된 하천이나 토양을 깨끗하게 하는 데 균류를 활용한다.

08 다음은 첨단 생명 과학이 우리 생활에 이용된 예입니다. ( ) 안에 들어갈 알맞은 말을 써 봅시다.

> 세균을 자라지 못하게 하는 특성이 있는 균류를 활용하여 질병을 치료하는 ( ) 을/를 만든다.

( )

09 플라스틱 제품을 만드는 데 활용되는 생물로 옳은 것을 보기에서 골라 기호를 써 봅시다.

보기
㉠ 해충을 없애는 균류
㉡ 플라스틱의 원료를 가지고 있는 세균
㉢ 기름 성분을 많이 가지고 있는 원생생물

( )

서술형
10 해충을 없애는 특성이 있는 균류나 세균을 활용하여 만든 친환경 생물 농약의 좋은 점을 두 가지 설명해 봅시다.

....

....

11 다음 중 오염 물질이 덜 나오는 연료를 만드는 데 활용되는 생물을 골라 기호를 써 봅시다.

㉠ 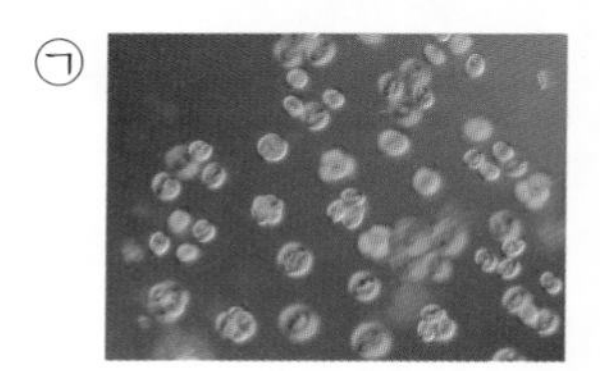
기름 성분을 많이 가지고 있는 원생생물

㉡ 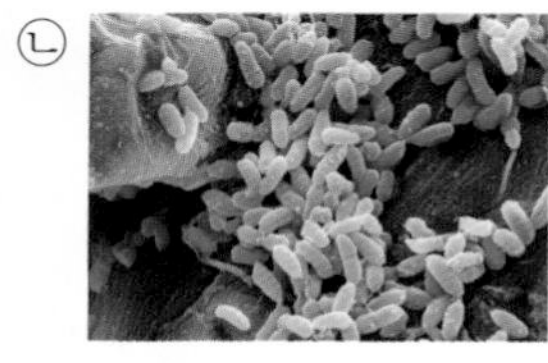
플라스틱을 분해하는 특성이 있는 세균

( )

중요
12 다음은 어떤 생물이 첨단 생명 과학에 활용된 예를 나타낸 것입니다. 이에 활용된 생물의 특성으로 옳은 것은 어느 것입니까? ( )

건강식품 생산

① 영양소가 많다.
② 플라스틱을 분해한다.
③ 음식물 쓰레기를 분해한다.
④ 세균을 자라지 못하게 한다.
⑤ 플라스틱의 원료를 가지고 있다.

5 단원
공부한 날 월 일

세균에 대한 내 생각을 정리하여 글 쓰기

세균은 맨눈에 보이지 않지만 흙이나 물, 다른 생물의 몸, 우리가 사용하는 물체 등 우리 주변 어디에나 있습니다. 다음 나라네 집의 모습을 살펴보고, 우리에게 여러 가지 영향을 미치는 세균에 대한 내 생각을 정리하여 글을 써 봅시다.

▲ 수세미에 있는 세균 (6765 배)

▲ 피부병을 일으키는 세균 (2054 배)

▲ 치아에 충치★를 생기게 하는 세균 (4800 배)

▲ 요구르트를 만드는 데 활용되는 세균 (2500 배)

▲ 김치를 익게 하는 세균 (2842 배)

세균이 우리 생활에 미치는 영향

우리 주변에는 맨눈에 보이지 않지만 많은 세균이 있습니다. 김치, 요구르트 등의 음식을 만드는 데 활용되는 세균은 우리 생활에 긍정적인 영향을 미칩니다. 하지만 음식이나 물건을 상하게 하거나 질병을 일으키는 세균은 우리 생활에 부정적인 영향을 미치기도 합니다. 이와 같이 세균은 우리 생활에 긍정적인 영향을 미치기도 하고 부정적인 영향을 미치기도 합니다.

용어 사전

★ **충치** 세균 따위의 영향으로 벌레가 파먹은 것처럼 이가 침식되는 질환

❶ 앞의 나라네 집의 모습에서 세균이 미치는 긍정적인 영향과 부정적인 영향을 구분해 봅시다.

세균이 우리 생활에 도움을 주면 긍정적인 영향으로, 피해를 주면 부정적인 영향으로 구분해 보아요.

- 김치를 익게 하는 세균: 긍정적인 영향
- 수세미에 있는 세균: 부정적인 영향
- 피부병을 일으키는 세균: 부정적인 영향
- 치아에 충치를 생기게 하는 세균: 부정적인 영향
- 요구르트를 만드는 데 활용되는 세균: 긍정적인 영향

❷ 다음의 의견을 읽고 세균이 우리 생활에 미치는 영향에 대한 내 생각을 정리하여 글을 써 봅시다.

세균이 우리 생활에 미치는 영향에 대해 충분히 생각해 보고, 내 생각을 뒷받침하는 근거를 제시하여 자유롭게 표현할 수 있어요.

세균은 김치를 맛있게 익게 하므로 우리에게 긍정적인 영향을 미치는 생물이라고 생각해요.

세균이 우리 생활에 미치는 영향에 대한 내 생각

예시 답안 세균은 김치를 맛있게 익게 하는 것뿐만 아니라 요구르트 등 음식을 만드는 데 활용되기도 하여 우리 생활에 긍정적인 영향을 미친다. 하지만 치아에 충치를 생기게 하거나 질병을 일으키는 등 부정적인 영향을 미치기도 한다. 그러므로 긍정적인 영향을 미치는 세균은 잘 활용하고, 부정적인 영향을 미치는 세균은 우리에게 해롭게 작용하지 않도록 주의하면서 세균과 함께 살아가야 하겠다.

5 단원

공부한 날 월 일

교과서 쏙쏙

이렇게 정리해요

빈칸에 알맞은 말을 넣고, 『과학』 125 쪽에서 알맞은 붙임딱지를 찾아 붙여 내용을 정리해 봅시다.

균류

- 몸 전체가 ❶ 균사 (으)로 이루어져 있음.
- ❷ 포자 (으)로 번식함.
- 주로 죽은 생물이나 다른 생물에서 양분을 얻음.
- 따뜻하고 축축한 환경에서 잘 자람.

10 배
버섯

50 배
곰팡이

풀이 버섯과 곰팡이 등의 균류는 몸 전체가 균사로 이루어져 있고 포자를 만들어 번식합니다.

원생생물

- 동물이나 식물, 균류로 분류되지 않음.
- 생김새가 다양함.
- 주로 물이 고여 있는 연못, 물살이 느린 하천 등에서 삶.

해캄

짚신벌레

풀이 원생생물은 동물과 식물, 균류로 분류되지 않는 생물로, 해캄, 짚신벌레 등이 있습니다.

세균

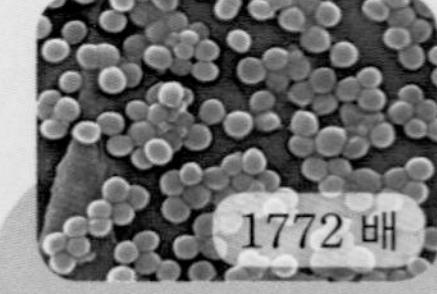

공 모양 세균

막대 모양 세균

나선 모양 세균

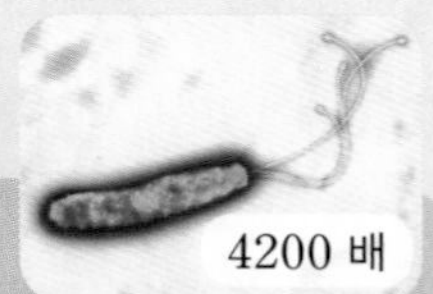

꼬리가 있는 세균

- 균류나 원생생물에 비해 크기가 매우 ❸ (작고, 크고), 생김새가 단순함.
- 우리 주변의 흙, 물, 다른 생물의 몸, 우리가 사용하는 물체 등 다양한 곳에서 삶.
- 살기에 알맞은 환경이 되면 짧은 시간 안에 많은 수로 늘어남.

풀이 세균은 균류나 원생생물에 비해 크기가 매우 작기 때문에 배율이 높은 현미경으로 관찰해야 볼 수 있습니다.

다양한 생물이 우리 생활에 미치는 영향

● 긍정적인 영향

균류인 ❹ (버섯, 곰팡이)을/를 활용해 된장, 간장 등을 만듦.

원생생물은 다른 생물의 먹이가 되거나 산소를 만들기도 함.

❺ 세균 이/가 김치를 익게 함.

● 부정적인 영향

균류인 곰팡이가 음식을 상하게 함.

원생생물이 적조를 일으킴.

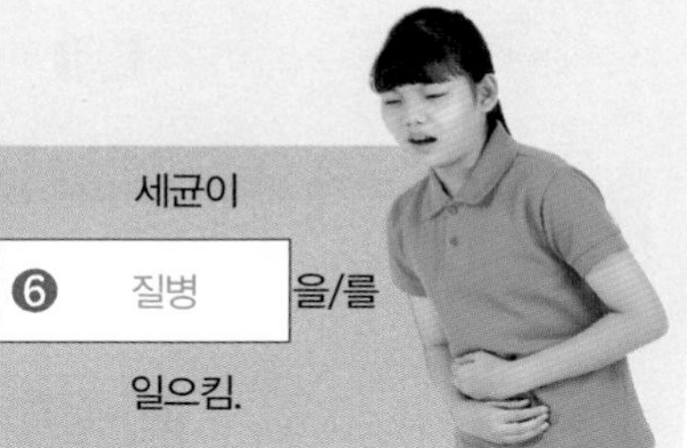

세균이 ❻ 질병 을/를 일으킴.

풀이 된장이나 간장을 만드는 데 곰팡이가 활용되고 세균이 김치를 익게 합니다. 또, 세균이 질병을 일으키기도 합니다.

다양한 생물과 우리 생활

첨단 생명 과학이 우리 생활에 이용된 예

균류를 활용하여 질병을 치료하는 약을 만듦.

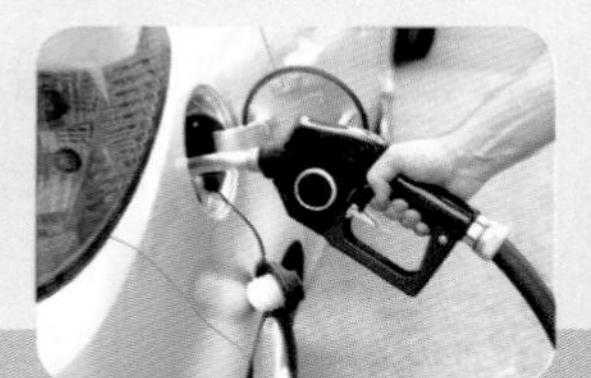

원생생물을 활용하여 연료를 만듦.

세균이 플라스틱을 분해함.

직업 탐험하기

생물을 활용해 약을 만드는 바이오 의약품 개발 전문가

『과학』 118 쪽

바이오 의약품 개발 전문가는 인공적으로 만들어 낸 물질이 아닌 생물에서 얻은 물질을 활용하여 약을 개발합니다. 생물을 이용해 다양한 방법으로 연구하고, 그 과정을 꼼꼼히 정리하고 기록해서 분석하는 일을 합니다. 바이오 의약품 개발 전문가가 되려면 생물에 관심을 가지고 전문적인 공부를 해야 하며, 실험 기구 등을 다루는 것에 흥미도 있어야 합니다.

창의적으로 생각해요

내가 바이오 의약품 개발 전문가라면 어떤 생물을 활용해 어떤 질병을 치료하는 의약품을 만들고 싶은지 자유롭게 이야기해 봅시다.

예시 답안

- 세균을 이용하여 암을 치료하는 약을 만들고 싶다.
- 곰팡이를 이용하여 머리카락이 자라게 하는 약을 만들고 싶다.

1 다음은 버섯과 곰팡이에 대한 설명입니다. (　　) 안에 들어갈 알맞은 말을 써 봅시다.

> 버섯과 곰팡이는 따뜻하고 축축한 환경에서 잘 자라고, 주로 죽은 생물이나 다른 생물에서 양분을 얻는다. 이러한 버섯, 곰팡이와 같은 생물을 (　　　)(이)라고 한다.

(균류)

풀이 버섯이나 곰팡이와 같이 몸 전체가 균사로 이루어져 있고 포자로 번식하는 생물을 균류라고 합니다.

2 다음 중 원생생물에 대한 설명으로 옳은 것은 어느 것입니까? (⑤)

① 균사로 이루어져 있다.
② 물속에 사는 식물이다.
③ 초록색을 띠는 식물이다.
④ 스스로 움직이는 동물이다.
⑤ 짚신벌레와 해캄이 이에 속한다.

풀이 짚신벌레와 해캄과 같은 생물을 원생생물이라고 합니다. 원생생물은 동물이나 식물로 분류되지 않는 동물과 식물 이외의 생물입니다.

3 다음 중 세균에 대한 설명으로 옳은 것을 두 가지 골라 봅시다.

(③ , ⑤)

① 포자로 번식한다.
② 여름철에만 볼 수 있다.
③ 흙, 물, 생물의 몸속 등에 산다.
④ 우리에게 부정적인 영향만 미친다.
⑤ 원생생물에 비해 크기가 매우 작고 단순한 구조로 되어 있다.

풀이 세균은 흙, 물, 생물의 몸, 우리가 사용하는 물체 등 어디에서나 살며, 크기가 매우 작고 단순한 구조로 되어 있습니다.

4 다음 생물의 공통점으로 옳은 것은 어느 것입니까? (④)

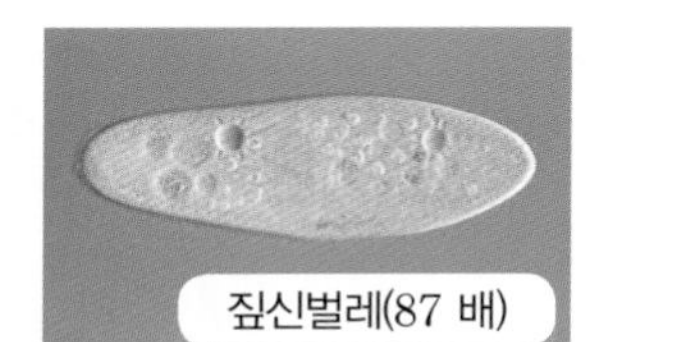
짚신벌레(87 배)

버섯

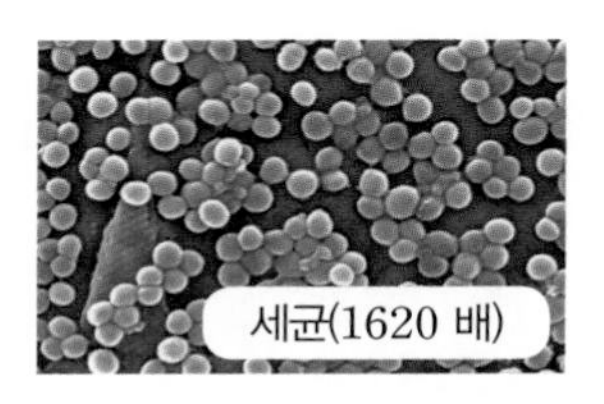
세균(1620 배)

① 동물이다. ② 식물이다.
③ 물속에서 산다. ④ 동물이나 식물에 속하지 않는다.
⑤ 맨눈으로 볼 수 있는 정도의 크기이다.

풀이 원생생물인 짚신벌레, 균류인 버섯, 세균은 동물이나 식물에 속하지 않는 동물과 식물 이외의 생물입니다.

5 단원

공부한 날 월 일

5 다음 보기 는 다양한 생물이 우리 생활에 미치는 영향입니다. 긍정적인 영향과 부정적인 영향을 찾아 각각 기호를 써 봅시다.

보기
㉠ 세균이 김치를 익게 한다. ㉡ 원생생물이 산소를 만든다.
㉢ 곰팡이가 음식을 상하게 한다. ㉣ 세균이 사람에게 질병을 일으킨다.

(1) 긍정적인 영향: (㉠, ㉡) (2) 부정적인 영향: (㉢, ㉣)

풀이 다양한 생물은 우리 생활에 긍정적인 영향을 미치기도 하고, 부정적인 영향을 미치기도 합니다.

사고력 | 탐구 능력

6 다음은 첨단 생명 과학이 우리 생활에 이용된 예입니다. 이 외에 균류, 원생생물, 세균을 활용한 첨단 생명 과학이 우리 생활에 이용된 예를 한 가지 설명해 봅시다.

세균을 자라지 못하게 하는 특성이 있는 곰팡이를 활용해 질병을 치료하는 약을 만든다.

곰팡이를 활용하여 만든 약
곰팡이

예시 답안 원생생물을 활용하여 오염 물질이 덜 나오는 연료를 만든다. 세균을 활용하여 플라스틱을 분해한다. 등

풀이 균류, 원생생물, 세균은 첨단 생명 과학에 다양하게 활용됩니다. 기름 성분을 많이 가지고 있는 원생생물을 활용하여 오염 물질이 덜 나오는 연료를 만들기도 하고, 세균을 활용하여 플라스틱을 분해하기도 합니다.

그림으로 단원 정리하기

● 그림을 보고, 빈칸에 알맞은 내용을 써 봅시다.

01 균류

G 114 쪽

❶ (   )

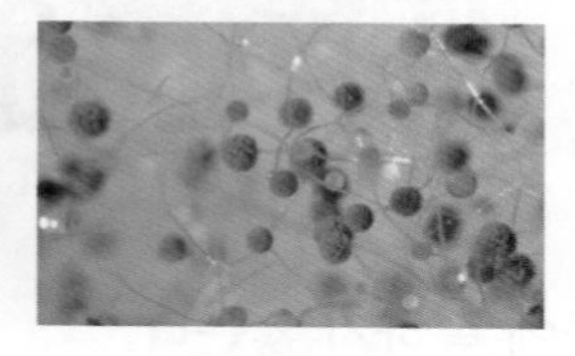

곰팡이

버섯과 곰팡이 같은 균류는 몸 전체가 균사로 이루어져 있고 포자로 번식합니다.

죽은 나무에 자란 버섯

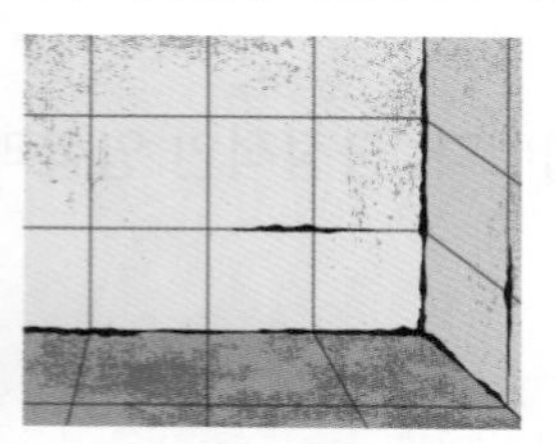

화장실 벽면에 자란 곰팡이

균류는 주로 죽은 생물이나 다른 생물에서 양분을 얻으며, 따뜻하고 축축한 환경에서 잘 자랍니다.

02 원생생물

G 116 쪽

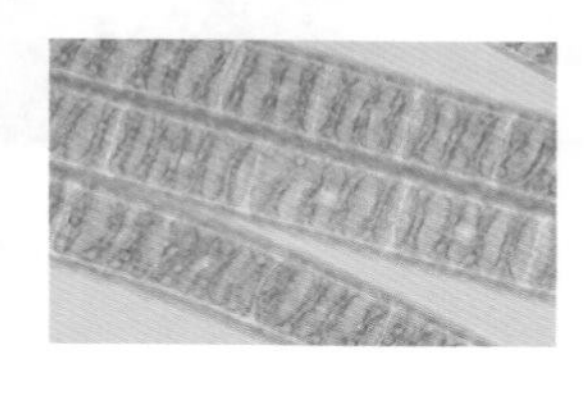

해캄

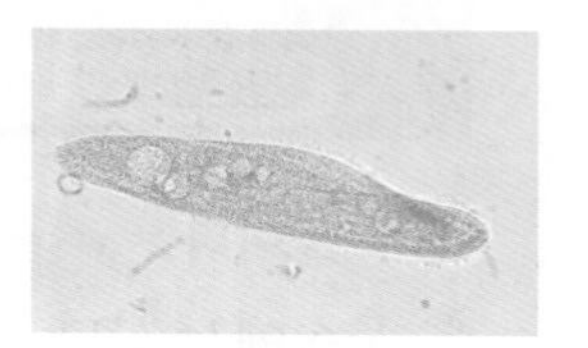

❷ (   )

해캄과 짚신벌레 같은 원생생물은 동물, 식물, 균류로 분류되지 않습니다.

물이 고여 있는 연못

물살이 느린 하천

원생생물은 주로 논, 연못과 같이 물이 고인 곳이나 도랑, 하천과 같이 물살이 느린 곳에 삽니다.

03 세균

G 118 쪽

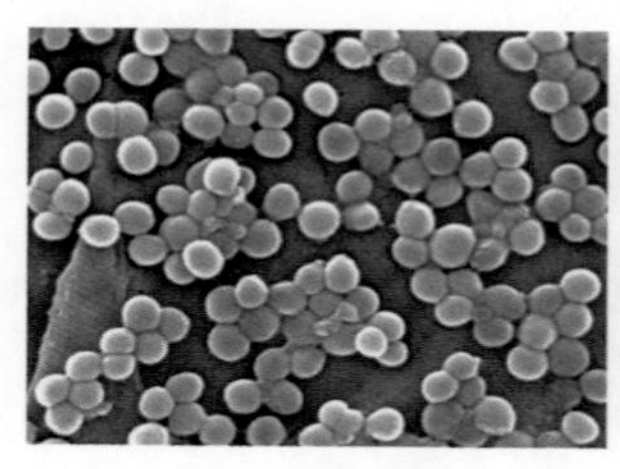

공 모양 세균

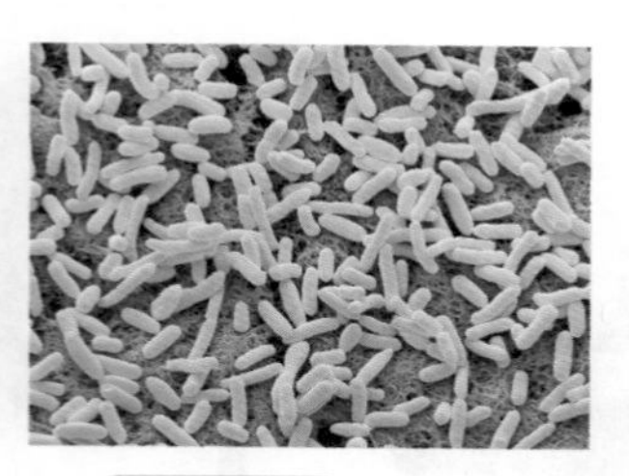

❸ (   ) 모양 세균

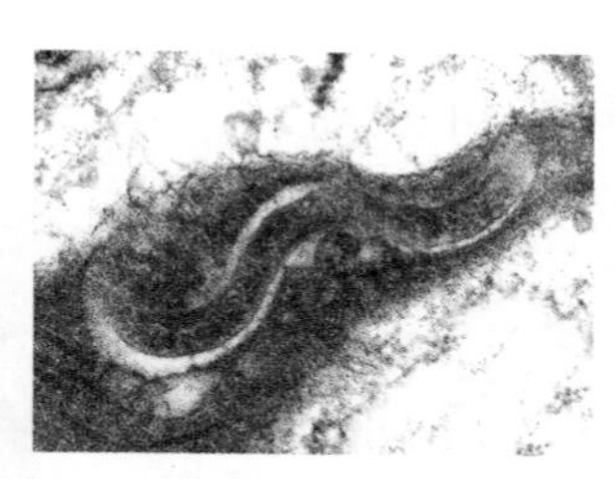

나선 모양 세균

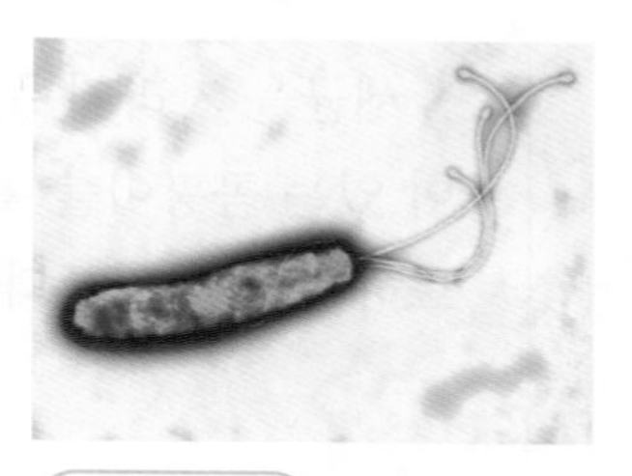

❹ (   ) 이/가 있는 세균

세균은 크기가 매우 작고 생김새가 단순합니다. 세균의 생김새는 공 모양, 막대 모양, 나선 모양 등이 있고, 꼬리가 있는 세균도 있습니다.

04 다양한 생물이 우리 생활에 미치는 영향

G 122 쪽

된장을 만드는 데 활용되는 ❺ (　　　)

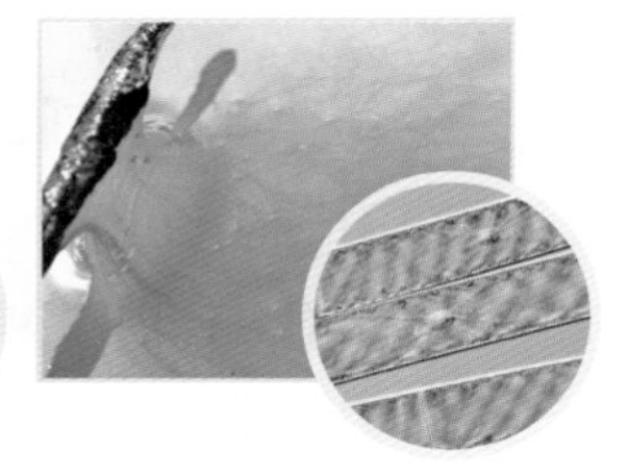
산소를 만드는 ❻ (　　　)

음식을 상하게 하는 곰팡이

❼ (　　　) 을/를 일으키는 원생생물

김치를 만드는 데 활용되는 세균

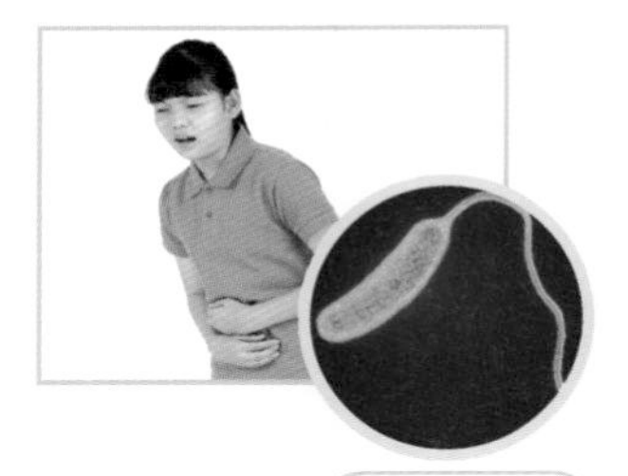
질병을 일으키는 ❽ (　　　)

다양한 생물은 음식을 만드는 데 활용되거나 산소를 만드는 등 우리 생활에 긍정적인 영향을 미칩니다.

다양한 생물은 음식을 상하게 하거나 질병을 일으키는 등 우리 생활에 부정적인 영향을 미치기도 합니다.

05 첨단 생명 과학이 우리 생활에 이용된 예

G 124 쪽

❾ (　　　) 치료

세균을 자라지 못하게 하는 특성이 있는 곰팡이를 활용해 질병을 치료하는 약을 만듭니다.

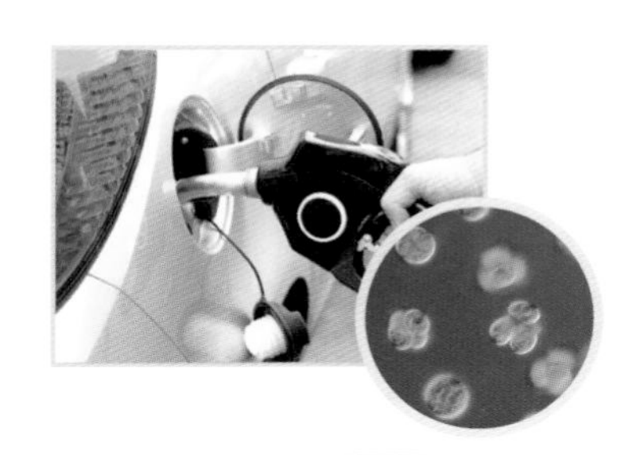
친환경 ❿ (　　　) 생산

기름 성분을 많이 가지고 있는 원생생물을 활용해 오염 물질이 덜 나오는 연료를 만듭니다.

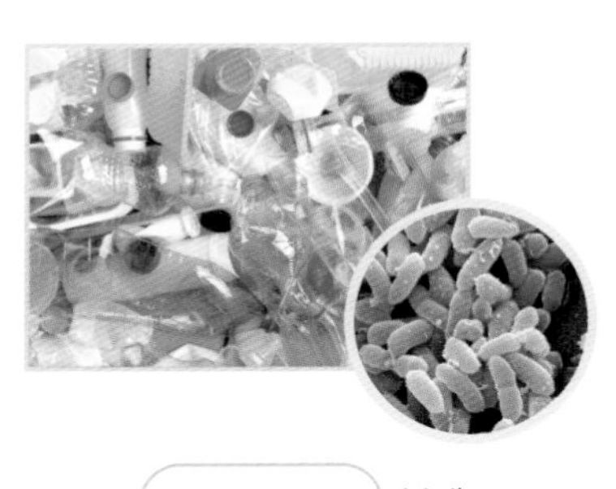
⓫ (　　　) 분해

플라스틱을 분해하는 특성이 있는 세균을 활용해 플라스틱을 분해합니다.

답 ❶ 버섯 ❷ 짚신벌레 ❸ 막대 ❹ 꼬리 ❺ 곰팡이 ❻ 원생생물 ❼ 적조 ❽ 세균 ❾ 질병 ❿ 연료 ⓫ 플라스틱

5 단원

공부한 날 월 일

01 다음은 관찰 대상을 돋보기보다 더 확대하여 관찰할 수 있는 관찰 도구를 나타낸 것입니다. 이 관찰 도구의 이름을 써 봅시다.

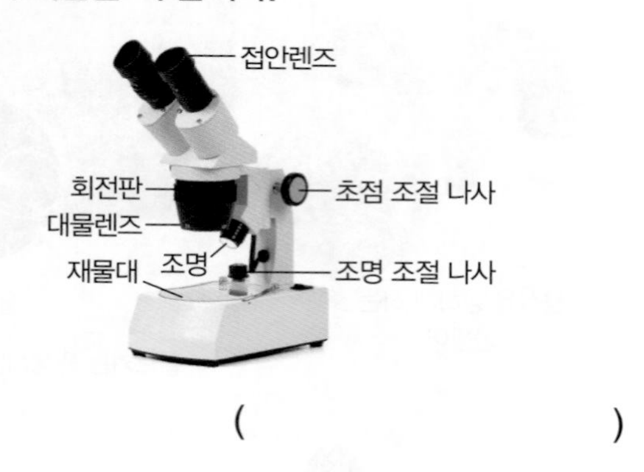

( )

02 오른쪽 버섯을 맨눈과 돋보기로 관찰한 결과로 옳지 않은 것은 어느 것입니까? ( )

① 윗부분은 갈색이다.
② 아랫부분은 하얀색이다.
③ 윗부분의 안쪽이 주름져 있다.
④ 윗부분의 안쪽에 주름이 빽빽하게 있다.
⑤ 가느다란 선이 모여 있고 끝에 작은 알갱이가 달려 있다.

03 다음과 같은 특징을 가지는 구조의 이름을 써 봅시다.

- 가늘고 긴 모양이다.
- 균류의 몸을 이루는 것이다.

( )

04 다음 중 광학 현미경으로 해캄을 관찰할 때 가장 먼저 해야 할 일로 옳은 것은 어느 것입니까? ( )

① 해캄 표본을 재물대의 가운데에 고정한다.
② 전원을 켜고 조리개로 빛의 양을 조절한다.
③ 회전판을 돌려 배율이 가장 낮은 대물렌즈가 가운데에 오게 한다.
④ 접안렌즈로 해캄 표본을 보면서 조동 나사로 재물대를 천천히 내려 해캄을 찾는다.
⑤ 현미경을 옆에서 보면서 조동 나사로 재물대를 올려 해캄 표본과 대물렌즈 사이의 거리를 최대한 가깝게 한다.

05 해캄의 특징에 대한 설명으로 옳은 것을 보기에서 골라 기호를 써 봅시다.

보기
㉠ 가늘고 긴 모양이다.
㉡ 스스로 움직일 수 있다.
㉢ 다른 생물을 먹으며 산다.

( )

06 다음 중 짚신벌레를 광학 현미경으로 관찰한 결과로 옳은 것은 어느 것입니까? ( )

① 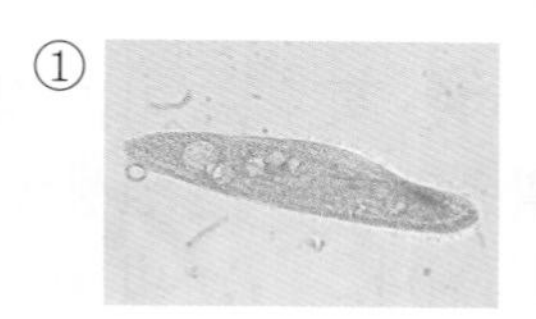
② 
③ 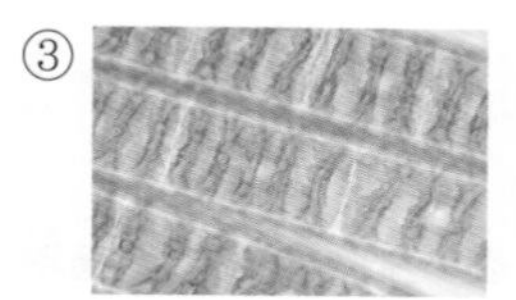
④ 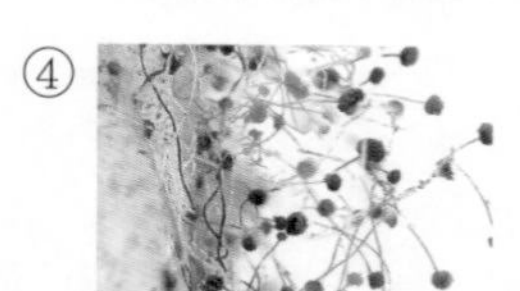

07 세균의 공통점에 대한 설명으로 옳은 것을 보기에서 골라 기호를 써 봅시다.

보기
㉠ 생김새가 복잡하다.
㉡ 꼬리가 있어서 이동할 수 있다.
㉢ 살기에 알맞은 환경이 되면 짧은 시간 안에 많은 수로 늘어난다.

( )

08 오른쪽 세균의 생김새에 대한 설명으로 옳은 것은 어느 것입니까? ( )

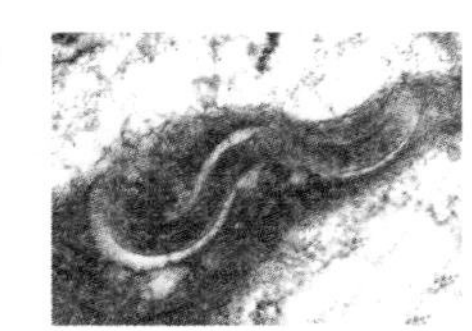

① 공 모양이다.
② 막대 모양이다.
③ 나선 모양이다.
④ 꼬리가 달려 있다.
⑤ 여러 개가 뭉쳐 있다.

09 다음 중 곰팡이, 원생생물, 세균이 우리 생활에 미치는 영향에 대한 설명으로 옳지 않은 것은 어느 것입니까? ( )

① 세균이 김치를 익게 한다.
② 원생생물이 산소를 만든다.
③ 곰팡이가 적조를 일으킨다.
④ 원생생물은 다른 생물의 먹이가 된다.
⑤ 곰팡이는 음식이나 물건을 상하게 한다.

10 곰팡이, 원생생물, 세균 중 우리 생활에 다음과 같은 영향을 미치는 생물은 어느 것인지 써 봅시다.

• 질병을 일으킨다.
• 요구르트를 만드는 데 활용된다.

( )

11 다음은 곰팡이가 첨단 생명 과학에 활용된 예를 나타낸 것입니다. 이에 활용된 곰팡이의 특성으로 옳은 것은 어느 것입니까? ( )

곰팡이 → 질병을 치료하는 약

① 해충을 없앤다.
② 영양소가 많다.
③ 오염된 물질을 분해한다.
④ 플라스틱의 원료를 가진다.
⑤ 세균을 자라지 못하게 한다.

12 다음 중 첨단 생명 과학이 우리 생활에 이용된 예와 이에 활용된 생물을 옳게 짝 지은 것은 어느 것입니까? ( )

① 건강식품 생산 – 영양소가 많은 원생생물
② 음식물 쓰레기 처리 – 해충을 없애는 균류
③ 친환경 생물 농약 – 플라스틱을 분해하는 세균
④ 플라스틱 분해 – 기름 성분을 가지고 있는 원생생물
⑤ 친환경 연료 생산 – 음식물 쓰레기를 분해하는 원생생물

5 단원
공부한 날 월 일

서술형 문제

13 균류의 특징을 양분을 얻는 방법과 관련지어 설명해 봅시다.

14 다음은 해캄과 짚신벌레를 광학 현미경으로 관찰한 결과입니다. 해캄과 짚신벌레의 생김새를 비교하여 설명해 봅시다.

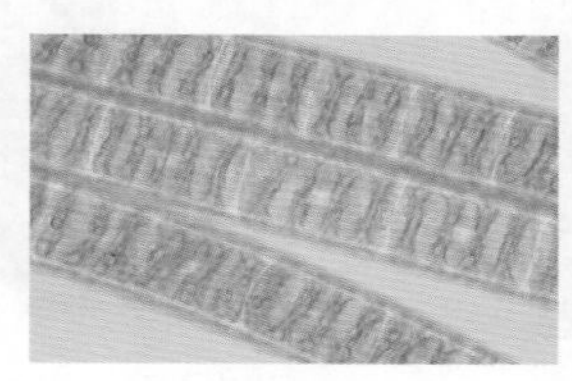
해캄

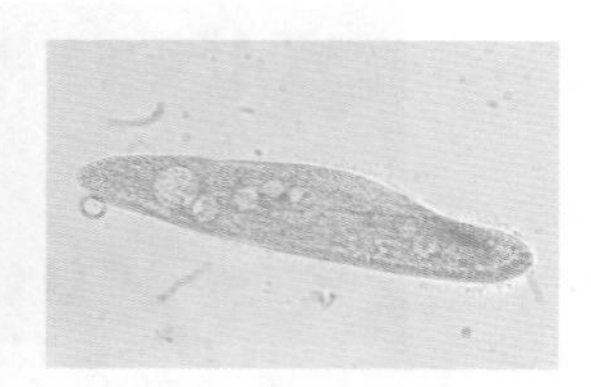
짚신벌레

15 다음은 여러 가지 세균이 사는 곳을 나타낸 것입니다. 이를 통해 알 수 있는 세균의 특징을 설명해 봅시다.

세균	사는 곳
대장균	물, 큰창자
포도상 구균	공기, 음식물, 피부
스트렙토코쿠스 무탄스	치아
헬리코박터 파일로리	위

16 원생생물이 우리 생활에 미치는 긍정적인 영향을 두 가지 설명해 봅시다.

17 오른쪽은 첨단 생명 과학이 우리 생활에 이용된 예를 나타낸 것입니다. 이에 활용된 생물의 종류와 특성을 설명해 봅시다.

친환경 연료 생산

18 다음과 같은 생물을 첨단 생명 과학에 활용하면 우리 생활의 어떤 문제를 해결할 수 있는지 설명해 봅시다.

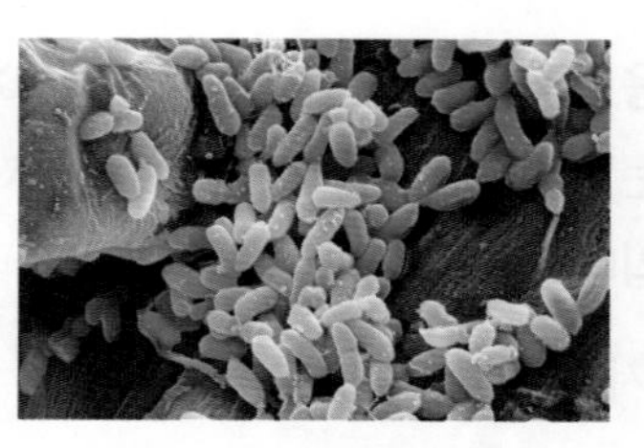
플라스틱을 분해하는 세균

바른답·알찬풀이 44 쪽

정답 확인

01 다음은 실체 현미경으로 곰팡이를 관찰하는 과정을 순서대로 나타낸 것입니다.

(가) 회전판을 돌려 배율이 가장 낮은 (㉠)이/가 가운데에 오게 한다.
(나) 곰팡이가 담긴 페트리 접시를 재물대에 올려놓는다.
(다) 전원을 켜고 조명 조절 나사로 조명의 밝기를 조절한다.
(라) 현미경을 옆에서 보면서 초점 조절 나사로 대물렌즈를 곰팡이에 최대한 가깝게 내린다.
(마) (㉡)(으)로 곰팡이를 보면서 초점 조절 나사로 대물렌즈를 천천히 올려 초점을 맞추어 관찰한다.

(1) 위 ( ) 안에 들어갈 알맞은 말을 각각 써 봅시다.

㉠: ( ), ㉡: ( )

(2) 관찰 대상을 실체 현미경으로 관찰하면 어떤 점이 좋은지 설명해 봅시다.

____

성취 기준
동물과 식물 이외의 생물을 조사하여 생물의 종류와 특징을 설명할 수 있다.

출제 의도
실체 현미경 사용법을 이해하고, 실체 현미경으로 관찰할 때의 좋은 점을 설명할 수 있는지 확인하는 문제예요.

관련 개념
실체 현미경 사용법 익히기 114 쪽

02 다음은 다양한 생물이 우리 생활에 미치는 긍정적인 영향과 부정적인 영향을 나타낸 것입니다.

긍정적인 영향	• ( )을/를 활용하여 된장, 간장을 만듦. • 원생생물이 산소를 만듦. • 세균이 김치를 익게 함.
부정적인 영향	• ( )이/가 음식을 상하게 함. • 원생생물이 ______________ • 세균이 질병을 일으킴.

(1) 위 ( ) 안에 공통으로 들어갈 알맞은 말을 써 봅시다.

( )

(2) 원생생물이 우리 생활에 미치는 부정적인 영향을 설명해 봅시다.

____

성취 기준
다양한 생물이 우리 생활에 미치는 긍정적인 영향과 부정적인 영향에 대해 토의할 수 있다.

출제 의도
다양한 생물이 우리 생활에 미치는 긍정적인 영향과 부정적인 영향을 파악하는 문제예요.

관련 개념
다양한 생물이 우리 생활에 미치는 영향 122 쪽

공부한 날 월 일

01 오른쪽과 같은 버섯을 이루고 있는 구조로 옳은 것은 어느 것입니까? (　　　)

① 꽃
② 잎
③ 균사
④ 뿌리
⑤ 줄기

02 다음 중 빵에 자란 곰팡이를 실체 현미경으로 관찰한 결과로 옳은 것은 어느 것입니까? (　　　)

① 
② 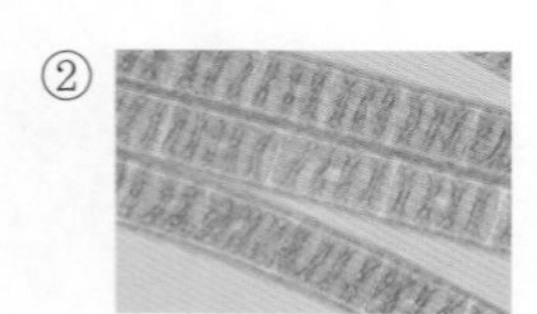
③ 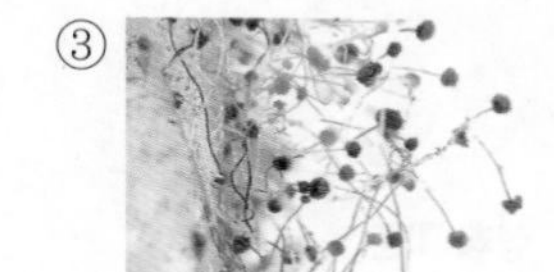
④ 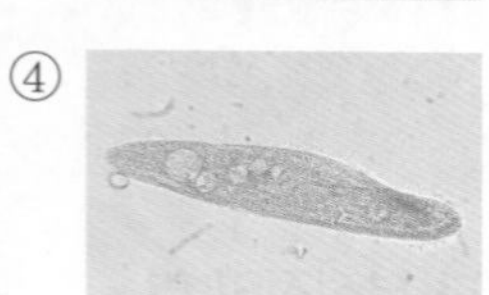

03 균류의 특징에 대한 설명으로 옳지 <u>않은</u> 것을 **보기**에서 골라 기호를 써 봅시다.

보기
㉠ 포자로 번식한다.
㉡ 스스로 양분을 만들지 못한다.
㉢ 춥고 건조한 환경에서 잘 자란다.

(　　　　　　　)

04 다음은 해캄 표본을 만드는 방법을 나타낸 것입니다. (　　) 안에 들어갈 알맞은 말을 각각 써 봅시다.

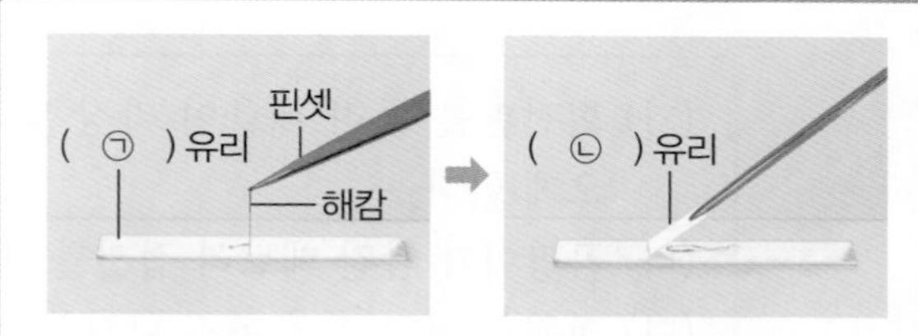

(가) 해캄을 겹치지 않게 펴서 (　㉠　) 유리에 올려놓는다.
(나) (　㉡　) 유리를 비스듬히 기울여 공기 방울이 생기지 않게 천천히 덮는다.

㉠: (　　　　　　), ㉡: (　　　　　　)

05 해캄이 주로 사는 환경에 대한 설명으로 옳은 것을 **보기**에서 골라 기호를 써 봅시다.

보기
㉠ 따뜻한 곳에 산다.
㉡ 우리가 사용하는 물체 등에 산다.
㉢ 물이 고여 있는 연못이나 물살이 느린 하천에 산다.

(　　　　　　　)

06 다음 중 짚신벌레에 대한 설명으로 옳지 <u>않은</u> 것은 어느 것입니까? (　　　)

① 원생생물에 속한다.
② 스스로 움직일 수 없다.
③ 다른 생물을 먹으며 산다.
④ 길쭉하고 끝이 둥근 모양이다.
⑤ 맨눈으로 보기 힘들 정도로 작다.

바른답·알찬풀이 45 쪽

07 다음 중 세균이 사는 곳에 대한 설명으로 옳지 않은 것은 어느 것입니까? ( )

① 흙에서 살 수 있다.
② 물에서 살 수 있다.
③ 음식물에서 살 수 있다.
④ 다른 생물의 몸에서 살 수 있다.
⑤ 컴퓨터 자판이나 연필 같은 물체에서는 살 수 없다.

08 다음 중 원생생물이 우리 생활에 미치는 영향으로 옳은 것을 두 가지 골라 봅시다. (,)

①

된장을 만드는 데 활용됨.

②

산소를 만듦.

③

김치를 익게 함.

④

적조를 일으킴.

09 오른쪽과 같이 음식을 상하게 하는 생물은 곰팡이, 원생생물, 세균 중 어느 것인지 써 봅시다.

( )

10 곰팡이, 원생생물, 세균 등이 우리 생활에 미치는 부정적인 영향을 줄이기 위해 우리가 할 수 있는 일로 옳은 것을 보기에서 골라 기호를 써 봅시다.

보기
㉠ 손을 씻지 않는다.
㉡ 음식을 충분히 익혀 먹는다.
㉢ 냉장고에 음식을 보관하지 않는다.

( )

11 다음은 첨단 생명 과학이 우리 생활에 이용된 예입니다. ( ) 안에 들어갈 알맞은 말을 써 봅시다.

플라스틱을 분해하는 ( )을/를 활용하여 플라스틱을 분해한다.

( )

12 다음은 어떤 생물이 첨단 생명 과학에 활용된 예를 나타낸 것입니다. 이에 활용된 생물의 특성으로 옳은 것은 어느 것입니까? ( )

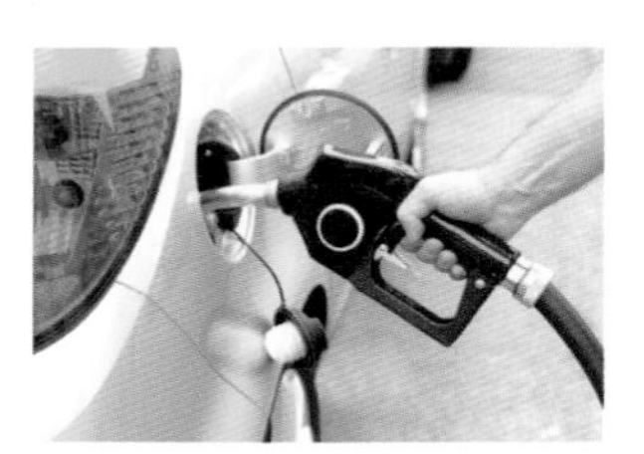
친환경 연료 생산

① 해충을 없앤다.
② 영양소가 많다.
③ 오염된 물질을 분해한다.
④ 기름 성분을 많이 가지고 있다.
⑤ 플라스틱의 원료를 가지고 있다.

5 단원

공부한 날 월 일

서술형 문제

13 오른쪽은 버섯을 실체 현미경으로 관찰한 결과입니다. 실체 현미경으로 관찰한 버섯의 특징을 설명해 봅시다.

14 다음은 화장실 벽면에 자란 곰팡이의 모습을 나타낸 것입니다. 곰팡이를 자주 볼 수 있는 계절을 곰팡이가 잘 자라는 환경과 관련지어 설명해 봅시다.

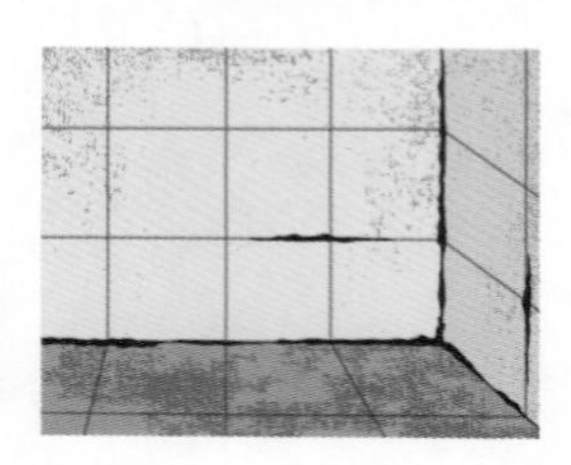

15 해캄과 짚신벌레가 양분을 얻는 방법을 비교하여 설명해 봅시다.

16 세균을 관찰하려면 어떻게 해야 하는지 세균의 크기와 관련지어 설명해 봅시다.

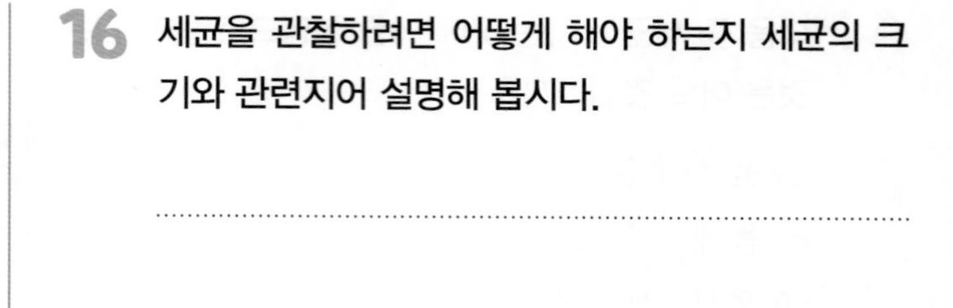

17 오른쪽과 같은 원생생물이 우리 생활에 미치는 부정적인 영향을 설명해 봅시다.

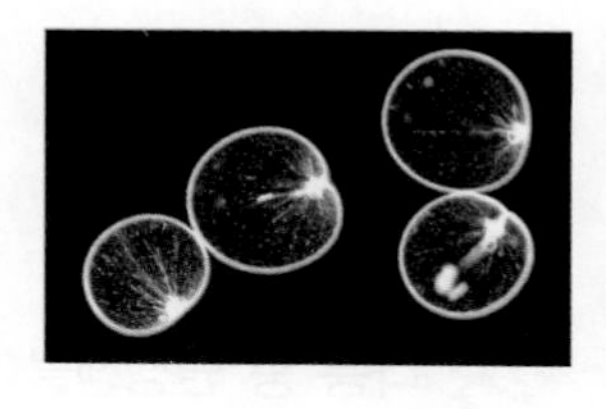

18 다음은 첨단 생명 과학이 우리 생활에 이용된 예를 나타낸 것입니다. 이에 활용된 생물의 종류와 특성을 설명해 봅시다.

건강식품 생산

바른답·알찬풀이 46 쪽

정답 확인

01 다음은 해캄과 짚신벌레 영구 표본을 다양한 도구로 관찰한 결과입니다.

구분	해캄	짚신벌레 영구 표본
맨눈	(㉠)색을 띠며 가늘고 긴 모양임.	점처럼 보임.
돋보기	여러 가닥의 해캄이 뭉쳐 있고, 머리카락과 비슷함.	점이 여러 개인 것은 보이지만 자세한 생김새는 알 수 없음.
광학 현미경	______________ ______________	길쭉한 모양이고, 몸 표면에 가는 (㉡)이/가 있음.

(1) 위 ( ) 안에 들어갈 알맞은 말을 각각 써 봅시다.

㉠: ( ), ㉡: ( )

(2) 해캄을 광학 현미경으로 관찰한 결과를 두 가지 설명해 봅시다.

____

성취 기준

동물과 식물 이외의 생물을 조사하여 생물의 종류와 특징을 설명할 수 있다.

출제 의도

다양한 도구로 관찰한 해캄과 짚신벌레의 특징을 알고 있는지 확인하는 문제예요.

관련 개념

원생생물 G 116 쪽

02 다음은 세균을 자라지 못하게 하는 곰팡이입니다.

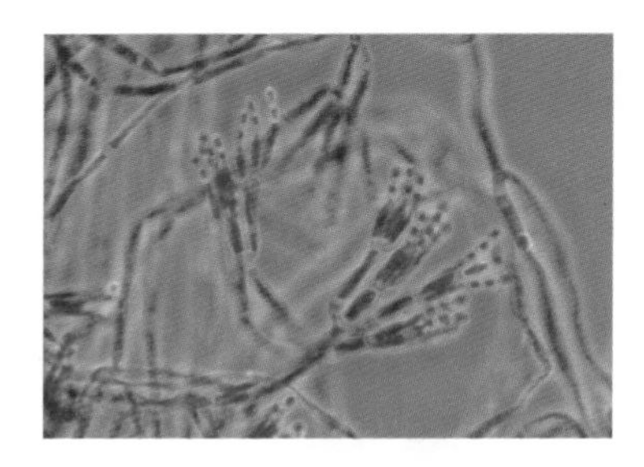

(1) 위 곰팡이는 균류, 원생생물, 세균 중 어느 것에 속하는지 써 봅시다.

( )

(2) 위 곰팡이의 특성이 첨단 생명 과학에 활용되는 예를 설명해 봅시다.

____

성취 기준

우리 생활에 첨단 생명 과학이 이용된 사례를 조사하여 발표할 수 있다.

출제 의도

생물의 특성이 첨단 생명 과학에 활용된 예를 파악하는 문제예요.

관련 개념

첨단 생명 과학이 우리 생활에 이용된 예 G 124 쪽

5 단원

공부한 날 월 일

여러 가지 실험 기구

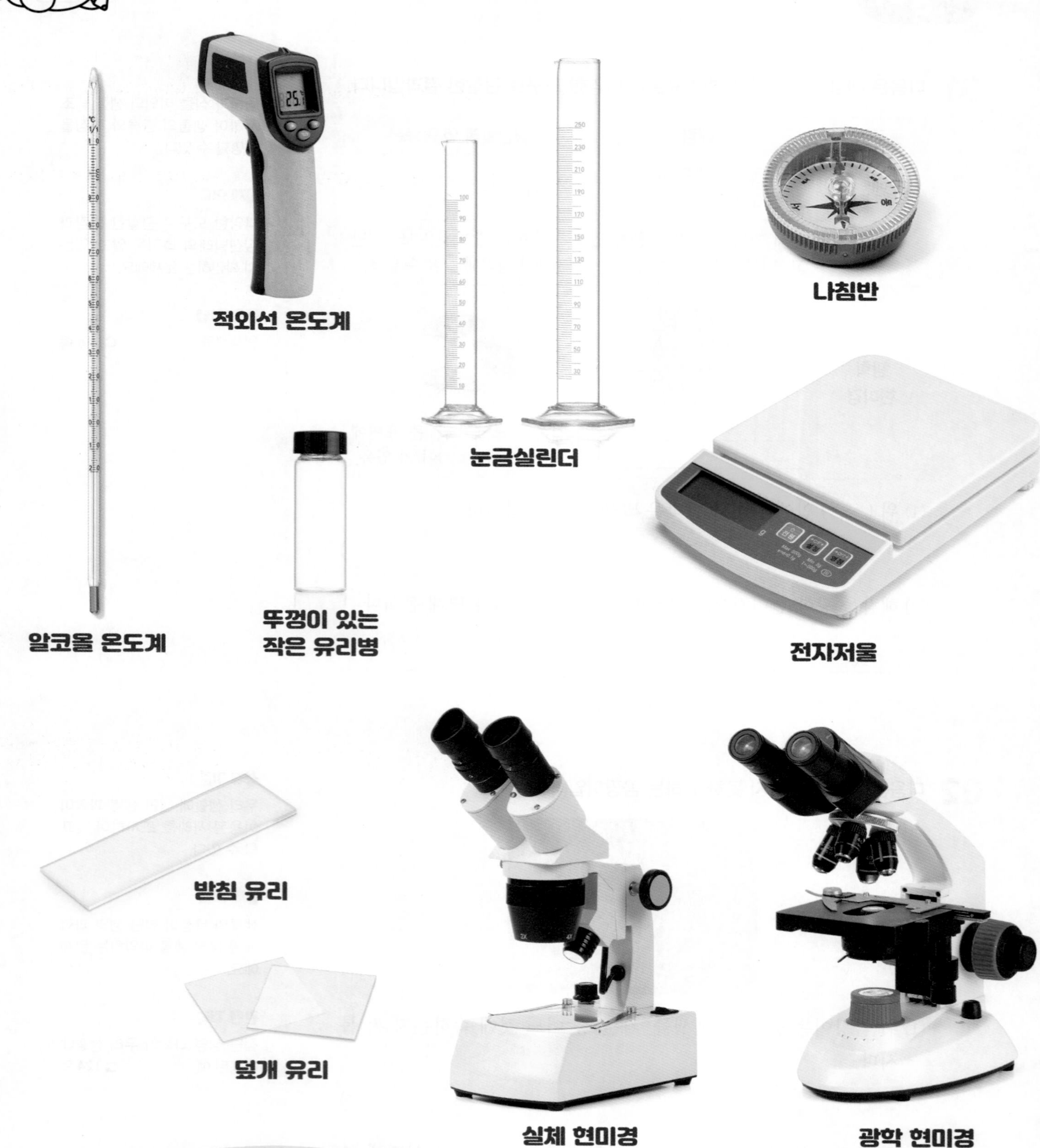

적외선 온도계
나침반
눈금실린더
알코올 온도계
뚜껑이 있는
작은 유리병
전자저울
받침 유리
덮개 유리
실체 현미경
광학 현미경

바른답·알찬풀이

과학 5·1

Mirae N 에듀

바른답 · 알찬풀이

바른답·알찬풀이

1 과학자의 탐구

1 과학자는 어떻게 탐구 문제를 정할까요

문제로 개념 탄탄 8 쪽

1 문제 인식　　2 (1) × (2) ○ (3) ×

1 탐구할 문제를 찾아 명확하게 나타내는 것을 문제 인식이라고 합니다. 문제 인식 과정에서는 과학 지식이나 관찰한 사실로부터 새로운 생각이나 질문을 떠올립니다.

2 (1) 탐구 문제는 탐구할 범위가 좁고 구체적인 것이어야 합니다.
(2) 탐구 문제에는 탐구하고 싶은 내용이 분명하게 드러나야 합니다.
(3) 너무 거창하여 탐구를 실행할 수 없거나, 너무 단순하여 간단한 조사만으로 해결할 수 있는 문제를 정하지 않아야 합니다.

2 과학자는 어떻게 실험을 계획할까요

문제로 개념 탄탄 9 쪽

1 걸리지 않을 것이다　　2 변인 통제

1 파스퇴르는 독성이 약한 콜레라균을 주사한 닭이 독성이 약한 콜레라균을 주사하지 않은 닭보다 콜레라에 걸리지 않을 것이라고 가설을 세웠습니다.

2 실험에서 다르게 해야 할 조건과 같게 해야 할 조건 등 실험과 관련된 조건을 확인하고 통제하는 것을 변인 통제라고 합니다.

3 과학자는 어떻게 실험을 할까요

문제로 개념 탄탄 10 쪽

1 실험　　2 (1) ○ (2) ○ (3) ×

1 탐구 문제를 해결하기 위해 실험 계획에 따라 실험을 합니다. 실험은 가설이 맞는지 확인하기 위해 증거를 찾는 과정입니다.

2 (1) 실험하는 동안 안전 수칙을 철저히 지키고, 안전에 유의하며 실험합니다.
(2) 실험 결과를 사실 그대로 기록하고, 예상과 다르더라도 고치거나 빼지 않습니다.
(3) 실험하는 동안 관찰하거나 측정한 내용은 자세히 기록합니다.

4~5 과학자는 어떻게 실험 결과를 정리하고 해석할까요 / 과학자는 어떻게 결론을 내릴까요

문제로 개념 탄탄 11 쪽

1 (1) ㉡ (2) ㉠　　2 결론 도출

1 자료 변환은 실험 결과를 한눈에 알아보기 쉬운 그림, 표, 그래프 등의 형태로 바꾸어 정리하는 것이고, 자료 해석은 자료 사이의 관계나 규칙을 찾아내는 것입니다.

2 결론 도출은 실험 결과를 해석하여 객관적이고 타당한 결론을 이끌어 내는 과정입니다. 결론을 얻게 되면 처음 세운 가설이 옳은지 그른지 판단할 수 있습니다.

단원 평가 12~13 쪽

01 ④　　02 ㉢　　03 가설
04 ②　　05 ㉠　　06 ③
07 ③　　08 (라) → (다) → (가) → (마) → (나)

서술형 문제

09 (1) 예시 답안 닭의 종류와 크기, 닭의 처음 건강 상태, 닭이 지내는 환경, 콜레라균을 주사하는 양 등
(2) 예시 답안 모두 같은 양의 콜레라균을 주사했다.
10 예시 답안 많은 양의 실험 결과를 체계적으로 정리할 수 있다.

01 ①, ③ 탐구할 범위는 좁고 구체적이어야 합니다.
② 스스로 탐구할 수 있는 문제를 정해야 합니다.
⑤ 탐구 문제에는 탐구하고 싶은 내용이 분명하게 드러나야 합니다.

왜 틀린 답일까?

④ 탐구 문제는 간단한 조사만으로 알 수 있는 것은 피하고, 탐구를 통해 알 수 있는 문제를 정해야 합니다.

02 파스퇴르는 독성이 약한 콜레라균을 주사한 닭들이 다시 건강해진 까닭이 궁금해졌으므로 이를 탐구 문제로 정했습니다.

03 탐구 문제를 해결하려고 가설을 세우고, 가설이 맞는지 실험을 하여 확인합니다. 파스퇴르가 탐구 문제를 해결하기 위해 세운 가설은 "독성이 약한 콜레라균을 주사한 닭은 독성이 약한 콜레라균을 주사하지 않은 닭보다 콜레라에 걸리지 않을 것이다."라는 것입니다.

04 ①, ③ 실험을 계획할 때에는 실험에 필요한 준비물, 실험 방법, 실험 과정 등을 구체적으로 정하고, 실험하면서 지켜야 할 안전 수칙을 생각합니다.
④, ⑤ 다르게 해야 할 조건과 같게 해야 할 조건을 정하고, 관찰하거나 측정해야 할 것이 무엇인지 확인합니다.

왜 틀린 답일까?

② 실험 과정은 스스로 실행할 수 있어야 합니다.

05 ㉠ 실험을 할 때에는 미리 계획한 과정에 따라 실험합니다.

왜 틀린 답일까?

㉡ 실험 결과는 사실 그대로 기록하며, 실험 결과가 예상과 다르더라도 고치거나 빼지 않습니다.
㉢ 다르게 해야 할 조건과 같게 해야 할 조건을 확인하고 통제하여 실험합니다.

06 실험 결과를 한눈에 알아보기 쉬운 형태로 바꾸어 정리하는 것을 자료 변환이라 하고, 자료 사이의 관계나 규칙을 찾아내는 것을 자료 해석이라고 합니다.

07

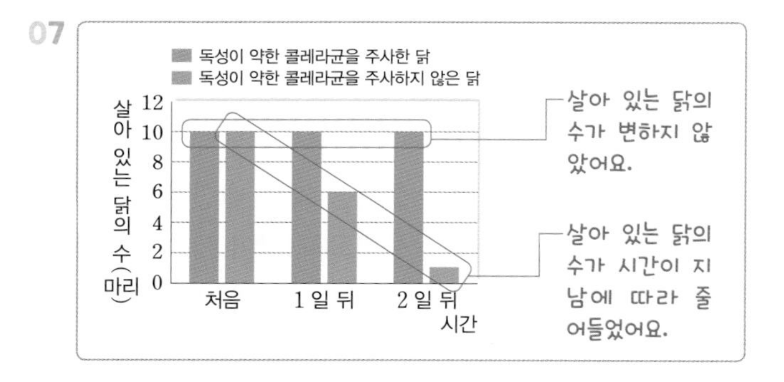

③ 독성이 약한 콜레라균을 주사한 닭의 무리는 콜레라균을 주사한 뒤에도 살아 있는 닭의 수가 변하지 않았으므로 한 마리도 죽지 않았음을 알 수 있습니다.

왜 틀린 답일까?

① 실험 결과를 그래프로 정리한 것입니다.
② 독성이 약한 콜레라균을 주사한 닭은 콜레라를 가볍게 앓고 나서 곧 건강해졌습니다.
④, ⑤ 독성이 약한 콜레라균을 주사한 닭의 무리는 시간이 지나도 살아 있는 닭의 수가 10 마리로 변하지 않았고, 그렇지 않은 닭의 무리는 시간이 지남에 따라 살아 있는 닭의 수가 10 마리에서 6 마리, 1 마리로 점점 줄어들었습니다.

08 과학 탐구는 문제 인식 및 탐구 문제 정하기 → 가설을 설정하고 실험 계획하기 → 실험하기 → 실험 결과를 정리하고 해석하기 → 결론 도출하기 순으로 실행합니다.

09 (1) 콜레라균을 주사하기 전에 독성이 약한 콜레라균을 주사했는지, 주사하지 않았는지의 조건만 다르게 해야 합니다. 닭의 종류와 크기, 닭의 처음 건강 상태, 닭이 지내는 환경, 콜레라균을 주사하는 양 등의 조건은 같게 해야 합니다.

채점 기준	
상	같게 해야 할 조건 두 가지를 모두 옳게 쓴 경우
중	같게 해야 할 조건을 한 가지만 옳게 쓴 경우

(2) 파스퇴르는 독성이 약한 콜레라균을 주사한 닭의 무리와 그렇지 않은 닭의 무리에 같은 양의 콜레라균을 주사하고 닭의 건강 상태를 관찰했습니다.

채점 기준	
상	모두 같은 양의 콜레라균을 주사했다고 옳게 설명한 경우
중	콜레라균을 주사했다고만 설명한 경우

10 실험으로 얻은 결과는 그림, 표, 그래프 등 한눈에 알아보기 쉬운 형태로 바꾸어 정리할 수 있습니다. 이때 실험 결과를 표로 정리하면 많은 양의 실험 결과를 체계적으로 정리할 수 있습니다.

채점 기준	
상	실험 결과를 표로 나타낼 때 좋은 점을 구체적으로 옳게 설명한 경우
중	'실험 결과를 한눈에 알아보기 쉽다.'와 같이 간략하게 설명한 경우

2 온도와 열

1~2 온도를 정확하게 측정하는 까닭은 무엇일까요 / 온도계는 어떻게 사용할까요

스스로 확인해요 17 쪽

1 온도 2 예시 답안 냉장 식품은 적정 온도를 유지하지 않으면 상하므로 안전하게 보관 중인지 확인하기 위해 온도를 정확하게 측정한다.

2 세균은 온도와 깊은 관계가 있어서 상온에 방치된 냉장 식품은 변질되기 쉽습니다. 따라서 냉장 식품을 보관할 때에는 냉장 식품의 적정 온도를 유지하기 위해 온도를 정확하게 측정합니다.

스스로 확인해요 17 쪽

1 알코올 온도계 2 예시 답안 학교에서 비접촉식 체온계를 사용해 체온을 측정했다. 손목과 2 cm~3 cm 간격을 두고 온도 측정 단추를 누르면 체온을 측정할 수 있다.

1 알코올 온도계는 주로 물과 같은 액체나 공기와 같은 기체의 온도를 측정할 때 사용하고, 적외선 온도계는 주로 고체로 된 물체의 온도를 측정할 때 사용합니다.

2 가정에서는 주로 귀 체온계, 병원 또는 학교에서는 비접촉식 체온계, 사람이 많은 대형 슈퍼마켓에서는 주로 적외선 온도계를 사용합니다.

문제로 개념 탄탄 16~17 쪽

1 ㉡ 2 (1) ○ (2) × (3) ○
3 (1) ㉡ (2) ㉢ (3) ㉠

1 식물을 재배할 때, 체온을 잴 때는 온도계를 사용해 따뜻하거나 차가운 정도를 정확하게 측정해야 합니다. 밀가루의 무게를 잴 때에는 온도계가 아닌 저울을 이용해서 측정합니다.

2 알코올 온도계는 주로 액체나 기체의 온도를 측정할 때 사용합니다. 알코올 온도계의 액체샘에 있는 빨간색 액체의 움직임이 멈추고 나서 더 이상 움직이지 않을 때 눈금을 읽어야 합니다.

3 기체인 공기의 온도는 알코올 온도계, 체온인 몸의 온도는 비접촉식 체온계, 고체인 책상의 온도는 적외선 온도계로 측정할 수 있습니다.

3 온도가 다른 두 물체가 접촉하면 두 물체의 온도는 어떻게 변할까요

스스로 확인해요 18 쪽

1 열 2 예시 답안 아이스크림이 녹을 때 온도가 높은 공기에서 온도가 낮은 아이스크림으로 열이 이동한다.

2 접촉한 두 물체 사이에서 열은 온도가 높은 물체에서 온도가 낮은 물체로 이동하므로 온도가 높은 공기에서 온도가 낮은 아이스크림으로 열이 이동합니다.

문제로 개념 탄탄 19 쪽

1 ㉠ 낮아진다, ㉡ 높아진다 2 열
3 삶은 달걀 4 (1) ○ (2) ×

1 차가운 물이 담긴 음료수 캔을 따뜻한 물이 담긴 비커에 넣으면 비커에 담긴 물의 온도는 점점 낮아지고, 음료수 캔에 담긴 물의 온도는 점점 높아집니다.

2 온도가 다른 두 물이 접촉하면 온도가 높은 물에서 온도가 낮은 물로 열이 이동하기 때문에 두 물의 온도가 변합니다.

3 삶은 달걀을 얼음물에 담그면 온도가 높은 삶은 달걀에서 온도가 낮은 얼음물로 열이 이동하여 삶은 달걀의 온도는 점점 낮아지고, 얼음물의 온도는 점점 높아집니다.

4 뜨거운 얼굴에 차가운 물병을 갖다 대면 온도가 높은 얼굴에서 온도가 낮은 물병으로 열이 이동합니다. 따라서 얼굴의 온도는 점점 낮아지고, 물병의 온도는 점점 높아집니다.

문제로 실력 쑥쑥

20~21 쪽

01 ① 02 (나)
03 알코올 온도계 04 ㉡ 05 ②
06 예시 답안 물체가 놓인 장소나 햇빛의 양, 측정 시각에 따라 물체의 온도가 다르기 때문이다. 같은 물체라도 온도가 다를 수 있고, 다른 물체라도 온도가 같을 수 있기 때문이다. 등 07 ㉡ 08 ③
09 ④ 10 ④
11 예시 답안 두 물체 (가)와 (나)가 접촉할 때 온도가 높은 (가)에서 온도가 낮은 (나)로 열이 이동한다.
12 낮다

01 ② 식물마다 잘 자라는 온도가 다르므로 온도를 정확하게 측정해야 합니다.
③ 건강 상태를 확인하기 위해 체온을 측정합니다.
④ 튀김 요리를 할 때 기름이 충분히 뜨거운지 알기 위해 온도를 정확하게 측정해야 합니다.
⑤ 아기의 목욕물이 너무 뜨겁거나 차갑지 않은지 확인하기 위해 온도를 정확하게 측정해야 합니다.

왜 틀린 답일까?
① 몸무게를 잴 때에는 체중계를 이용합니다.

02 (나): 물체의 따뜻하거나 차가운 정도는 온도로 나타냅니다.

왜 틀린 답일까?
(가): 물체의 온도는 측정하는 장소에 따라 같은 물체라도 다르게 측정될 수 있습니다.
(다): 우리가 일상생활에서 주로 사용하는 온도의 단위는 ℃(섭씨도)이며, kg중(킬로그램중)은 무게의 단위입니다.

03 알코올 온도계는 고리, 몸체, 액체샘으로 이루어져 있습니다. 운동장의 기온과 물의 온도를 측정할 때는 기체나 액체의 온도를 측정하는 알코올 온도계를 사용합니다.

04 ㉡ 비접촉식 체온계는 체온을 측정할 때 사용합니다.

왜 틀린 답일까?
㉠ 적외선 온도계는 고체로 된 물체의 온도를 측정할 때 사용합니다. 책상과 같은 고체 물체의 온도를 측정할 때 적외선 온도계를 사용할 수 있습니다.
㉢ 알코올 온도계는 주로 기체나 액체의 온도를 측정할 때 사용합니다.

05 ① 적외선 온도계와 비접촉식 체온계는 동일한 원리로 만들어졌으므로 온도 측정 원리도 같습니다.
③ 적외선 온도계를 사용할 때에는 온도계의 빨간색 빛이 사람의 눈을 향하지 않도록 주의합니다.
④ 알코올 온도계는 액체샘에 있는 빨간색 액체가 더 이상 움직이지 않을 때 기둥의 끝이 닿은 위치에서 눈높이를 맞춰 눈금을 읽습니다.
⑤ ㉠은 적외선 온도계, ㉡은 비접촉식 체온계, ㉢은 알코올 온도계입니다.

왜 틀린 답일까?
② 온도 표시 창에 온도가 나타나는 온도계는 적외선 온도계와 비접촉식 체온계입니다.

06 물체가 놓인 장소나 햇빛의 양, 측정 시각 등에 따라 물체의 온도가 다릅니다. 또한, 같은 물체라도 온도가 다를 수 있고, 다른 물체라도 온도가 같을 수 있으므로 쓰임새에 맞는 적절한 온도계를 사용해서 온도를 측정합니다.

채점 기준	
상	온도계를 사용해야 하는 까닭을 두 가지 모두 옳게 설명한 경우
중	온도계를 사용해야 하는 까닭을 한 가지만 옳게 설명한 경우

07

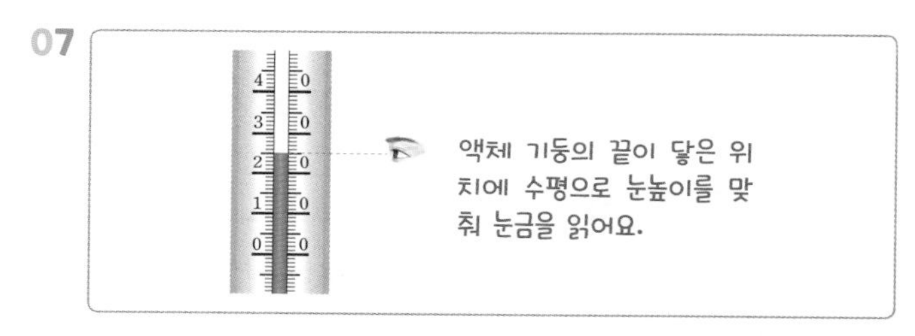

알코올 온도계의 액체 기둥이 움직이지 않을 때 액체 기둥의 끝이 닿은 위치에 눈높이를 맞춰 눈금을 읽습니다.

08 알코올 온도계의 눈금이 1 ℃ 간격이므로 온도계의 눈금을 읽으면 25.0 ℃입니다.

09 ④ 온도가 높은 생선에서 온도가 낮은 얼음으로 열이 이동합니다.

왜 틀린 답일까?
① 온도가 높은 삶은 달걀에서 온도가 낮은 얼음물로 열이 이동합니다.
② 온도가 높은 손난로에서 온도가 낮은 손으로 열이 이동합니다.
③ 온도가 높은 여름철 공기에서 온도가 낮은 아이스크림으로 열이 이동합니다.

10 ①, ② 온도가 높은 (가)의 온도는 점점 낮아지고, 온도가 낮은 (나)의 온도는 점점 높아집니다.

③, ⑤ 두 물체가 접촉하면 온도가 높은 (가)의 온도는 점점 낮아지고, 온도가 낮은 (나)의 온도는 점점 높아지면서 두 물체의 온도가 같아집니다.

왜 틀린 답일까?

④ 두 물체가 접촉한 뒤 시간이 충분히 지나면 (가)와 (나)의 온도는 같아집니다.

11 온도가 서로 다른 두 물체가 접촉할 때 온도가 높은 물체에서 온도가 낮은 물체로 열이 이동하므로 (가)에서 (나)로 열이 이동합니다.

채점 기준	
상	두 물체의 온도를 통해 두 물체 사이에서 열의 이동 방향을 옳게 설명한 경우
중	두 물체의 온도는 언급하지 않고, 열의 이동 방향만 설명한 경우

12 (가)의 온도는 시간이 지날수록 점점 낮아지므로 4 분일 때 ㉠은 37.9 ℃보다 낮습니다.

4 고체에서 열은 어떻게 이동할까요

스스로 확인해요 22 쪽

1 높은, 낮은 **2** 예시 답안 감자에 쇠젓가락을 꽂으면 전도에 의해 열이 쇠젓가락을 따라 감자 속으로 이동하여 감자가 빨리 익는다.

2 쇠젓가락은 금속으로 열을 잘 전도하는 물체입니다. 따라서 쇠젓가락을 따라서 열이 빠르게 감자로 이동하여 감자가 빨리 익을 수 있습니다.

문제로 개념 탄탄 23 쪽

1 (1) ○ (2) ○ (3) × **2** ㉢
3 해설 참조 **4** ㉠ 높은, ㉡ 낮은

1 (1) 고체로 된 물체를 가열하면 가열한 부분의 온도가 먼저 높아지고, 주변의 온도가 낮은 부분으로 고체로 된 물체를 따라 열이 이동합니다.
(2) 고체에서 열은 전도에 의해 이동합니다.
(3) 고체로 된 물체의 끊겨 있는 부분으로는 열이 잘 이동하지 않습니다.

2 구리판을 가열하면 가열한 부분의 온도가 먼저 높아지고, 가열한 부분에서 멀어지는 방향으로 구리판을 따라 열이 이동합니다. 따라서 ㉢ → ㉡ → ㉠ 순으로 열이 이동하면서 열 변색 붙임딱지의 색깔이 변합니다.

3 답

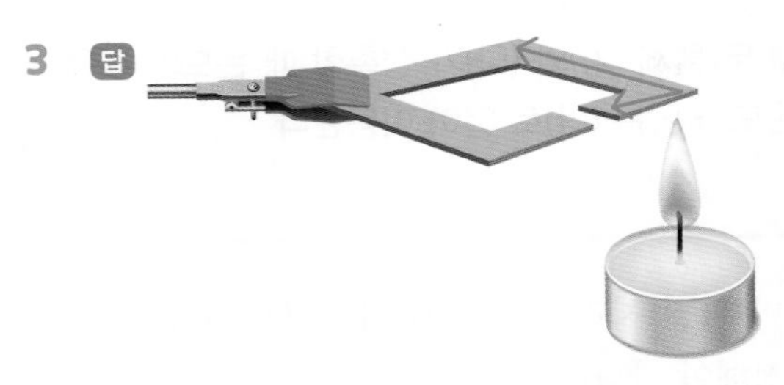

구리판의 끊겨 있는 부분으로는 열이 잘 이동하지 않습니다.

4 고체에서 열은 온도가 높은 부분에서 주변의 온도가 낮은 부분으로 고체로 된 물체를 따라 이동합니다.

5 고체 물질의 종류에 따라 열이 이동하는 빠르기는 어떻게 다를까요

스스로 확인해요 25 쪽

1 빠르게 **2** 예시 답안 겨울이 되면 창문을 통해 열이 이동하여 실내 온도가 낮아지므로 창문에 에어 캡을 붙여 열의 이동을 막을 수 있다.

2 창문에 에어 캡을 붙이면 창문을 통해 열이 이동하는 것을 막아 적정한 실내 온도를 유지할 수 있습니다.

문제로 개념 탄탄 24~25 쪽

1 ㉡ → ㉠ → ㉢ **2** (1) × (2) ○ **3** 단열

1 열 변색 붙임딱지의 색깔이 빨리 변할수록 고체 판에서 열이 빠르게 이동하는 것이므로 ㉡ → ㉠ → ㉢ 순으로 열이 빠르게 이동합니다.

2 (1) 고체에서 열은 구리 > 철 > 유리 > 나무 순으로 빠르게 이동하므로 나무에서보다 금속에서 열이 더 빠르게 이동합니다.
(2) 금속의 종류에 따라 열이 이동하는 빠르기가 다릅니다.

3 두 물체 사이에서 열의 이동을 막는 것을 단열이라고 합니다. 전도는 고체에서 열이 이동하는 방법입니다.

6 액체에서 열은 어떻게 이동할까요

스스로 확인해요 26 쪽

1 대류 2 예시 답안 투명 필름을 빼면 따뜻한 물이 위로 올라가고 차가운 물이 아래로 내려오면서 열이 이동하기 때문에 색깔이 섞인다.

2 두 삼각 플라스크 사이에 있는 투명 필름을 빼면 대류에 의해 열이 이동하면서 색깔이 섞입니다.

문제로 개념 탄탄 27 쪽

1 ㉠ 2 위
3 (1) × (2) ○ 4 대류

1 파란색 잉크의 아랫부분에 뜨거운 물이 담긴 종이컵을 놓으면 가열된 파란색 잉크는 위로 올라갑니다. 이처럼 뜨거워진 액체는 대류에 의해 위로 올라갑니다.

2 액체에서는 온도가 높아진 물질이 위로 올라가고 위에 있던 온도가 낮은 물질이 아래로 내려오면서 열이 이동합니다.

3 주전자를 가열하면 불과 가까운 주전자의 바닥부터 따뜻해집니다. 주전자 바닥 쪽의 물의 온도가 먼저 높아지면서 위로 올라가고 위쪽에 있던 온도가 낮은 물은 아래로 내려옵니다.

4 차가운 물이 담긴 주전자를 가열하면 온도가 높아진 물은 위로 올라가고 위에 있던 물은 아래로 내려옵니다. 이와 같이 열이 이동하는 방법을 대류라고 합니다.

7 기체에서 열은 어떻게 이동할까요

스스로 확인해요 28 쪽

1 대류 2 예시 답안 냉방기에서 나오는 차가운 공기는 아래로 내려오므로 냉방기를 높은 곳에 설치하면 실내 전체를 시원하게 할 수 있다.

1 액체에서뿐만 아니라 기체에서도 대류에 의해 열이 이동합니다.

2 냉방기에서 나오는 차가운 공기는 아래로 내려오고, 아래에 있던 공기는 위로 올라가면서 실내 전체가 시원해집니다.

문제로 개념 탄탄 29 쪽

1 대류 2 ㉠ 위, ㉡ 아래 3 ㉠
4 (1) × (2) ○

1 기체에서는 액체와 마찬가지로 대류에 의해 열이 이동합니다.

2 기체를 가열하면 온도가 높아진 기체는 위로 올라가고 위에 있던 온도가 낮은 기체는 아래로 내려오면서 열이 이동합니다. 이처럼 기체에서도 액체에서와 같이 대류에 의해 열이 이동합니다.

3 가열 장치를 켜면 가열 장치 주변의 온도가 높아진 공기가 위로 올라가면서 뱀 그림을 움직이게 합니다. 따라서 뱀 그림이 움직이는 것은 ㉠입니다.

4 (1) 난방기를 아래쪽에 설치하면 따뜻해진 공기가 위로 올라가고 찬 공기가 아래로 내려와 실내 전체가 골고루 따뜻해집니다.
(2) 냉방기를 위쪽에 설치하면 차가워진 공기가 아래로 내려오고 따뜻한 공기는 위로 올라가 실내 전체가 골고루 시원해집니다.

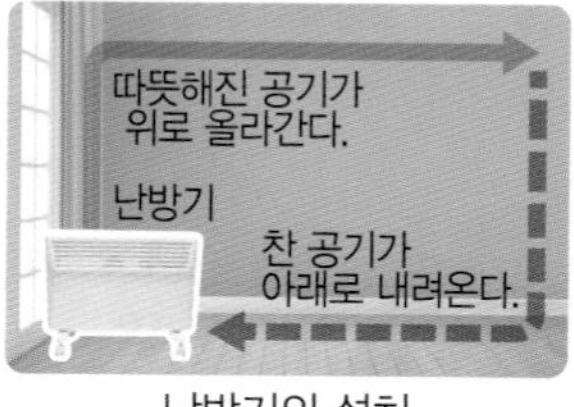

난방기의 설치

냉방기의 설치

문제로 실력 쑥쑥

30~31 쪽

01 (나) → (다) → (가)
02 ②
03 예시 답안 쇠젓가락, 나무에서보다 쇠에서 열이 더 빠르게 이동하므로 감자에 쇠젓가락을 꽂아야 열이 쇠젓가락을 따라 감자 속으로 빠르게 이동해 감자가 빨리 익는다.
04 ③, ⑤
05 예시 답안 구리판 → 철판 → 유리판, 열이 빠르게 이동할수록 열 변색 붙임딱지의 색깔이 빠르게 변하기 때문이다.
06 (1) ㉡ (2) ㉠
07 ⑤
08 ㉢
09 예시 답안 냄비의 바닥에 있던 물이 따뜻해지면서 위로 올라가고, 위에 있던 물이 아래로 내려오면서 열이 이동하여 냄비 속 물 전체가 따뜻해진다.
10 (다) → (나) → (가)
11 ㉠ 위, ㉡ 아래, ㉢ 대류
12 ④

01 고체를 가열할 때 가열한 부분의 온도가 먼저 높아지고, 주변의 온도가 낮은 부분으로 열이 이동합니다. 열이 고체로 된 물체를 따라 이동하면서 주변의 온도가 낮았던 부분의 온도가 높아집니다.

02 고체에서 열은 가열한 부분에서 고체로 된 물체를 따라 이동하며, 고체가 끊겨 있는 부분으로는 열이 잘 이동하지 않습니다.

03 나무에서보다 금속인 쇠에서 열이 더 빠르게 이동합니다. 따라서 감자에 쇠젓가락을 꽂으면 열이 쇠젓가락을 따라 감자 속으로 빠르게 이동하므로 감자가 빨리 익을 수 있습니다.

채점 기준	
상	감자에 쇠젓가락과 나무젓가락 중 무엇을 꽂아야 하는지와 금속인 쇠와 나무에서 열이 이동하는 빠르기를 비교하여 설명한 경우
중	금속인 쇠와 나무에서 열이 이동하는 빠르기만 비교하여 설명한 경우
하	감자에 쇠젓가락과 나무젓가락 중 무엇을 꽂아야 하는지만 설명한 경우

04

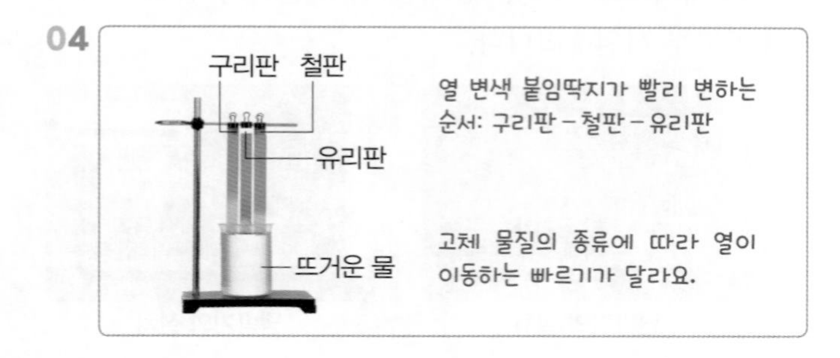

③ 유리보다 금속에서 열이 더 빠르게 이동합니다.
⑤ 고체 물질의 종류에 따라 열이 이동하는 빠르기가 다릅니다.

왜 틀린 답일까?

① 열 변색 붙임딱지를 붙인 유리판의 색깔이 변했으므로 열은 유리에서 이동합니다.
② 유리보다 구리, 철과 같은 금속에서 열이 더 빠르게 이동합니다.
④ 구리판과 철판에서 열이 이동하는 빠르기가 다릅니다. 따라서 금속의 종류에 따라 열이 이동하는 빠르기가 다릅니다.

05 열 변색 붙임딱지는 온도가 높아지면 색깔이 변하므로 고체 판으로 열이 빠르게 이동할수록 고체 판에 붙어 있는 붙임딱지의 색깔도 빠르게 변합니다. 열 변색 붙임딱지의 색깔이 구리판 → 철판 → 유리판 순으로 빠르게 변하므로 열은 구리판 → 철판 → 유리판 순으로 빠르게 이동합니다.

채점 기준	
상	열 변색 붙임딱지의 색깔 변화를 근거로 하여 세 고체 판에서 열의 이동 빠르기를 옳게 비교한 경우
중	고체 판에서 열의 이동 빠르기만 옳게 비교한 경우
하	열 변색 붙임딱지의 색깔 변화만 설명한 경우

06 전기다리미의 손잡이는 열이 잘 이동하지 않는 플라스틱으로 만들고, 옷을 다리는 부분은 열이 잘 이동하는 금속으로 만듭니다.

07 ⑤ 집을 지을 때 이중창 또는 단열재를 사용하면 집의 밖과 안 사이에서 열이 이동하는 것을 막습니다. 따라서 겨울철과 여름철 실내 온도를 적정하게 유지할 수 있습니다.

왜 틀린 답일까?

① 단열은 두 물체 사이에서 열의 이동을 막는 것입니다.
② 단열재로는 주로 열이 잘 이동하지 않는 물질을 사용해야 두 물체 사이에서 열의 이동을 막을 수 있습니다.
③ 단열재를 사용할 때 금속보다는 열이 잘 이동하지 않는 솜, 나무, 천, 종이 등을 사용합니다.
④ 아이스박스는 외부의 열이 내부로 이동하는 것을 막아 낮은 온도를 유지합니다.

08 ㉠ 냄비 받침은 뜨거운 냄비의 열이 식탁으로 이동하는 것을 막습니다.
㉡ 보랭 주머니는 물병의 외부와 내부 사이에서 열의 이동을 막습니다.

왜 틀린 답일까?

㉢ 고기를 굽는 철판은 열이 이동하는 빠르기가 빠른 금속으로 만들어 전도가 잘 되게 합니다.

09 냄비의 아랫부분을 가열하면 냄비의 바닥에 있던 물이 따뜻해지면서 위로 올라가고, 위쪽에 있던 차가운 물은 아래로 내려오는 과정을 반복하면서 열이 물 전체에 골고루 전달되어 물 전체가 따뜻해집니다.

채점 기준	
상	가열로 인해 따뜻해진 물이 위로 올라가고, 위에 있던 물이 아래로 내려오는 과정을 열의 이동과 함께 설명한 경우
중	물 전체에 열이 이동하기 때문이라고만 설명한 경우

10 주전자를 가열하면 바닥에 있던 물이 따뜻해지면서 위로 올라가고, 위에 있던 차가운 물은 아래로 내려오면서 주전자 속 물 전체에 열이 전달됩니다.

11 난방기 주변에서 데워진 따뜻한 공기가 위로 올라가고, 위에 있던 차가운 공기가 아래로 밀려 내려오는 과정을 반복하면서 방안 전체가 따뜻해집니다. 이와 같이 열이 이동하는 방법을 대류라고 합니다.

12 ④ 차가운 공기는 아래로 내려오므로 냉방기는 실내의 천장에 설치합니다.

왜 틀린 답일까?

① 기체에서 차가운 공기는 아래로 내려옵니다.
② 기체에서 따뜻한 공기는 위로 올라갑니다.
③ 공기를 가열하면 온도가 높아진 공기는 위로 올라가고, 위에 있던 공기는 아래로 내려옵니다.
⑤ 기체에서 열은 액체와 마찬가지로 대류에 의해 이동합니다.

단원 평가 1회

40~42 쪽

01 ② **02** (다) **03** ㉠
04 < **05** ㉠ 열, ㉡ 따뜻한
06 18.5 **07** ㉢ → ㉠ → ㉡ **08** 멀어지는
09 ④ **10** (가)
11 (나) → (다) → (가) **12** ㉠ 위, ㉡ 대류

서술형 문제

13 예시 답안 알코올 온도계, (가)는 기체의 온도를, (나)와 (다)는 액체의 온도를 측정해야 하기 때문이다.

14 예시 답안 물체의 온도는 물체가 놓인 장소, 햇빛의 양 등에 따라 다를 수 있기 때문이다.

15 예시 답안 뜨거운 국에서 국에 담긴 쇠숟가락으로 열이 이동하고, 쇠숟가락을 따라 손잡이 부분까지 열이 이동하기 때문이다.

16 예시 답안 주전자의 손잡이는 열이 잘 이동하지 않아야 하므로 나무로 만들고, 주전자의 바닥은 열이 잘 이동해야 하므로 금속으로 만든다.

17 예시 답안 바닥에 있던 물의 온도가 높아지면서 위로 올라가고, 차가운 물은 아래로 내려오면서 물 전체에 열을 전달하기 때문이다.

18 예시 답안 ㉡, 난방기를 켜면 난방기 주변의 따뜻해진 공기가 위로 올가가고, 위에 있던 차가운 공기가 아래로 내려와 방 전체가 골고루 따뜻해지기 때문이다.

01 ① 몸의 온도는 체온입니다.
③ 우리가 일상생활에서 주로 사용하는 온도의 단위는 ℃(섭씨도)입니다.
④ 같은 물체라도 햇빛의 양에 따라 온도가 다르게 측정될 수 있으므로 날씨는 온도에 영향을 줍니다.
⑤ 적외선 온도계와 비접촉식 체온계는 같은 원리로 만들어졌습니다.

왜 틀린 답일까?

② 액체나 기체의 온도를 측정할 때에는 알코올 온도계를 사용하므로 기온은 알코올 온도계를 사용해서 측정합니다.

02 (다) 식물마다 잘 자라는 온도가 다르므로 식물을 재배할 때에는 온도를 정확하게 측정해야 합니다.

왜 틀린 답일까?

(가) 배추는 주로 18.0 ℃~20.0 ℃의 온도에서 잘 자라므로 배추를 재배할 때에는 정확한 온도 측정이 필요합니다.
(나) 비닐하우스 내부의 기온을 측정할 때에는 알코올 온도계를 사용합니다.

03 ㉡ 어항에서 물고기를 키우는 적정 온도를 알기 위해 알코올 온도계로 물의 온도를 측정합니다.
㉢ 병원에서 환자의 건강 상태를 알기 위해서는 체온계를 사용해 체온을 측정해야 합니다.

왜 틀린 답일까?
㉠ 온도는 따뜻하거나 차가운 정도를 의미합니다. 책상의 폭은 온도가 아닌 길이를 의미하므로 자를 사용해서 측정해야 합니다.

04 적외선 온도계인 ㉠은 온도 표시 창에 24.9 ℃가 표시되어 있고, 알코올 온도계인 ㉡의 눈금은 27.0 ℃이므로 온도계 ㉡을 통해 측정한 물체의 온도가 더 높습니다.

05 온도가 다른 두 물이 접촉하면 따뜻한 물에서 차가운 물로 열이 이동하므로 따뜻한 물의 온도는 낮아지고, 차가운 물의 온도는 높아집니다.

06 온도가 다른 두 물이 접촉한 채로 시간이 지나면 두 물의 온도는 같아집니다. 따라서 캔에 담긴 물의 온도와 비커에 담긴 물의 온도는 18.5 ℃로 같습니다.

07 고체를 가열하면 가열한 부분의 온도가 먼저 높아지고 주변의 온도가 낮은 부분으로 고체로 된 물체를 따라 열이 이동하므로 ㉢ → ㉠ → ㉡ 순으로 열 변색 붙임딱지의 색깔이 변합니다.

08 고체에서 열은 가열한 부분에서 멀어지는 방향으로 고체로 된 물체를 따라 이동합니다.

09 ① 열 변색 붙임딱지의 색깔이 가장 빠르게 변한 고체 판은 ㉡이므로 열이 가장 빠르게 이동합니다.
② 열이 빠르게 이동하는 고체 판일수록 열 변색 붙임딱지의 색깔이 빨리 변하므로 ㉡ → ㉠ → ㉢ 순으로 열이 빠르게 이동합니다.
③ 열 변색 붙임딱지의 색깔이 ㉢에서 가장 느리게 변하므로 열이 이동하는 빠르기는 ㉢이 가장 느립니다.
⑤ 같은 고체라도 고체 물질의 종류에 따라 열이 이동하는 빠르기가 다릅니다.

왜 틀린 답일까?
④ ㉢에서보다 ㉠에서 열이 더 빠르게 이동합니다.

10 냄비를 가열하면 바닥에 있는 물의 온도가 높아지면서 위로 올라가고, 위에 있던 온도가 낮은 물은 아래로 내려옵니다. 물은 대류에 의해 열이 이동하면서 시간이 지나면 냄비 속 물 전체의 온도가 높아집니다.

11 가열 장치를 켜면 주변의 따뜻한 공기가 위로 올라가며 뱀 그림을 밀어내 뱀 그림이 움직입니다.

12 온도가 높아진 공기가 위로 이동하면서 뱀 그림이 움직입니다. 기체에서는 대류에 의해 열이 이동함을 뱀 그림의 움직임을 통해 확인할 수 있습니다.

13 알코올 온도계는 주로 액체나 기체의 온도를 측정하는 데 사용합니다.

채점 기준	
상	(가)~(다)에게 필요한 온도계를 옳게 고르고 그 까닭을 옳게 설명한 경우
중	온도계가 필요한 까닭만 옳게 설명한 경우
하	(가)~(다)에게 필요한 온도계만 옳게 고른 경우

14 흙의 온도는 흙이 있는 장소에 따라 햇빛의 양이 다르기 때문에 온도가 다르게 측정됩니다. 물체에 비춰지는 햇빛의 양이 많을수록 물체의 온도가 높기 때문에 두 흙의 온도가 다릅니다.

채점 기준	
상	물체가 놓인 장소, 햇빛의 양이 달라 물체의 온도가 다르게 측정되었다고 설명한 경우
중	장소가 다르기 때문이라고만 설명한 경우

15 뜨거운 국에 쇠숟가락을 담그면 뜨거운 국에서 쇠숟가락으로 열이 이동하고, 쇠숟가락에서는 온도가 높은 곳에서 온도가 낮은 곳으로 쇠숟가락을 따라 열이 이동합니다.

채점 기준	
상	뜨거운 국과 쇠숟가락 사이의 열의 이동과 쇠숟가락에서의 열의 이동을 모두 옳게 설명한 경우
중	뜨거운 국에서 쇠숟가락으로 열이 이동하기 때문이라고만 설명한 경우

16 주전자의 손잡이는 안전을 위해 열이 잘 이동하지 않는 나무로 만들고, 주전자의 바닥은 열이 잘 이동해야 하므로 전도가 빠른 금속으로 만듭니다.

채점 기준	
상	금속과 나무에서 열이 이동하는 빠르기와 손잡이와 바닥에 필요한 재료를 옳게 설명한 경우
중	금속과 나무에서 열이 이동하는 빠르기만 옳게 설명한 경우
하	손잡이와 바닥에 필요한 재료만 옳게 설명한 경우

17 주전자를 가열하면 바닥에 있던 물이 따뜻해지면서 위로 올라가고, 위에 있던 차가운 물은 아래로 내려오는 과정을 반복하면서 열이 전달되므로 주전자에 담긴 물 전체가 뜨거워집니다.

	채점 기준
상	가열로 인해 온도가 높아진 물이 위로 올라가고, 위에 있던 차가운 물이 아래로 내려오면서 열이 이동한다고 설명한 경우
중	단순히 열이 이동해서 뜨거워졌다고만 설명한 경우

18 따뜻한 공기는 위로 올라가므로 난방기는 방의 아래쪽인 ㉡에 설치해야 합니다. 난방기를 켜면 따뜻해진 공기는 위로 올라가고, 위에 있던 차가운 공기는 아래로 내려오면서 방 전체가 따뜻해집니다.

	채점 기준
상	난방기의 설치 위치와 난방기로 인한 공기의 이동 방향을 모두 옳게 설명한 경우
중	난방기로 인한 공기의 이동 방향만 옳게 설명한 경우
하	난방기의 설치 위치만 옳게 설명한 경우

수행 평가 1회

43 쪽

01 (1) ← (2) 예시 답안 아이스박스가 여름철 공기의 열이 아이스크림으로 이동하는 것을 막기 때문이다.
02 (1) 예시 답안 ㉠에서 파란색 잉크는 위쪽으로 올라간다. ㉡에서 뱀 그림은 밀려 올라가 빙글빙글 돈다. (2) 예시 답안 온도가 높아진 물질이 위로 올라가고, 온도가 낮아진 물질이 아래로 내려가면서 대류에 의해 열이 이동한다.

01 (1) 온도가 높은 여름철 공기에서 온도가 낮은 아이스크림으로 열이 이동하면서 아이스크림이 녹습니다.

만점 꿀팁 여름철 공기와 아이스크림이 접촉했을 때 열은 온도가 높은 여름철 공기에서 온도가 낮은 아이스크림으로 이동한다는 사실을 알 수 있어요.

(2) 아이스박스는 단열을 이용한 대표적인 예로 여름철 공기에서 아이스크림으로 열이 이동하는 것을 막습니다. 따라서 아이스크림을 아이스박스 안에 넣으면 녹지 않고 차가운 상태를 유지할 수 있습니다.

만점 꿀팁 두 물체 사이에서 열의 이동을 막는 단열은 아이스박스, 방한복, 에어캡 등에 이용되요.

	채점 기준
상	네 단어를 모두 사용하여 까닭을 옳게 설명한 경우
중	네 단어 중 두 단어만 사용하여 까닭을 옳게 설명한 경우
하	열의 이동을 막는다고만 설명한 경우

02 (1) ㉠에서 파란색 잉크는 뜨거운 물로부터 열을 받아 위로 이동하고, ㉡에서 뱀 그림은 가열 장치로 뜨거워진 공기가 위로 올라갈 때 밀어 올려져 회전합니다.

만점 꿀팁 뱀 그림을 나선으로 만든 것은 뜨거워진 공기가 뱀 그림을 밀어내면서 위로 올라가고 있음을 보기 위해서에요.

	채점 기준
상	㉠, ㉡에서 파란색 잉크와 뱀 그림의 움직임을 모두 옳게 설명한 경우
중	파란색 잉크와 뱀 그림의 움직임 중 한 가지만 옳게 설명한 경우

(2) 액체와 기체는 온도가 높아진 물질이 위로 올라가고, 온도가 낮아진 물질이 아래로 내려갑니다. 따라서 액체에서뿐만 아니라 기체에서도 열이 대류에 의해 이동합니다.

만점 꿀팁 액체와 기체를 가열하면 온도가 높아진 물질이 위로 올가가고 위에 있던 물질이 아래로 내려오면서 대류에 의해 열이 이동해요.

	채점 기준
상	액체와 기체에서 대류에 의해 열이 이동함을 옳게 설명한 경우
중	대류를 구체적으로 언급하지 못하고 액체와 기체에서 열이 이동하는 방법을 설명한 경우

단원 평가 2회 44~46 쪽

01 ㉢ 02 (가) ㉢, (나) ㉠ 03 ⑤
04 ㉠ (나), ㉡ (가) 05 = 06 ㉢
07 전도 08 (나) 09 ①
10 단열 11 ㉣ 12 ④

서술형 문제

13 예시 답안 • 쓰임새: 고체로 된 물체의 온도를 측정할 때 사용한다. • 사용 방법: 물체의 표면 쪽으로 적외선 온도계를 향하게 하고 온도 측정 단추를 누르면 온도 표시 창에서 온도가 나타난다.
14 • (가)의 온도: 20.0, (나)의 온도: 27.0
• 까닭: 예시 답안 같은 물체라도 물체가 놓인 측정 장소에 따라 온도가 다를 수 있기 때문이다.
15 예시 답안 아이스박스가 여름철 온도가 높은 공기에서 온도가 낮은 아이스크림으로 열이 이동하는 것을 막아 아이스크림이 빨리 녹지 않게 하기 때문이다.
16 예시 답안 프라이팬을 가열하면 프라이팬과 접촉한 달걀로 전도에 의해 열이 이동하면서 달걀이 익는다.
17 예시 답안 가열된 파란색 잉크는 위로 올라간다.
18 예시 답안 가열 장치를 켜면 가열 장치 주변 공기의 온도가 높아져 위로 올라가면서 뱀 그림을 밀어 뱀 그림을 움직이게 하기 때문이다.

01 ㉢ 온도를 측정하면 물체의 따뜻하거나 차가운 정도를 정확하게 알 수 있습니다.
왜 틀린 답일까?
㉠, ㉡ 소리의 세기나 무게는 온도계로 잴 수 없습니다. 온도계는 물체의 따뜻하거나 차가운 정도를 측정하는 도구입니다.

02
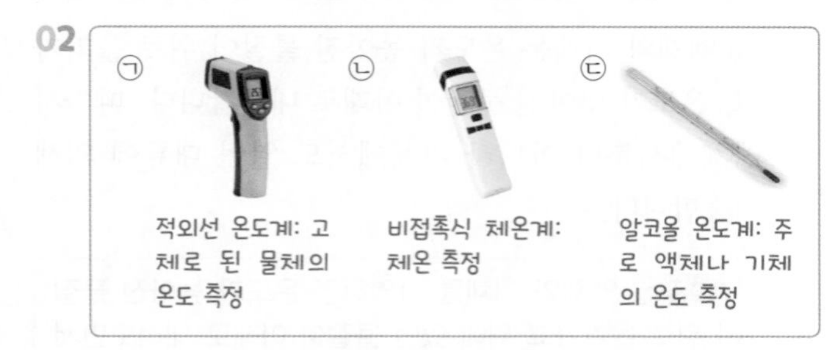

알코올 온도계인 ㉢은 주로 액체나 기체의 온도를, 적외선 온도계인 ㉠은 주로 고체로 된 물체의 온도를 측정할 때 사용합니다.

03 ① ㉡은 비접촉식 체온계로 체온을 측정할 때 씁니다.
② ㉠의 적외선 온도계와 ㉡의 비접촉식 체온계는 같은 원리로 만들어져 사용 방법도 같습니다.
③ 책상은 고체이므로 온도를 측정할 때에는 적외선 온도계인 ㉠을 사용합니다.
④ 운동장의 기온을 측정할 때에는 알코올 온도계인 ㉢을 사용합니다.
왜 틀린 답일까?
⑤ 물의 온도를 측정할 때에는 알코올 온도계인 ㉢을 사용합니다.

04

시간(분)	0	1	2		7	8	9
(가)의 온도(°C)	23.2	27.0	29.0	온도가 높아져요. →	31.9	32.9	32.9
(나)의 온도(°C)	45.0	40.0	37.9	온도가 낮아져요. →	34.0	32.9	32.9

온도가 서로 다른 두 물체가 접촉하면 온도가 높은 물체에서 온도가 낮은 물체로 열이 이동하므로 (가)의 온도는 높아지고, (나)의 온도는 낮아집니다.

05 온도가 서로 다른 두 물체가 접촉한 상태로 시간이 충분히 지나면 두 물체의 온도는 같아집니다.

06 ㉢ 두 물체의 온도가 같아지기 전까지는 (나)의 온도가 (가)의 온도보다 높다가 9 분일 때 (가)의 온도와 (나)의 온도는 같습니다.
왜 틀린 답일까?
㉠, ㉡ 온도가 높은 (나)에서 온도가 낮은 (가)로 열이 이동하면서 시간이 지날수록 (가)의 온도는 점점 높아지고 (나)의 온도는 점점 낮아집니다.

07 뜨거운 물에 담긴 쇠숟가락에서 손잡이 부분까지 열이 전도되므로 손잡이가 뜨거워집니다.

08 (나): 나무에서보다 금속에서 열이 더 빠르게 이동합니다.
왜 틀린 답일까?
(가), (다): 고체에서 열은 전도에 의해 이동하며 고체로 된 물체의 끊긴 부분으로는 열이 잘 이동하지 않습니다.

09 ① 온도가 높은 철판에서 온도가 낮은 고기로 열이 이동합니다.
왜 틀린 답일까?
② 철판에서는 전도에 의해 열이 이동합니다.
③ 유리에서보다 철판에서 열이 더 빠르게 이동하기 때문에 유리판에서보다 철판에서 고기가 더 빨리 익습니다.
④, ⑤ 철판에서 열은 온도가 높은 불과 가까이 있는 부분에서 온도가 낮은 쪽으로 이동합니다.

10 집을 지을 때 실내 온도를 유지하기 위해 사용하는 단열재와 이중창, 체온을 유지하기 위해 입는 방한복과 침구류는 단열을 이용한 예입니다.

11

차가운 물이 담긴 주전자를 가열하면 주전자 바닥에 있는 물의 온도가 가장 먼저 높아집니다.

12 액체에서 열은 대류에 의해 이동합니다. 주전자를 가열하면 주전자의 바닥에 있던 물의 온도가 높아지면서 위로 올라가고, 위에 있던 차가운 물은 아래로 내려갑니다. 시간이 지나면 주전자 속 물 전체의 온도가 높아집니다.

13 적외선 온도계는 주로 고체로 된 물체의 온도를 측정할 때 사용합니다. 적외선 온도계는 온도를 측정할 물체의 표면 쪽으로 온도계를 향하게 하고 온도 측정 단추를 누르면 온도 표시 창에 물체의 온도가 나타납니다. 적외선 온도계를 사용할 때에는 사람의 눈을 향해 겨누지 않도록 합니다.

채점 기준	
상	적외선 온도계의 쓰임새와 사용 방법을 모두 옳게 설명한 경우
중	적외선 온도계의 사용 방법만 옳게 설명한 경우
하	적외선 온도계의 쓰임새만 옳게 설명한 경우

14 운동장에 있는 물의 온도는 20.0 ℃, 교실에 있는 물의 온도는 27.0 ℃입니다. 같은 물이지만 온도가 다른 까닭은 측정하는 장소에 따라 온도가 다를 수 있기 때문입니다.

채점 기준	
상	(가)와 (나)에서 알코올 온도계의 눈금을 모두 정확하게 쓰고, 온도가 다른 까닭을 옳게 설명한 경우
중	온도가 다른 까닭만 옳게 설명한 경우
하	(가)와 (나)에서 알코올 온도계의 눈금만 정확하게 쓴 경우

15 아이스박스는 여름철 온도가 높은 공기와 온도가 낮은 아이스크림 사이에서 열이 이동하는 것을 막아줍니다.

채점 기준	
상	아이스크림이 빨리 녹지 않는 까닭을 아이스박스와 공기 사이의 단열과 관련지어 설명한 경우
중	열의 이동을 막기 때문이라고만 설명한 경우

16 프라이팬은 금속으로 이루어져 열을 잘 전도하는 물체입니다. 프라이팬을 가열하면 불과 가까운 쪽에서 멀어지는 방향으로 열이 이동하며, 프라이팬과 접촉하고 있는 달걀로도 빠르게 열이 전도에 의해 이동해 달걀이 익게 됩니다.

채점 기준	
상	프라이팬에서 달걀로 전도에 의해 열이 이동하기 때문이라고 옳게 설명한 경우
중	달걀의 온도가 높아지기 때문이라고 설명한 경우

17 뜨거운 물이 수조 바닥에 있는 파란색 잉크로 열을 전달하면서 대류 현상이 일어나 파란색 잉크가 위로 올라갑니다.

바닥에 있던 파란색 잉크가 가열되어 위로 올라가요.

채점 기준	
상	가열된 파란색 잉크가 위로 올라간다고 옳게 설명한 경우
중	파란색 잉크가 수조의 물에 섞인다고만 설명한 경우

18 가열 장치를 켜면 따뜻해진 공기가 위로 올라가면서 뱀 그림을 밀어내므로 뱀 그림이 움직입니다.

채점 기준	
상	가열 장치 주변의 따뜻해진 공기의 움직임 때문에 뱀 그림이 움직인다고 까닭을 옳게 설명한 경우
중	가열 장치 주변의 공기가 따뜻해졌기 때문이라고만 설명한 경우
하	공기의 움직임 때문이라고만 설명한 경우

수행 평가 2회

47 쪽

01 (1) 예시 답안 (가)의 온도는 점점 높아지고, (나)의 온도는 점점 낮아진다. (2) 예시 답안 온도가 높은 (나)에서 온도가 낮은 (가)로 열이 이동하기 때문이다.
02 (1) ㉢ → ㉠ → ㉡ (2) 예시 답안 ㉢, 열이 가장 빠르게 이동하는 물질의 고체 판에서 (가)의 색깔이 빠르게 변하기 때문이다.

01 (1) 온도가 서로 다른 두 물체가 접촉하면 온도가 높은 물체의 온도는 점점 낮아지고, 온도가 낮은 물체의 온도는 점점 높아집니다.

만점 꿀팁 실험 결과를 보면 시간이 지날수록 두 물체의 온도가 비슷해지는 것을 알 수 있어요.

채점 기준	
상	(가)와 (나)의 온도 변화를 모두 설명한 경우
중	(가) 또는 (나)의 온도 변화만 설명한 경우

(2) 온도가 서로 다른 두 물체가 접촉하면 온도가 높은 물체에서 온도가 낮은 물체로 열이 이동합니다. 따라서 온도가 높은 (나)는 온도가 점점 낮아지고, 온도가 낮은 (가)는 온도가 점점 높아집니다.

만점 꿀팁 온도가 다른 두 물체가 접촉할 때 온도가 높은 물체의 온도는 점점 낮아지고, 온도가 낮은 물체의 온도는 점점 높아지는 현상을 통해 두 물체 사이에서 열이 이동하는 것을 설명할 수 있어요.

채점 기준	
상	(가)와 (나)의 온도가 변하는 까닭을 열의 이동과 관련지어 옳게 설명한 경우
중	(가)와 (나)의 온도는 언급하지 않고, (나)에서 (가)로 열이 이동하기 때문이라고만 설명한 경우

02 (1) 열변색 붙임딱지는 온도가 높아지면 색깔이 변합니다. 따라서 열 변색 붙임딱지의 색깔이 변하는 빠르기를 비교하면 열이 이동하는 빠르기를 알 수 있습니다. 열 변색 붙임딱지의 색깔은 ㉢ → ㉠ → ㉡ 순으로 빠르게 변했으므로 고체 판에서 열이 이동하는 빠르기도 ㉢ → ㉠ → ㉡ 순으로 빠릅니다.

만점 꿀팁 고체 물질의 열전도 빠르기를 정확히 비교하기 위해서는 고체 판의 길이와 폭을 같게 하고 뜨거운 물이 담긴 비커에 동시에 넣어야 해요. 이를 통해 고체 물질의 종류마다 열전도 빠르기가 다름을 알 수 있어요.

(2) 고체 판의 한 부분을 가열하면 먼저 가열한 부분의 온도가 높아지고, 주변의 낮은 부분으로 열이 이동하면서 (가) 부분의 색깔도 변합니다. 따라서 고체 판에서 열이 빨리 이동할수록 (가) 부분으로도 열이 빠르게 이동해 (가) 부분의 색깔이 빨리 변합니다. 따라서 (가)의 색깔이 가장 먼저 변하는 고체 판은 열의 이동이 가장 빠른 ㉢입니다.

만점 꿀팁 열 변색 붙임딱지는 온도에 따라 색깔이 변하는 원리로 만들어졌어요. 고체 판에서 열이 빠르게 이동할수록 고체 판에 붙은 열 변색 붙임딱지의 색깔도 빠르게 변하므로 고체 물질의 종류에 따라 열이 이동하는 빠르기가 다름을 관찰할 수 있어요.

채점 기준	
상	열이 빠르게 이동하는 순서와 색깔이 가장 먼저 변하는 고체 판을 고르고, 그 까닭을 옳게 설명한 경우
중	색깔이 가장 먼저 변하는 고체 판만 고르고, 그 까닭은 설명하지 않은 경우
하	색깔이 가장 먼저 변하는 고체 판은 고르지 않고, 열이 빠르게 이동하는 순서만 나열한 경우

3 태양계와 별

1 태양은 지구에 어떤 영향을 줄까요

스스로 확인해요 50 쪽

1 태양 2 예시 답안 물이 잘 순환하지 않는다. 지구의 온도가 변해 생물이 살아가기 어렵다. 식물이 양분을 만들기 어렵다. 등

1 태양은 많은 양의 빛을 내보내며 지구에서 이용되는 거의 모든 에너지의 근원입니다.

문제로 개념 탄탄 51 쪽

1 태양 2 양분
3 (1) × (2) ○ (3) ○ 4 ㉢

1 태양은 지구에서 이용되는 거의 모든 에너지의 근원입니다. 태양은 지구와 지구에 사는 모든 생물에게 영향을 주며, 태양이 주는 에너지로 우리 생활이 유지되고 생물이 살아갈 수 있습니다.

2 식물은 태양 빛을 이용해 살아가는 데 필요한 양분을 만듭니다.

3 (1) 사람들은 태양이 주는 빛을 이용해 전기를 만들어 생활에 이용합니다.
(2) 태양에 의해 바닷물이 증발해 염전에서 소금을 얻습니다.
(3) 태양 빛이 물체를 볼 수 있게 해서 우리가 낮에 야외에서 활동할 수 있습니다.

4 태양에 의해 물이 증발해 구름이 만들어지고 구름에서 비나 눈이 내립니다.

2 태양계 행성은 어떤 특징이 있을까요

스스로 확인해요 52 쪽

1 목성, 해왕성 2 예시 답안 천왕성의 지름이 지구 지름의 약 4.0 배이므로 지구의 지름이 1 cm가 된다면 천왕성의 지름은 약 4 cm가 된다.

2 천왕성의 상대적 크기가 지구의 약 4.0 배이므로 지구의 지름을 1 cm로 본다면 천왕성의 지름은 1 cm의 약 4.0 배인 약 4 cm가 됩니다.

문제로 개념 탄탄 53 쪽

1 태양계 2 태양 3 ㉢
4 ① 5 토성

1 태양과 태양의 영향을 받는 천체 그리고 그 주위의 공간을 태양계라고 합니다.

2 태양 주위를 도는 여덟 개의 둥근 천체를 행성이라고 합니다. 태양계 행성에는 수성, 금성, 지구, 화성, 목성, 토성, 천왕성, 해왕성이 있습니다.

3 태양계 행성은 수성, 금성, 지구, 화성, 목성, 토성, 천왕성, 해왕성으로 여덟 개가 있습니다. 태양은 태양계 중심에 있는 별입니다.

4 지구보다 크기가 작은 행성에는 수성, 금성, 화성이 있습니다.

5 토성은 뚜렷하고 큰 고리가 있으며, 연노란색으로 보입니다. 또, 태양으로부터의 거리가 지구의 약 9.6 배로 지구보다 멉니다.

문제로 실력 쑥쑥 54~55 쪽

01 ㉢ 02 ② 03 전기
04 태양 05 ① 06 ㉡
07 ⑤ 08 ①
09 예시 답안 지구보다 크기가 큰 행성은 목성, 토성, 천왕성, 해왕성이고, 지구보다 크기가 작은 행성은 수성, 금성, 화성이다. 10 ㉡, ㉣ 11 수성
12 예시 답안 태양에서 지구까지의 거리인 1.0을 기준으로 태양에서 다른 행성까지의 거리를 나타낸 것이다.

01 ㉠ 태양이 주는 빛을 이용해 전기를 만듭니다.
㉡ 태양에 의해 물이 증발해 구름이 만들어지고 다시 비나 눈이 되어 내립니다.

왜 틀린 답일까?
㉢ 식물은 태양 빛을 이용해 살아가는 데 필요한 양분을 만듭니다.

02

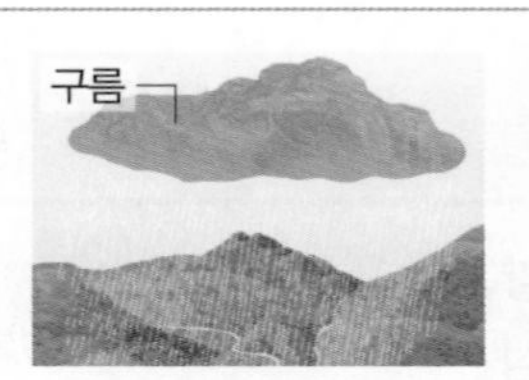

태양에 의해 물이 증발해 구름이 만들어지고 다시 비나 눈이 되어 내려요.

태양에 의해 바닷물이 증발해 염전에서 소금을 얻어요.

태양이 있어 사람들이 해변에서 일광욕을 할 수 있어요.

태양 빛이 있어 우리가 낮에 야외에서 활동할 수 있어요.

태양은 지구에서 이용되는 거의 모든 에너지의 근원으로 지구와 지구에 사는 모든 생물에게 다양한 영향을 줍니다. 태양에 의해 바닷물이 증발해 염전에서 소금을 얻을 수 있습니다.

03 지붕이나 야외에 설치된 태양 전지판은 태양 빛을 받아 전기를 만드는 장치입니다. 이와 같이 사람들은 태양이 주는 빛을 이용해 전기를 만들어 생활에 이용합니다.

04 태양은 태양계에서 가장 큰 천체로 태양계의 중심에 있습니다. 또, 태양계에서 유일하게 스스로 빛을 내는 천체입니다.

05 ②, ③, ④ 태양계 행성에는 수성, 금성, 지구, 화성, 목성, 토성, 천왕성, 해왕성이 있습니다.

왜 틀린 답일까?
① 달은 지구 주위를 도는 천체로 태양계 행성에 해당하지 않습니다.

06 ㉠ 수성은 어두운 회색으로 보입니다.
㉢ 토성은 연노란색으로 보이며 뚜렷하고 큰 고리를 가지고 있습니다.

왜 틀린 답일까?
㉡ 목성은 태양계에서 크기가 가장 큰 행성으로 표면에 가로줄 무늬가 보입니다.

07 ⑤ 금성은 태양 주위를 도는 행성으로 지구에서 가장 밝게 보이는 행성입니다.

왜 틀린 답일까?
① 금성은 주로 황색과 붉은색으로 보입니다. 파란색으로 보이는 행성은 해왕성입니다.
② 수성, 금성, 지구, 화성에는 고리가 없습니다. 희미한 고리가 있는 행성은 목성, 천왕성, 해왕성이고, 토성에는 뚜렷하고 큰 고리가 있습니다.
③ 금성은 지구보다 크기가 작습니다.
④ 달처럼 표면이 울퉁불퉁한 행성은 수성입니다.

08

• 상대적 크기는 지구의 지름(1.0)을 기준으로 다른 행성들의 크기를 나타낸 것이에요.
• 상대적 크기가 1.0보다 작은 수성, 금성, 화성은 지구보다 크기가 작은 행성이고, 상대적 크기가 1.0보다 큰 목성, 토성, 천왕성, 해왕성은 지구보다 크기가 큰 행성이에요.

상대적 크기가 작은 행성일수록 실제 크기가 작은 행성입니다. 따라서 태양계 행성 중 크기가 가장 작은 행성은 상대적 크기가 0.4로 가장 작은 수성입니다.

09 지구의 크기를 1.0으로 보았을 때 수성의 크기는 0.4, 금성의 크기는 0.9, 화성의 크기는 0.5, 목성의 크기는 11.2, 토성의 크기는 9.4, 천왕성의 크기는 4.0, 해왕성의 크기는 3.9입니다. 따라서 1.0보다 크기가 큰 목성, 토성, 천왕성, 해왕성은 지구보다 크기가 큰 행성이고, 1.0보다 크기가 작은 수성, 금성, 화성은 지구보다 크기가 작은 행성입니다.

채점 기준	
상	지구보다 크기가 큰 행성과 작은 행성을 모두 옳게 설명한 경우
중	지구보다 크기가 큰 행성과 작은 행성 중 한 가지만 옳게 설명한 경우

10 수성과 금성은 태양으로부터의 거리가 지구보다 가깝고, 화성, 목성, 토성, 천왕성, 해왕성은 태양으로부터의 거리가 지구보다 멉니다.

11

행성	수성	금성	지구	화성
상대적 거리	0.4	0.7	1.0	1.5
행성	목성	토성	천왕성	해왕성
상대적 거리	5.2	9.6	19.2	30.0

- 태양에서 행성까지의 상대적 거리는 태양에서 지구까지의 거리(1.0)를 기준으로 나타내요.
- 상대적 거리가 1.0보다 가까운 수성, 금성은 태양으로부터의 거리가 지구보다 가깝고, 상대적 거리가 1.0보다 먼 화성, 목성, 토성, 천왕성, 해왕성은 태양으로부터의 거리가 지구보다 멀어요.

태양으로부터의 거리가 가장 가까운 행성은 상대적 거리가 0.4로 가장 작은 수성입니다.

12 상대적 거리는 태양에서 지구까지의 거리를 기준으로 태양에서 다른 행성까지의 거리를 나타낸 것입니다. 태양에서 지구까지의 거리를 1.0으로 보았을 때 태양으로부터 행성까지의 상대적 거리는 수성이 0.4, 금성이 0.7, 화성이 1.5, 목성이 5.2, 토성이 9.6, 천왕성이 19.2, 해왕성이 30.0입니다.

채점 기준	
상	태양에서 지구까지의 거리인 1.0을 기준으로 했다고 설명한 경우
중	숫자를 제시하지 않고 태양에서 지구까지의 거리를 기준으로 했다고만 설명한 경우

3 행성과 별은 어떤 점이 다를까요

스스로 확인해요 56 쪽

1 × **2** 예시 답안 금성 외에 태양계 행성에는 수성, 지구, 화성, 목성, 토성, 천왕성, 해왕성이 있다.

1 여러 날 동안 행성과 별을 관측하면 별은 위치가 변하지 않지만 행성은 별 사이에서 움직이는 것을 볼 수 있습니다.

2 행성은 별과 달리 스스로 빛을 내지 않고 태양 빛을 반사하여 밝게 빛납니다. 태양계 행성에는 금성 외에 수성, 지구, 화성, 목성, 토성, 천왕성, 해왕성이 있습니다.

문제로 개념 탄탄 57 쪽

1 없다 **2** 행성
3 (1) ○ (2) ○ (3) × **4** ㉠ 별, ㉡ 행성

1 별은 스스로 빛을 내지만 행성은 별과 달리 스스로 빛을 내지 않고 태양 빛을 반사합니다.

2

여러 날 동안 밤하늘을 관측하면 행성은 별과 달리 위치가 변하는 것을 볼 수 있어요.

여러 날 동안 밤하늘을 관측하면 별은 위치가 거의 변하지 않지만 행성은 별 사이에서 움직이는 것을 볼 수 있습니다.

3 (1) 별은 스스로 빛을 내는 천체입니다.
(2) 행성은 별과 달리 스스로 빛을 내지 않고 태양 빛을 반사하는 천체입니다.
(3) 여러 날 동안 밤하늘을 관측하면 행성은 별 사이에서 위치가 변하는 것을 볼 수 있습니다.

4 여러 날 동안 밤하늘을 관측하면 별은 거의 움직이지 않지만 행성은 별 사이에서 움직이는 것을 볼 수 있습니다.

4 북쪽 하늘의 대표적인 별자리는 무엇일까요

스스로 확인해요 58 쪽

1 북쪽 **2** 예시 답안 조명 기구를 모두 껐을 때이다. 밝은 곳에서 관측할 경우 다른 불빛에 가려져 별이 잘 보이지 않기 때문이다.

1 큰곰자리, 작은곰자리, 카시오페이아자리 등은 북쪽 밤하늘에서 볼 수 있는 대표적인 별자리입니다.

2 별자리를 관측할 때에는 주변이 탁 트이고 밤하늘의 별이 충분히 보일만큼 충분히 어두운 것이 좋습니다. 학교 운동장의 조명이 켜져 있다면 조명의 불빛에 가려져 별이 잘 보이지 않습니다.

문제로 개념 탄탄 59 쪽

1 별자리	**2** 어둡고	**3** 북쪽
4 ㉠	**5** ㉠	

1 별자리는 밤하늘에 무리 지어 있는 별을 연결해 이름을 붙인 것입니다.

2 별자리 관측은 밤하늘이 충분히 어둡고 주변이 탁 트인 곳에서 하는 것이 좋습니다.

3 카시오페이아자리는 큰곰자리, 작은곰자리와 함께 북쪽 하늘에서 볼 수 있는 대표적인 별자리입니다.

4 북쪽 하늘의 대표적인 별자리에는 큰곰자리, 작은곰자리, 카시오페이아자리 등이 있습니다.

5 큰곰자리는 북두칠성을 포함하고 있으며, 작은곰자리, 카시오페이아자리와 함께 북쪽 밤하늘에서 볼 수 있습니다.

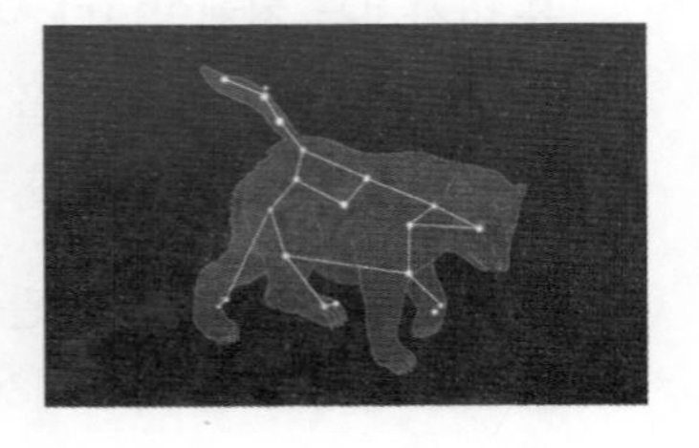

5 북극성은 어떻게 찾을 수 있을까요

스스로 확인해요 60 쪽

1 북두칠성 **2** 예시 답안 밤하늘에서 북두칠성이나 카시오페이아자리를 찾고 이를 이용해 북극성을 찾으면 북극성이 있는 쪽이 북쪽이다.

1 북극성은 북두칠성이나 카시오페이아자리를 통해 찾을 수 있습니다.

2 밤하늘에서 북두칠성이나 카시오페이아자리를 통해 북극성을 찾으면 북극성을 통해 방위를 확인할 수 있습니다. 북극성을 바라보고 섰을 때 북극성이 있는 방향이 북쪽입니다.

문제로 개념 탄탄 61 쪽

1 북극성	**2** 북	**3** ㉠, ㉢
4 북쪽	**5** 5	

1 북극성은 항상 북쪽에 있으므로 나침반과 같이 방향을 확인할 도구가 없어도 북극성을 찾으면 방위를 알 수 있습니다.

2 북극성은 항상 북쪽에 있습니다. 북극성을 바라보고 섰을 때 밤하늘에서 북극성이 있는 방향이 북쪽이고, 오른쪽이 동쪽, 왼쪽이 서쪽입니다.

3 북극성은 북두칠성이나 카시오페이아자리를 이용하여 찾을 수 있습니다.

4 북극성은 북두칠성이나 카시오페이아자리를 이용해 찾을 수 있습니다. 북두칠성이나 카시오페이아자리를 이용해 북극성을 찾으면 북극성이 있는 방향이 북쪽입니다.

5

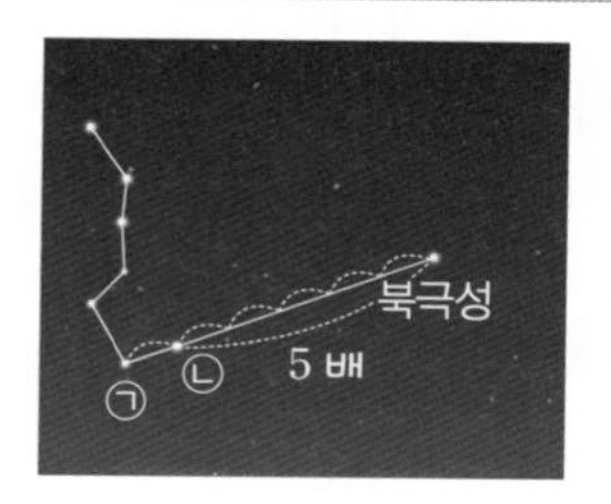

북두칠성의 끝부분에 있는 두 별을 연결했을 때, 그 간격의 5 배만큼 떨어진 곳에 북극성이 있어요.

북두칠성의 끝부분에 있는 두 별 ㉠과 ㉡을 연결했을 때, 그 간격의 5 배만큼 떨어진 곳에 북극성이 있습니다.

문제로 실력 쑥쑥

62~63 쪽

01 ㉠ 별, ㉡ 행성 **02** 예시 답안 행성은 스스로 빛을 내지 않고 태양 빛을 반사하지만 별은 스스로 빛을 낸다. 여러 날 동안 밤하늘을 관측하면 별은 거의 위치가 변하지 않지만 행성은 위치가 변한다. 등
03 ㉠ 행성, ㉡ 별 **04** ㉢ **05** (가)
06 ⑤ **07** 북극성 **08** ④
09 예시 답안 북극성은 항상 북쪽에 있으므로 북극성을 통해 북쪽을 확인하여 방위를 찾을 수 있다.
10 북쪽 **11** ㉤
12 (나) → (가) → (다)

01 별은 스스로 빛을 내는 천체이지만 행성은 별과 달리 스스로 빛을 내지 않고 태양 빛을 반사하는 천체입니다.

02 행성은 스스로 빛을 내지 않고 태양 빛을 반사하지만 별은 행성과는 달리 스스로 빛을 냅니다. 또, 여러 날 동안 밤하늘을 관측하면 별은 거의 위치가 변하지 않지만 행성은 위치가 변합니다.

채점 기준	
상	행성과 별의 차이점을 두 가지 모두 옳게 설명한 경우
중	행성과 별의 차이점을 한 가지만 옳게 설명한 경우

03

㉠은 여러 날 동안 위치가 변한 행성이에요.

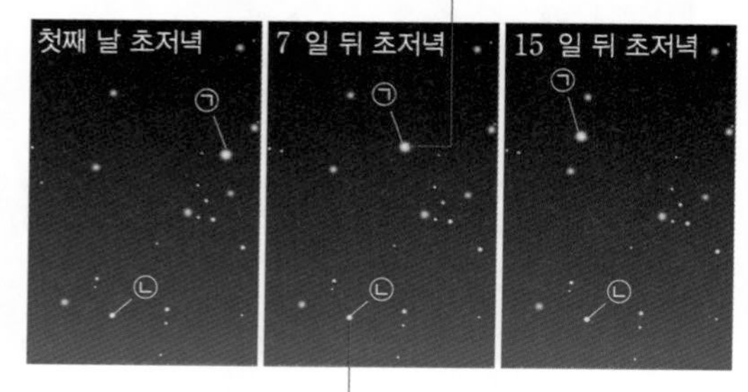

㉡은 여러 날 동안 위치가 거의 변하지 않은 별이에요.

여러 날 동안 밤하늘을 관측하였을 때 별은 거의 위치가 변하지 않지만 행성은 위치가 변합니다. 따라서 여러 날 동안 밤하늘을 관측하였을 때 위치가 변한 ㉠은 행성이고, 위치가 변하지 않은 ㉡은 별입니다.

04 ㉢ 별자리는 무리 지어 있는 별을 연결해 닮은 동물이나 물건, 신화 속 인물의 이름을 붙인 것입니다.

왜 틀린 답일까?

㉠ 별자리는 무리 지어 있는 여러 개의 별을 연결해 이름을 붙인 것입니다.
㉡ 북쪽 밤하늘에서는 큰곰자리, 작은곰자리, 카시오페이아자리 등 다양한 별자리를 볼 수 있습니다.

05 (나): 큰곰자리, 작은곰자리, 카시오페이아자리는 모두 북쪽 하늘에서 볼 수 있는 대표적인 별자리입니다.
(다): 큰곰자리, 작은곰자리, 카시오페이아자리는 모두 별을 연결해 이름을 붙인 별자리입니다.

왜 틀린 답일까?

(가): 큰곰자리, 작은곰자리, 카시오페이아자리는 모두 일 년 내내 관측할 수 있습니다.

06 ①, ② 그림은 W자 또는 M자 모양을 하고 있는 카시오페이아자리입니다.
③, ④ 카시오페이아자리는 북쪽 하늘에서 볼 수 있는 대표적인 별자리 중 하나로, 일 년 내내 관측할 수 있습니다.

왜 틀린 답일까?

⑤ 북두칠성이 포함되어 있는 별자리는 큰곰자리입니다. 북두칠성은 큰곰자리의 꼬리 부분에 일곱 개의 별로 이루어져 있습니다.

07 북극성은 항상 북쪽에 있는 별자리로, 북쪽 밤하늘에서 볼 수 있습니다. 북극성은 항상 북쪽에 있으므로 방향을 확인할 도구가 없어도 북극성을 찾으면 방위를 알 수 있습니다.

08

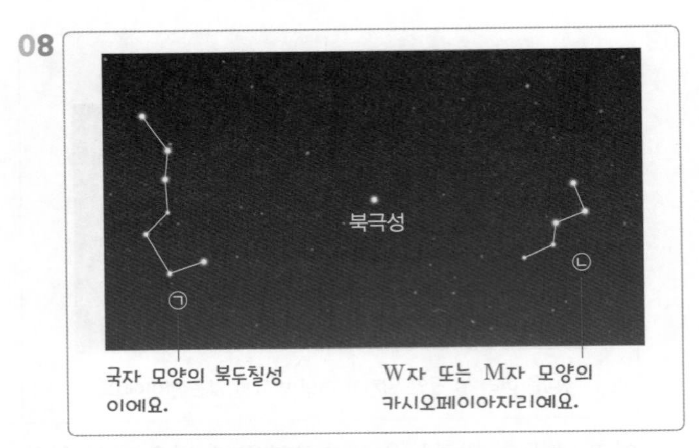

㉠은 국자 모양의 북두칠성이고, ㉡은 W자 또는 M자 모양의 카시오페이아자리입니다. 북두칠성과 카시오페이아자리는 모두 북극성을 찾는 데 이용되는 별자리입니다.

09 북극성은 항상 북쪽에 있으므로, 북극성을 이용하면 방향을 확인할 수 있는 도구가 없더라도 방위를 찾을 수 있습니다. 밤하늘에서 북극성을 바라보고 섰을 때 북극성이 있는 방향이 북쪽입니다.

채점 기준	
상	북극성이 항상 북쪽에 있으므로, 북극성을 통해 북쪽을 확인하여 방위를 찾을 수 있다고 설명한 경우
중	북극성이 북쪽에 있기 때문이라고 설명한 경우
하	북극성의 위치가 변하지 않기 때문이라고만 설명한 경우

10 북두칠성은 북쪽 밤하늘에서 볼 수 있으며, 북두칠성을 이용해 북극성을 찾을 수 있습니다.

11 북두칠성의 끝부분에 있는 별을 연결하고, 그 간격의 5 배만큼 떨어진 곳에 북극성이 있습니다. 따라서 북극성의 위치로 옳은 것은 ㉤입니다.

12

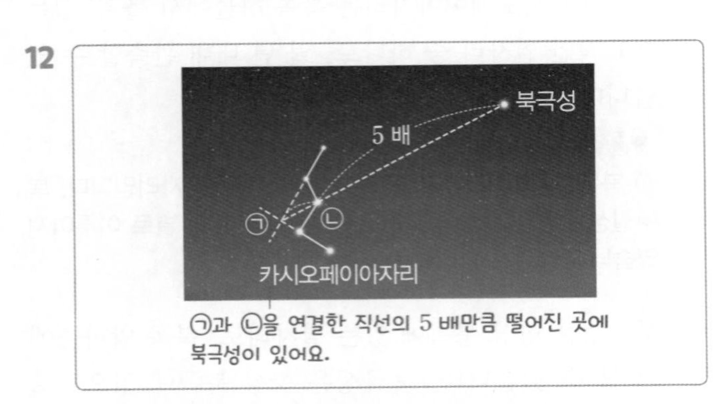

(나) 카시오페이아자리의 바깥쪽 두 선을 연장해 ㉠을 찾습니다.

(가) ㉠과 카시오페이아자리 가운데에 있는 별 ㉡을 연결합니다.

(다) ㉠과 ㉡을 연결한 간격의 5 배만큼 떨어진 곳에 있는 별이 북극성입니다.

따라서 카시오페이아자리를 이용해 북극성을 찾는 순서는 (나) → (가) → (다)입니다.

단원 평가 1회

72~74 쪽

01 ㉢	02 ⑤	03 ③
04 ㉡	05 금성	06 ㉡
07 금성<화성<토성		08 ㉠
09 ㉢	10 ③	11 북쪽
12 ⑤		

서술형 문제

13 예시 답안 (가), 태양이 없으면 지구의 물이 순환하기 어려울 거야.

14 예시 답안 (가)는 지구보다 크기가 작은 행성이고, (나)는 지구보다 크기가 큰 행성이다.

15 예시 답안 목성은 상대적 크기가 가장 크므로, 가장 큰 종이가 필요한 행성 모형은 목성이다.

16 예시 답안 북쪽 하늘, 큰곰자리, 작은곰자리, 카시오페이아자리가 보이는데 이 별자리들은 북쪽 하늘의 대표적인 별자리이기 때문이다.

17 예시 답안 북쪽, 북극성을 바라보았을 때 밤하늘에서 북극성이 있는 방향이 북쪽이다.

18 예시 답안 북두칠성, ㉠과 ㉡을 연결하고, 그 간격의 5 배만큼 떨어진 곳에 북극성이 있다.

01 ㉢ 태양은 지구에서 이용되는 거의 모든 에너지의 근원으로 태양이 주는 에너지로 우리 생활이 유지되고 생물이 살아갈 수 있습니다.

왜 틀린 답일까?

㉠ 태양은 많은 양의 빛을 내보내며 우리 생활과 생물에 영향을 줍니다.
㉡ 태양은 지구와 지구에 사는 모든 생물에게 영향을 줍니다.

02 ① 사람들은 태양이 주는 빛을 이용해 전기를 만들어 생활에 이용합니다.
② 태양 빛은 물체를 볼 수 있게 해서 우리가 낮에 야외에서 활동할 수 있습니다.
③ 염전에서는 태양 빛을 이용해 바닷물을 증발시켜 소금을 얻을 수 있습니다.
④ 태양에 의해 물이 증발해 구름이 만들어지고 다시 비나 눈이 되어 내립니다.

왜 틀린 답일까?

⑤ 식물은 태양 빛을 이용해 살아가는 데 필요한 양분을 만듭니다.

03 ③ 태양계에는 지구를 비롯하여 수성, 금성, 화성, 목성, 토성, 천왕성, 해왕성으로 구성된 여덟 개의 행성이 있습니다.

왜 틀린 답일까?

① 지구는 태양계 천체 중 행성에 해당합니다.
② 태양은 태양계에서 유일하게 스스로 빛을 내는 천체입니다. 반면 태양계 행성들은 스스로 빛을 내지 않고 태양 빛을 반사하여 밝게 빛납니다.
④ 태양계에서 가장 큰 천체는 태양입니다. 토성은 태양계 행성 중에서 두 번째로 큰 행성입니다.
⑤ 태양계는 태양과 태양의 영향을 받는 천체 및 그 주위의 공간을 말합니다. 따라서 태양 주위의 공간도 태양계에 포함됩니다.

04 ㉡ 태양계 행성 중 상대적 크기가 가장 작은 행성은 수성입니다.

왜 틀린 답일까?

㉠ 화성은 상대적 크기가 두 번째로 작은 행성입니다.
㉢ 목성은 상대적 크기가 가장 큰 행성입니다.

05

상대적 크기를 비교하면 행성들의 크기를 비교할 수 있어요. 이때 숫자의 크기가 클수록 크기가 큰 행성이에요.

금성의 상대적 크기는 0.9로 지구(1.0)와 가장 크기가 비슷합니다.

06 ㉡ 수성의 상대적 크기는 0.4이고 화성의 상대적 크기는 0.5로, 두 행성은 상대적 크기가 비슷합니다.

왜 틀린 답일까?

㉠ 토성의 상대적 크기는 9.4이고 목성의 상대적 크기는 11.2로, 목성이 토성보다 상대적 크기가 큽니다.
㉢ 지구(1.0)보다 상대적 크기가 작은 행성은 수성(0.4), 금성(0.9), 화성(0.5)으로 세 개입니다.

07

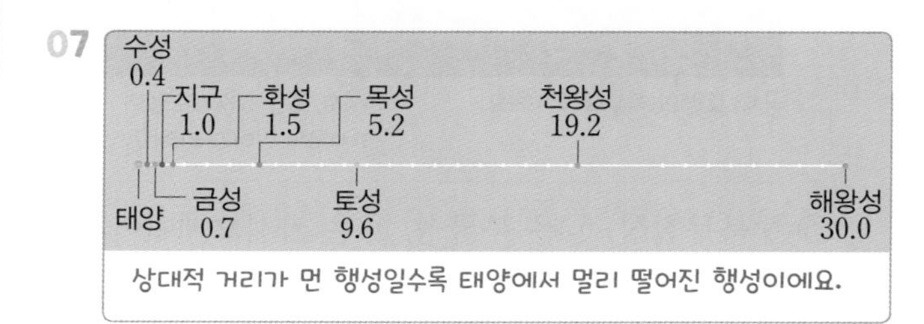

상대적 거리가 먼 행성일수록 태양에서 멀리 떨어진 행성이에요.

태양까지의 상대적 거리는 금성이 0.7, 화성이 1.5, 토성이 9.6입니다. 따라서 금성, 화성, 토성의 상대적 거리를 부등호로 비교하면 금성 < 화성 < 토성 순서입니다.

08 ㉠ 상대적 거리가 먼 행성일수록 태양에서 멀리 떨어져 있는 행성입니다. 따라서 태양에서 가장 멀리 떨어져 있는 행성은 태양까지의 상대적 거리가 30.0으로 가장 먼 해왕성입니다.

왜 틀린 답일까?

㉡ 태양까지의 상대적 거리가 지구(1.0)보다 가까운 행성에는 수성(0.4)과 금성(0.7)이 있습니다. 태양에서 화성까지의 상대적 거리는 1.5로 지구보다 멉니다.
㉢ 태양까지의 상대적 거리가 멀어질수록 행성 사이의 거리는 대체로 멀어집니다.

09 ㉠ 별은 스스로 빛을 내는 천체입니다.
㉡ 행성은 스스로 빛을 내지 않고 태양 빛을 반사하는 천체입니다.

왜 틀린 답일까?

㉢ 여러 날 동안 밤하늘을 관측하면 별은 위치가 변하지 않지만 행성은 별들 사이에서 위치가 변합니다.

10 ③ 큰곰자리는 작은곰자리, 카시오페이아자리 등과 함께 북쪽 하늘에서 볼 수 있는 대표적인 별자리입니다.

왜 틀린 답일까?

① 그림은 북두칠성을 포함하고 있는 큰곰자리입니다.
② 큰곰자리는 작은곰자리, 카시오페이아자리와 함께 일 년 내내 관측할 수 있습니다.
④ 북극성을 포함하고 있는 별자리는 작은곰자리입니다.
⑤ 큰곰자리는 무리 지어 있는 별을 연결해 이름을 붙인 별자리입니다.

11

북두칠성과 카시오페이아자리 사이에 있는 북극성이에요.

㉠ ㉡ ㉢

국자 모양의 북두칠성이에요.

W자 또는 M자 모양의 카시오페이아자리예요.

㉠은 북두칠성, ㉡은 북극성, ㉢은 카시오페이아자리로 모두 북쪽 하늘에서 볼 수 있습니다.

12 ①, ② 북극성(㉡)은 항상 북쪽에 있으므로, 북극성을 이용하면 방위를 찾을 수 있습니다.

③, ④ 북두칠성(㉠)과 카시오페이아자리(㉢)는 북극성(㉡)을 찾을 때 이용되는 별자리로, 모두 일 년 내내 관측할 수 있습니다.

왜 틀린 답일까?

⑤ 북두칠성(㉠)을 이용해 찾은 북극성(㉡)과 카시오페이아자리(㉢)를 통해 찾은 북극성(㉡)은 같은 별이므로 같은 위치에 있습니다.

13 태양이 있어서 지구의 물이 순환할 수 있고, 지구의 온도가 생물이 살아가기에 알맞게 유지됩니다. 또, 태양 빛은 물체를 볼 수 있게 해서 우리가 밝은 낮에 야외에서 활동할 수 있습니다. 따라서 태양이 없다면 지구의 물이 순환하기 어렵고, 지구에서 생물들이 살아가기 어렵게 됩니다. 또, 낮에 야외에서 활동하기 어렵게 됩니다.

채점 기준	
상	잘못 말한 학생이 누구인지 쓰고, 잘못 말한 내용을 옳게 고쳐 설명한 경우
중	잘못 말한 학생이 누구인지 썼으나 잘못 말한 내용을 설명하지 못한 경우

14 지구의 크기를 1.0으로 보았을 때 수성의 크기는 0.4, 금성의 크기는 0.9, 화성의 크기는 0.5, 목성의 크기는 11.2, 토성의 크기는 9.4, 천왕성의 크기는 4.0, 해왕성의 크기는 3.9입니다. 따라서 (가)는 지구보다 크기가 작은 행성이고, (나)는 지구보다 크기가 큰 행성입니다.

채점 기준	
상	지구의 크기를 기준으로 태양계 행성을 분류했다고 설명한 경우
중	행성의 크기에 따라 태양계 행성을 분류했다고만 설명한 경우

15 종이를 오려서 태양계 행성 크기 비교 모형을 만들 때 상대적 크기가 큰 행성일수록 큰 종이가 필요합니다. 상대적 크기는 목성이 11.2로 가장 크므로, 가장 큰 종이가 필요한 행성 모형은 목성입니다.

채점 기준	
상	가장 큰 종이가 필요한 행성 모형과 그 까닭을 모두 옳게 설명한 경우
중	상대적 크기가 큰 행성일수록 큰 종이가 필요하다고 설명한 경우
하	가장 큰 종이가 필요한 행성 모형만 옳게 설명한 경우

16

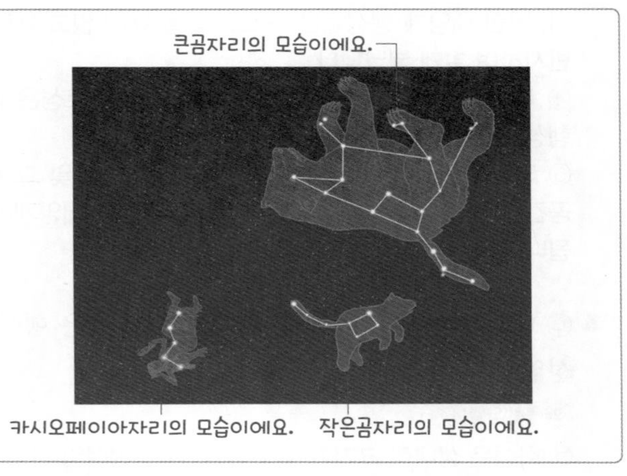

큰곰자리, 작은곰자리, 카시오페이아자리는 북쪽 하늘에서 볼 수 있는 대표적인 별자리입니다. 따라서 관측한 밤하늘의 방향이 북쪽임을 알 수 있습니다.

채점 기준	
상	관측한 밤하늘의 방향을 관측한 별자리와 관련지어 옳게 설명한 경우
중	큰곰자리, 작은곰자리, 카시오페이아자리를 설명했으나 관측한 밤하늘의 방향을 설명하지 못한 경우
하	관측한 밤하늘의 방향만 옳게 설명한 경우

17 북극성은 항상 북쪽에 있으므로 방향을 확인할 도구가 없어도 북극성을 찾으면 방위를 찾을 수 있습니다. 북극성을 바라보았을 때 북극성이 있는 방향이 북쪽이고, 오른쪽이 동쪽, 왼쪽이 서쪽입니다.

채점 기준	
상	북극성이 있는 방향과 북극성으로 방위를 찾을 수 있는 방법을 옳게 설명한 경우
중	북극성이 있는 방향만 옳게 설명한 경우

18 북극성은 북두칠성이나 카시오페이아자리를 이용하여 찾을 수 있습니다. 북두칠성을 이용하여 북극성을 찾는 방법은 북두칠성의 끝부분에 있는 두 별 ㉠과 ㉡을 연결했을 때, 그 간격의 5 배만큼 떨어진 곳에 있는 별이 북극성입니다.

북두칠성의 끝부분에 있는 두 별을 연결했을 때, 그 간격의 5 배만큼 떨어진 곳에 북극성이 있어요.

채점 기준	
상	북두칠성의 ㉠과 ㉡을 연결하고, 그 간격의 5 배만큼 떨어진 곳에 북극성이 있다고 설명한 경우
중	북두칠성의 ㉠과 ㉡을 연장한 곳에 북극성이 있다고 설명한 경우
하	북두칠성만 쓴 경우

수행평가 1회

75 쪽

01 (1) 목성 (2) 예시 답안 표면에 가로줄 무늬가 보인다. 희미한 고리가 있다. 등

02 (1) ㉠ (2) 예시 답안 여러 날 동안 ㉡은 위치가 변하지 않았지만 ㉠은 ㉡과 달리 여러 날 동안 별들 사이에서 위치가 변했기 때문이다.

01 (1) 지구의 상대적 크기를 1.0으로 보았을 때 수성의 상대적 크기는 0.4, 금성의 상대적 크기는 0.9, 화성의 상대적 크기는 0.5, 목성의 상대적 크기는 11.2, 토성의 상대적 크기는 9.4, 천왕성의 상대적 크기는 4.0, 해왕성의 상대적 크기는 3.9입니다. 따라서 ㉠은 목성입니다.

> **만점 꿀팁** 태양계 행성 중에서 크기가 가장 작은 행성은 수성이고, 크기가 가장 큰 행성은 목성이에요.

(2) 목성은 태양계 행성 중 크기가 가장 큰 행성으로 표면에 가로줄 무늬가 보이고 희미한 고리를 가지고 있어요.

> **만점 꿀팁** 태양계에는 수성, 금성, 지구, 화성, 목성, 토성, 천왕성, 해왕성 여덟 개의 행성이 있어요. 각 행성의 특징을 잘 정리해 두면 큰 도움이 될 거예요.

채점 기준	
상	목성의 특징을 두 가지 모두 옳게 설명한 경우
중	목성의 특징을 한 가지만 옳게 설명한 경우

02 (1) 여러 날 동안 밤하늘을 관측하면 별(㉡)은 위치가 변하지 않지만 행성(㉠)은 별 사이에서 위치가 변하는 것을 볼 수 있습니다.

> **만점 꿀팁** 행성은 태양 주위를 돌기 때문에 여러 날 동안 관측하면 위치가 변한 것을 볼 수 있어요. 행성이 태양 주위를 돈다는 사실을 기억하면 위치가 변하는 것이 행성이라는 것을 쉽게 알아낼 수 있어요.

(2) 여러 날 동안 ㉠은 별 사이에서 위치가 변한 것으로 보아 행성이고, ㉡은 여러 날이 지나도 위치가 변하지 않은 것으로 보아 별인 것을 알 수 있습니다.

만점 꿀팁 밤하늘 관측에서 행성과 별을 구별할 때 위치가 변하는 천체를 찾는 것이 중요해요. 위치가 변하는 천체가 행성이고, 위치가 변하지 않는 나머지 천체는 별이에요.

채점 기준	
상	여러 날 동안 별은 위치가 변하지 않았고, 행성은 위치가 변했다고 설명한 경우
중	여러 날 동안 행성이 별에 비해 다르게 움직였다고 설명한 경우
하	행성이 움직였다고만 설명한 경우

단원 평가 2회

76~78 쪽

01 ①
02 ㉠ 소금, ㉡ 양분
03 ④
04 ①
05 ④
06 네(4)
07 ㉢
08 ㉡
09 ㉡
10 ㉡
11 ⑤
12 5

서술형 문제

13 예시 답안 태양이 주는 빛을 이용해 전기를 만든다. 식물은 태양 빛을 받아 양분을 만든다. 태양에 의해 바닷물이 증발해 염전에서 소금을 얻는다. 등

14 예시 답안 고리가 있다. 태양과의 거리가 지구보다 멀다. 지구보다 크기가 크다. 등

15 예시 답안 (가)는 태양까지의 상대적 거리가 지구보다 가까운 행성이고, (나)는 태양까지의 상대적 거리가 지구보다 먼 행성이다.

16 예시 답안 태양으로부터의 거리가 멀어질수록 행성 사이의 상대적 거리는 대체로 멀어진다.

17 예시 답안 일주일 후 같은 시각에 별은 위치가 변하지 않지만 행성은 별들 사이에서 위치가 변한다.

18 예시 답안 ①과 ②를 연장한 선과 ④와 ⑤를 연장한 선이 만나는 점 ㉠을 구하고, ㉠과 ③을 연결해 그 간격의 5 배만큼 떨어진 곳에 있는 별을 찾는다.

01 ② 식물은 태양 빛을 이용해 살아가는 데 필요한 양분을 만듭니다.
③ 태양에 의해 물이 증발해 구름이 만들어지고 다시 비나 눈이 되어 내리는 등 지구의 물이 순환할 수 있습니다.
④ 사람들은 태양 빛으로 전기를 만들어 생활에 이용합니다.
⑤ 태양은 지구의 온도를 따뜻하게 하여 생물이 살아가기에 알맞은 환경을 제공해 줍니다.

왜 틀린 답일까?
① 태양 빛은 물체를 볼 수 있게 해서 밝은 낮에 야외에서 활동할 수 있게 합니다.

02

염전에서 소금을 얻는 모습이에요.

식물이 태양 빛으로 양분을 얻는 모습이에요.

염전에서는 태양 빛을 이용해 바닷물을 증발시켜 소금을 얻습니다. 따라서 ㉠은 소금입니다. 식물은 태양 빛을 이용해 살아가는 데 필요한 양분을 얻습니다. 따라서 ㉡은 양분입니다.

03 태양계 행성에는 수성, 금성, 지구, 화성, 목성, 토성, 천왕성, 해왕성이 있습니다. 북극성은 태양계 행성이 아닌 별입니다.

04 ① 수성은 표면이 달처럼 울퉁불퉁합니다. 또, 고리가 없으며, 어두운 회색으로 보입니다.

왜 틀린 답일까?
② 금성은 고리가 없고, 주로 황색과 붉은색으로 보이며, 지구에서 가장 밝게 보이는 행성입니다.
③ 목성은 표면에 가로줄 무늬가 보이고, 희미한 고리가 있습니다.
④ 천왕성은 청록색으로 보이고, 희미한 고리가 있습니다.

05 ①, ② 화성은 태양 주위를 도는 행성으로 고리가 없습니다.
③, ⑤ 화성은 붉은색으로 보이며, 태양계 행성 중 상대적 크기가 두 번째로 작습니다.

왜 틀린 답일까?
④ 태양계 행성 중 지구에서 가장 밝게 보이는 행성은 금성입니다.

06

지구보다 상대적 크기가 작은 행성이에요.

행성	수성	금성	지구	화성
상대적 크기	0.4	0.9	1.0	0.5
행성	목성	토성	천왕성	해왕성
상대적 크기	11.2	9.4	4.0	3.9

지구보다 상대적 크기가 큰 행성이에요.

상대적 크기가 지구(1.0)보다 큰 행성은 목성(11.2), 토성(9.4), 천왕성(4.0), 해왕성(3.9) 네 개가 있습니다.

07 ㉢ 천왕성은 화성보다 태양에서 멀리 떨어져 있습니다. 따라서 태양계 행성 모형에서 천왕성 모형은 화성 모형보다 태양에서 멀리 떨어져 있습니다.

왜 틀린 답일까?

㉠ 태양계 행성 중 상대적 크기가 가장 큰 행성은 목성이므로 목성 모형의 크기가 가장 큽니다.
㉡ 태양에서 멀리 떨어져 있는 행성 모형일수록 반드시 크기가 큰 것은 아닙니다. 예를 들어 해왕성 모형은 태양에서 가장 멀리 떨어져 있지만 목성 모형보다 크기가 작습니다.

08

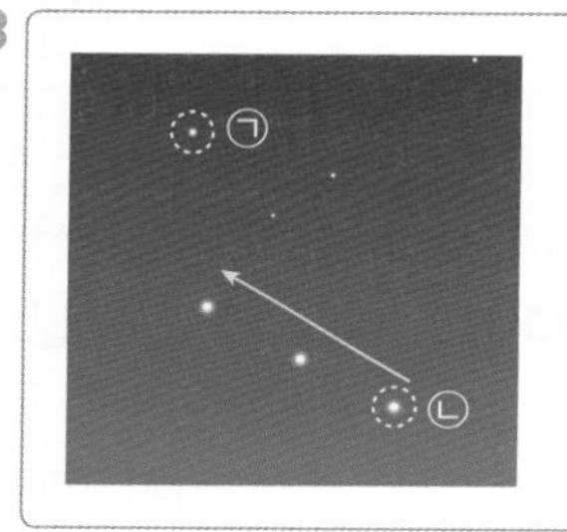

여러 날 동안 위치가 변하지 않은 ㉠은 별이고, 위치가 변한 ㉡은 행성이에요.

(가): ㉠은 별로 스스로 빛을 내는 천체입니다.
(다): ㉡은 행성으로 스스로 빛을 내지 않고 태양 빛을 반사하는 천체입니다.

왜 틀린 답일까?

(나): 태양 주위를 도는 천체는 행성입니다.

09 ㉠은 작은곰자리, ㉡은 큰곰자리, ㉢은 카시오페이아자리로 북쪽 하늘의 대표적인 별자리입니다. 이 중 북두칠성을 포함하는 별자리는 큰곰자리입니다.

10 ㉠ 흐린 날에는 구름이 끼어 별자리를 관측하기 어려우므로 맑은 날 관측합니다.
㉢ 별자리를 관측할 때 주변 건물이나 나무 등의 지형을 같이 기록하면 더 정확하게 관측할 수 있습니다.

왜 틀린 답일까?

㉡ 별자리를 관측할 때에는 별이 보일만큼 충분이 어둡고 주변이 탁 트인 넓은 곳에서 하는 것이 좋습니다.

11 ① 북극성은 항상 북쪽에 있습니다.
② 북극성은 작은곰자리의 꼬리 부분에 있습니다.
③ 나침반 등 방향을 확인할 도구가 없어도 북극성을 이용해 방위를 확인할 수 있습니다.
④ 북극성은 북두칠성이나 카시오페이아자리를 이용해 찾을 수 있습니다.

왜 틀린 답일까?

⑤ 북극성을 바라보고 섰을 때 북극성이 있는 방향이 북쪽입니다.

12

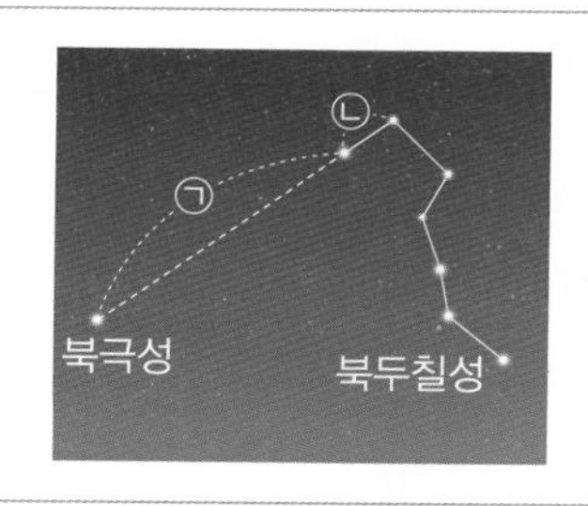

㉡의 5 배만큼 떨어진 곳에 북극성이 있으므로 ㉠은 ㉡의 5 배예요.

북두칠성을 이용하면 북극성을 찾을 수 있습니다. 북두칠성의 끝부분에 있는 별을 연결했을 때, 그 간격의 5 배만큼 떨어진 곳에 북극성이 있습니다. 따라서 ㉠은 ㉡ 간격의 5 배입니다.

13 태양이 있어 지구의 물이 순환할 수 있으며, 태양에 의해 물이 증발해 구름이 만들어지기도 합니다. 식물은 태양 빛을 이용해 살아가는데 필요한 양분을 만듭니다. 또, 태양에 의해 바닷물이 증발해 염전에서 소금을 얻기도 하고, 전기를 만들어 생활에 이용하기도 합니다. 태양 빛을 이용해 일광욕을 하거나 밝은 낮에 야외에서 활동하기도 합니다.

채점 기준	
상	태양이 우리 생활과 생물에 주는 영향을 두 가지 모두 옳게 설명한 경우
중	태양이 우리 생활과 생물에 주는 영향을 한 가지만 옳게 설명한 경우

14 토성은 뚜렷하고 큰 고리가 있고, 목성은 희미한 고리가 있습니다. 목성과 토성 모두 태양과의 거리가 지구보다 멀고, 지구보다 크기가 큽니다.

채점 기준	
상	목성과 토성의 공통점 두 가지를 모두 옳게 설명한 경우
중	목성과 토성의 공통점을 한 가지만 옳게 설명한 경우

15 (가)의 수성과 금성은 태양과 지구 사이에 있으므로 태양까지의 거리가 지구보다 가까운 행성입니다. 반면 (나)의 화성, 목성, 토성, 천왕성, 해왕성은 태양까지의 상대적 거리가 지구보다 먼 행성입니다.

채점 기준	
상	지구의 상대적 거리를 기준으로 (가)와 (나)를 분류한 기준을 옳게 설명한 경우
중	(가)의 상대적 거리가 지구보다 가깝다고만 설명했거나 (나)의 상대적 거리가 지구보다 멀다고만 설명한 경우
하	(가)와 (나)를 상대적 거리로 분류했다고만 설명한 경우

16 태양계 행성의 상대적 거리를 보면 태양에서 멀어질수록 행성 사이의 상대적 거리도 대체로 멀어지는 것을 확인할 수 있습니다.

채점 기준	
상	태양으로부터 거리가 멀어질수록 행성 사이의 상대적 거리가 대체로 멀어진다고 설명한 경우
중	태양으로부터의 거리가 멀어질수록 행성 사이의 거리가 달라진다고만 설명한 경우

17 여러 날 동안 밤하늘을 관측하면 별은 위치가 변하지 않지만 행성은 별들 사이에서 위치가 변합니다. 따라서 일주일 후 같은 시각에 별은 위치가 변하지 않지만 행성은 다른 위치로 이동합니다.

채점 기준	
상	일주일 후 같은 시각에 별은 위치가 변하지 않지만 행성은 위치가 변한다고 설명한 경우
중	일주일 후 같은 시각에 별의 위치가 변하지 않는다고만 설명하거나 행성의 위치가 변한다고만 설명한 경우
하	별과 행성의 움직임이 다르다고만 설명한 경우

18

㉠과 ③을 연결하고, 그 간격의 5 배만큼 떨어진 곳에 북극성이 있어요.

카시오페이아자리의 바깥쪽 두 선을 연장해 만나는 점 ㉠과 ③을 연결하고, 그 간격의 5 배만큼 떨어진 곳에 북극성이 있습니다. 이때 바깥쪽 두 선을 연장해 만나는 점 ㉠은 ①에서 ② 방향으로 길게 연장한 선과 ⑤에서 ④ 방향으로 길게 연장해 그은 선이 만나는 점입니다.

채점 기준	
상	카시오페이아자리를 이용하여 북극성을 찾는 방법을 옳게 설명한 경우
중	바깥쪽 두 선을 연장한 점 ㉠과 ③을 연결하여 구한다는 방법을 설명하였으나 간격이 틀린 경우
하	구체적인 방법을 설명하지 않고 카시오페이아자리에서 5 배만큼 떨어진 곳에 북극성이 있다고만 설명한 경우

수행평가 2회

79 쪽

01 (1) 수성, 해왕성 (2) 예시 답안 가장 긴 끈이 필요한 행성은 상대적 거리가 가장 먼 해왕성이고, 이때 해왕성의 상대적 거리는 지구의 30 배이므로 30 m의 끈이 필요하다.

02 (1) 북쪽 (2) 예시 답안 북극성과 북두칠성, 카시오페이아자리는 북쪽 밤하늘에서 볼 수 있다. 또, 왼쪽이 서쪽, 오른쪽이 동쪽이므로 정면에서 보이는 밤하늘의 방향은 북쪽이다.

01 (1) 태양에서 행성까지의 거리는 태양으로부터 행성까지의 상대적 거리를 비교하면 알 수 있습니다. 상대적 거리가 가장 가까운 행성은 수성(0.4)이고, 가장 먼 행성은 해왕성(30.0)이므로 태양으로부터 거리가 가장 가까운 행성은 수성이고, 가장 먼 행성은 해왕성입니다.

> **만점 꿀팁** 상대적 거리는 태양에서 지구까지의 거리를 기준으로 한 것이에요. 태양계는 매우 크기 때문에 자대신 태양과 지구로 거리를 쟀다고 생각하면 돼요. 숫자가 작을수록 태양으로부터의 거리가 가깝고 숫자가 클수록 태양으로부터의 거리가 멀다는 점만 알고 있으면 거리를 비교하는 데 어려움이 없을 거예요.

(2) 태양에서 행성까지의 거리를 끈으로 나타낼 때 태양까지의 거리가 먼 행성일수록 끈의 길이가 길고, 태양까지의 상대적 거리가 가장 먼 행성은 상대적 거리가 30.0인 해왕성입니다. 이때, 태양에서 해왕성까지의 거리를 끈으로 나타나면 지구의 30 배인 30 m의 끈이 필요합니다.

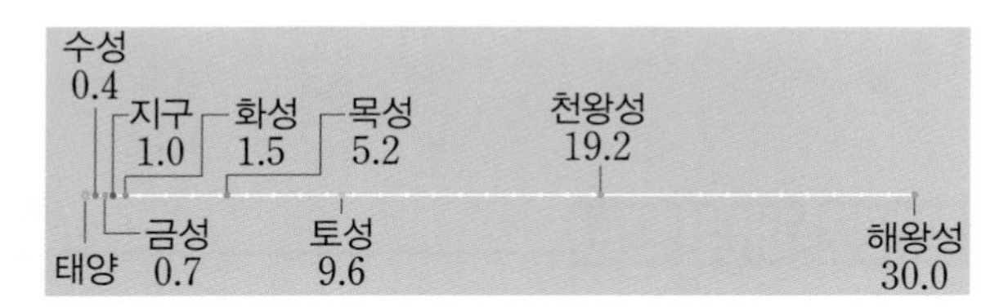

만점 꿀팁 상대적 거리를 비교하면 태양에서 행성까지의 거리를 비교할 수 있어요. 해왕성의 상대적 거리는 지구의 30 배이므로 다른 방식으로 거리를 나타내더라도 태양까지의 거리는 해왕성이 지구보다 30 배 멀어요.

채점 기준	
상	행성의 상대적 거리를 통해 가장 긴 끈이 필요한 행성을 쓰고, 몇 m의 끈이 필요한지 설명한 경우
중	가장 긴 끈이 필요한 행성을 쓰고, 몇 m의 끈이 필요한지 설명한 경우
하	가장 긴 끈이 필요한 행성만 설명한 경우

02 (1) 북두칠성과 카시오페이아자리, 북극성은 북쪽 밤하늘에서 볼 수 있습니다.

만점 꿀팁 북두칠성과 카시오페이아자리, 북극성은 북쪽 밤하늘에서 관측할 수 있으며, 특히 북극성은 항상 북쪽에 있어요. 따라서 북극성의 방향을 생각하면 밤하늘의 방향을 찾는 데 도움이 될 수 있어요.

(2) 북극성과 북두칠성, 카시오페이아자리는 북쪽 밤하늘에서 볼 수 있습니다. 또, 왼쪽이 서쪽, 오른쪽이 동쪽이므로 정면에서 보이는 밤하늘의 방향은 북쪽입니다.

만점 꿀팁 방위가 헷갈릴 때에는 남쪽과 북쪽, 동쪽과 서쪽이 서로 반대편에 있다는 것을 알면 방위를 쉽게 파악할 수 있어요. 왼쪽이 서쪽, 오른쪽이 동쪽이므로 정면인 앞쪽은 북쪽이 된다는 것을 알 수 있어요.

채점 기준	
상	그림에서 보이는 밤하늘의 방향을 파악하고, 이를 통해 정면에서 보이는 밤하늘의 위치를 설명한 경우
중	그림에서 보이는 밤하늘의 방향만 설명한 경우

4 용해와 용액

1 물질을 물에 넣으면 어떻게 될까요

스스로 확인해요 82 쪽

1 용해 2 예시 답안 식초, 분말주스 용액, 손 세정제, 자동차 부동액 등이 있다.

2 식초, 분말주스 용액, 손 세정제, 자동차 부동액 등은 용질과 용매가 골고루 섞여 있는 용액입니다.

문제로 개념 탄탄 83 쪽

1 (1) ○ (2) ○ (3) × 2 화단 흙
3 ㉠ 설탕, ㉡ 물, ㉢ 설탕물 4 없다

1 (1) 소금을 넣은 유리병을 흔들수록 소금이 물에 녹아 점점 보이지 않습니다.
(2) 식용 색소를 넣은 유리병을 흔들수록 식용 색소가 물에 녹아 색깔이 나타납니다.
(3) 화단 흙은 물에 녹지 않으므로 화단 흙을 넣은 유리병을 흔들수록 유리병 속의 액체가 뿌옇게 흐려집니다.

2 화단 흙은 물에 녹지 않으므로 화단 흙을 넣은 유리병을 흔든 후 2 분 정도 가만히 두면 흙이 물에 뜨거나 바닥에 가라앉습니다.

3 설탕과 같이 물에 녹는 물질은 용질, 물처럼 다른 물질을 녹이는 물질은 용매, 설탕물과 같이 용매와 용질이 골고루 섞여 있는 물질은 용액이라고 합니다.

4 용액은 거름 장치로 걸러도 거름종이에 남는 것이 없습니다.

2 물에 용해된 용질은 어떻게 될까요

스스로 확인해요 84 쪽

1 같습니다 2 예시 답안 소금물에 들어 있는 소금의 양은 10 g이다. 용질이 물에 용해되기 전과 용해된 후의 무게는 같기 때문이다.

2 소금이 물에 용해되기 전과 용해된 후의 무게는 같으므로 물의 무게와 소금의 무게를 합하면 소금물의 무게와 같습니다. 물의 무게가 100 g, 소금물의 무게가 110 g이므로 소금의 무게는 10 g입니다.

문제로 개념 탄탄 85 쪽

1 123.2 2 120
3 ㉡ → ㉢ → ㉠ 4 ㉠ 없어지지 않는다, ㉡ 같다

1 각설탕이 물에 용해되기 전의 무게와 용해된 후의 무게는 같으므로 용해된 후 빈 페트리 접시, 설탕물, 유리 막대의 무게는 123.2 g입니다.

2 백반이 물에 용해되어도 없어지지 않고 물과 골고루 섞여 용액이 되므로 백반 용액의 무게는 백반이 용해되기 전 물과 백반의 전체 무게와 같습니다. 따라서 100 g+20 g=120 g입니다.

3 각설탕을 물에 넣으면 시간이 지나면서 각설탕이 점점 작게 변하여 물속에 골고루 섞이고, 투명한 용액이 됩니다.

4 소금이 물에 완전히 용해되어도 없어지지 않고, 작게 변하여 물속에 골고루 섞여 용액이 되므로 용해되기 전과 용해된 후의 무게는 같습니다.

3 용질마다 물에 용해되는 양이 같을까요

스스로 확인해요 86 쪽

1 × 2 예시 답안 소금과 식용 색소를 용해할 물의 온도와 양이다.

2 소금과 식용 색소가 물에 용해되는 양을 비교하는 실험을 할 때에는 용질의 종류를 제외한 모든 조건을 같게 해야 합니다.

문제로 개념 탄탄

87 쪽

1 (1) ○ (2) × (3) ○ **2** 제빵 소다
3 > **4** 종류

1 (1) 온도가 같은 물 50 mL에 설탕>소금>제빵 소다 순으로 용질이 많이 용해됩니다.
(2) 온도가 같은 물 50 mL에 제빵 소다 세 숟가락을 넣으면 다 용해되지 않고 바닥에 일부가 남습니다.
(3) 온도가 같은 물 50 mL에 소금 아홉 숟가락을 넣으면 다 용해되지 않고 바닥에 일부가 남습니다.

2 온도가 같은 물 100 mL로 실험해도 설탕>소금>제빵 소다 순으로 용질이 많이 용해됩니다.

3

설탕
설탕은 다 용해되어 바닥에 남은 것이 없어요.

제빵 소다
제빵 소다는 다 용해되지 않고 바닥에 일부가 남았어요.

온도가 같은 물 50 mL에 같은 양을 각각 넣고 저었을 때 설탕은 다 용해되었고, 제빵 소다는 다 용해되지 않고 바닥에 일부가 남았으므로 물에 용해되는 양은 설탕이 제빵 소다보다 많습니다.

4 물의 온도와 양이 같을 때 용해되는 용질의 양은 용질의 종류에 따라 다릅니다.

문제로 실력 쑥쑥

88~89 쪽

01 ㉢ **02** 붉은색 식용 색소
03 (1) 백반 (2) 물 **04** ③ **05** =
06 예시 답안 각설탕이 완전히 용해되면 없어진 것이 아니라 각설탕이 작게 변하여 물속에 골고루 섞여 용액이 되기 때문이다. **07** ② **08** 16
09 ㉡ **10** 설탕, 제빵 소다
11 예시 답안 ㉠ ○, ㉡ ○, 소금과 설탕은 다 용해되고, 제빵 소다는 다 용해되지 않고 바닥에 일부가 남는다.
12 ②

01 ㉢ 소금을 넣은 유리병을 흔들수록 소금이 물에 녹아 점점 보이지 않습니다.

왜 틀린 답일까?
㉠ 붉은색 식용 색소를 넣은 유리병을 흔들수록 식용 색소가 녹아 퍼지면서 투명한 붉은색 용액이 됩니다.
㉡ 화단 흙을 넣은 유리병을 흔들수록 화단 흙을 섞은 물이 뿌옇게 흐려집니다.

02 붉은색 식용 색소를 녹인 물은 투명한 붉은색을 나타내며, 뜨거나 가라앉는 것이 없습니다.

03 백반을 물에 넣어 백반 용액을 만들 때 물에 녹는 물질인 백반은 용질, 백반을 녹이는 물질인 물은 용매입니다.

04 ③ 용액은 용질과 용매가 골고루 섞여 있는 물질입니다.

왜 틀린 답일까?
① 미숫가루 물은 오래 두면 미숫가루가 가라앉으므로 용액이 아닙니다.
②, ④, ⑤ 용액은 오래 두어도 가라앉거나 뜨는 것이 없으며, 거름 장치로 걸러도 남는 것이 없습니다.

05 각설탕이 물에 용해되기 전과 용해된 후의 무게는 같으므로 ㉠=㉡입니다.

06 각설탕이 완전히 용해되면 없어진 것이 아니라 각설탕이 작게 변하여 물속에 골고루 섞여 용액이 되기 때문에 용해되기 전과 용해된 후의 무게가 같습니다.

채점 기준	
상	각설탕이 없어진 게 아니라 물에 골고루 섞여 있기 때문이라고 설명한 경우
중	각설탕이 용해될 때 없어지는 것이 아니기 때문이라고 설명한 경우
하	각설탕이 용해되기 전과 용해된 후의 무게가 같기 때문이라고 설명한 경우

07

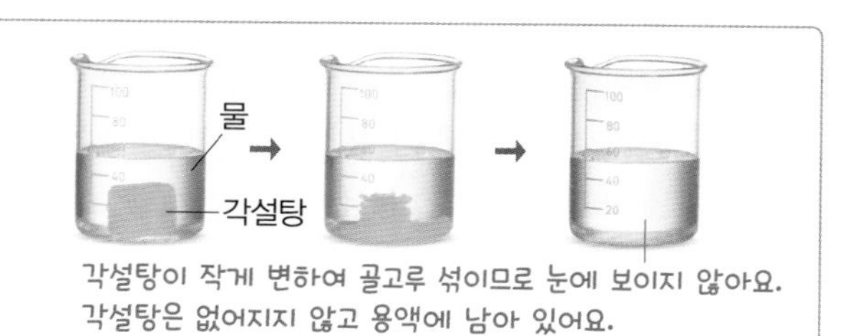

각설탕이 작게 변하여 골고루 섞이므로 눈에 보이지 않아요. 각설탕은 없어지지 않고 용액에 남아 있어요.

① 각설탕은 용질, 물은 용매, 설탕물은 용액입니다.
③ 각설탕이 모두 용해된 용액은 투명하고, 오래 두어도 뜨거나 가라앉는 것이 없습니다.
④ 각설탕이 물에 용해될 때에는 각설탕이 작게 변하여 물속에 골고루 섞입니다.

⑤ 각설탕이 물에 용해되어도 무게가 변하지 않으므로 물 100 g에 각설탕 5 g이 모두 용해된 용액의 무게는 100 g+5 g=105 g입니다.

왜 틀린 답일까?

② 각설탕이 물에 용해되면 없어지지 않고 작게 변하여 물 속에 골고루 섞이므로 무게가 일정합니다.

08 붕산 용액 136 g을 만들기 위해 물 120 g에 붕산 16 g을 용해해야 합니다.

09 ㉡ 20 °C의 물 50 mL에 소금 두 숟가락이 다 용해되므로 같은 온도와 양의 물에 소금을 한 숟가락 넣으면 다 용해됩니다.

왜 틀린 답일까?

㉠ 온도와 양이 같은 물에 용해되는 양은 소금이 제빵 소다보다 많습니다.
㉢ 20 °C의 물 50 mL에 제빵 소다 두 숟가락이 다 용해되지 않으므로 같은 온도와 양의 물에 제빵 소다를 세 숟가락 넣으면 다 용해되지 않고 바닥에 일부가 남습니다.

10

용질	약숟가락으로 넣은 횟수(회)								
	1	2	3	4	5	6	7	8	9
소금	○	○	○	○	㉠	○	○	○	×
설탕	○	○	○	○	㉡	○	○	○	○
제빵 소다	○	×							

• 소금: 여덟 숟가락이 용해되었어요.
• 설탕: 아홉 숟가락이 다 용해되었어요.
• 제빵 소다: 한 숟가락이 용해되었어요.

온도와 양이 같은 물에 용해되는 용질의 양은 설탕>소금>제빵 소다 순으로 많습니다.

11 실험에서 소금은 여덟 숟가락, 제빵 소다는 한 숟가락이 용해되고, 설탕은 아홉 숟가락이 다 용해되므로 온도와 양이 같은 물에 각 용질을 다섯 숟가락씩 넣고 저으면 소금과 설탕은 다 용해되고, 제빵 소다는 다 용해되지 않고 바닥에 일부가 남습니다.

채점 기준	
상	㉠, ㉡을 옳게 쓰고, 소금과 설탕은 다 용해되고 제빵 소다는 다 용해되지 않는다고 설명한 경우
중	㉠, ㉡을 옳게 쓰고, 세 가지 용질 중 두 가지의 결과만 옳게 설명한 경우
하	㉠, ㉡만 옳게 쓴 경우

12 ② 온도가 같은 물 100 mL로 실험해도 설탕>소금>제빵 소다 순으로 용질이 많이 용해됩니다.

왜 틀린 답일까?

①, ③ 설탕이 가장 많이 용해되고, 제빵 소다가 가장 적게 용해됩니다.
④, ⑤ 온도가 같은 물 100 mL로 실험하면 물 50 mL로 실험할 때보다 용질이 용해되는 양이 전체적으로 늘어나지만, 설탕>소금>제빵 소다 순으로 용질이 많이 용해되는 것은 달라지지 않습니다.

4~5 물의 온도가 달라지면 용질이 용해되는 양은 어떻게 될까요 / 용해에 영향을 주는 요인을 찾아볼까요

스스로 확인해요 90 쪽

1 높을수록 **2** 예시 답안 물의 온도를 높이면 같은 양의 물에 용해할 수 있는 설탕의 양이 많아진다. 따라서 바닥에 남아 있는 설탕을 모두 용해할 수 있다.

2 일반적으로 물의 온도가 높을수록 용질이 더 많이 용해되므로 용질이 용해되지 않고 남아 있을 때 물의 온도를 높이면 남아 있는 용질을 더 많이 용해할 수 있습니다.

스스로 확인해요 90 쪽

1 종류, 온도 **2** 예시 답안 용질의 종류와 물의 양이 같을 때 용해에 영향을 주는 요인은 물의 온도이다. 따라서 물의 온도를 높이면 붕산을 더 많이 용해할 수 있다.

1 물의 온도와 양이 같을 때 용질이 용해되는 양은 용질의 종류마다 다릅니다. 용질의 종류와 물의 양이 같을 때 용질이 용해되는 양은 물의 온도에 따라 다릅니다.

문제로 개념 탄탄 91 쪽

1 (1) ㉠ (2) ㉠ (3) ㉡ **2** ㉠ 따뜻한 물, ㉡ 차가운 물
3 (1) 온도 (2) 종류 **4** (1) × (2) ○ (3) ×

1 물의 온도에 따라 붕산이 용해되는 양을 비교할 때에는 물의 양, 붕산의 양 등의 조건은 같게 해야 하고, 물의 온도는 다르게 해야 합니다.

2 물의 온도가 높을수록 붕산이 많이 용해되므로 두 숟가락이 모두 용해된 ㉠에 담긴 물이 따뜻한 물이고, 용해되지 않고 바닥에 남은 붕산이 있는 ㉡에 담긴 물이 차가운 물입니다.

3 (1) 물의 온도가 낮아져 백반이 물에 용해되는 양이 적어졌을 때 용해에 영향을 주는 요인은 물의 온도입니다.
(2) 온도와 양이 같은 물에 소금과 제빵 소다가 용해되는 양이 다를 때 용해에 영향을 주는 요인은 용질의 종류입니다.

4 (1) 물의 양이 같을 때 제빵 소다는 물의 온도가 높을수록 많이 녹습니다.
(2) 물의 온도와 양이 같을 때 용질이 용해되는 양은 용질의 종류에 따라 다릅니다. 예를 들어 물의 온도와 양이 같을 때 설탕이 제빵 소다보다 물에 많이 녹습니다.
(3) 용질이 용해되지 않고 남아 있을 때 물의 온도를 높이면 남아 있는 용질을 더 많이 용해할 수 있습니다.

6~7 용액의 진하기를 어떻게 비교할까요 / 용액의 진하기를 비교하는 기구를 만들어 볼까요

스스로 확인해요 92 쪽

1 용매, 용질 **2** 예시 답안 용액의 진하기가 진할수록 물체를 넣었을 때 물체가 더 높이 떠오른다. 따라서 용질을 더 용해하면 물속에 가라앉은 메추리알을 떠오르게 할 수 있다.

2 용액의 진하기가 진할수록 용액에 넣은 물체가 더 높이 떠오르므로 용액에 용질을 더 용해하여 용액의 진하기를 더 진하게 하면 메추리알을 떠오르게 할 수 있습니다.

문제로 개념 탄탄 93 쪽

1 (1) × (2) ○ (3) ○ **2** ㉠
3 < **4** ㉡

1 (1) 용액의 온도를 재는 것은 진하기를 비교하는 방법으로 적절하지 않습니다. 용액의 진하기를 비교하는 방법으로 흰 종이를 대어 색깔을 비교하기, 용액의 높이를 측정하여 비교하기, 전자저울에 올려놓고 측정한 값을 비교하기, 메추리알이나 방울토마토 등을 넣어 떠오르는 높이를 비교하기 등이 있습니다.
(2) 용액에 메추리알이나 방울토마토 등을 넣어 떠오르는 높이를 비교했을 때 용액의 진하기가 진할수록 물체가 더 높이 떠오릅니다.
(3) 물의 양은 같고 용질의 양은 황설탕 스무 숟가락을 넣은 용액이 황설탕 다섯 숟가락을 넣은 용액보다 많으므로 용액의 무게는 황설탕 스무 숟가락을 넣은 용액이 황설탕 다섯 숟가락을 넣은 용액보다 무겁습니다. 즉, 용매의 양이 같고 진하기가 다른 용액을 전자저울에 올려놓고 측정한 값을 비교하면 용액의 진하기가 진할수록 더 무겁습니다.

2

㉠

색깔이 더 진해요.
→ 황설탕 스무 숟가락을 넣은 용액이에요.

㉡

색깔이 더 연해요.
→ 황설탕 다섯 숟가락을 넣은 용액이에요.

색깔이 있는 용액은 용액의 진하기가 진할수록 색깔이 더 진합니다. 따라서 색깔이 더 진한 ㉠이 황설탕 스무 숟가락을 넣은 용액이고, ㉡이 황설탕 다섯 숟가락을 넣은 용액입니다.

3 진하기가 다른 백설탕 용액에 방울토마토를 넣어 보면 용액의 진하기가 진할수록 방울토마토가 더 높이 떠오릅니다.

4 진하기가 다른 소금물에 용액의 진하기를 비교할 수 있는 기구를 넣으면 소금물의 진하기가 진할수록 기구가 더 높이 떠오릅니다. 따라서 ㉡ > ㉢ > ㉠ 순으로 용액의 진하기가 진합니다.

문제로 실력 쑥쑥

94~95 쪽

01 (1) 물의 양, 붕산의 양 (2) 물의 온도 **02** ㉠, ㉡
03 ㉠>㉢>㉡ **04** 예시 답안 비커를 가열하여 물의 온도를 높여 준다. **05** ②
06 ㉠ 용매, ㉡ 용질, ㉢ 진하다 **07** ㉡
08 예시 답안 백설탕 다섯 숟가락을 용해한 (가)보다 백설탕 스무 숟가락을 용해한 (나)에서 방울토마토가 더 높이 떠오른다. **09** ③ **10** ㉢

01 물의 온도에 따라 붕산이 용해되는 양을 관찰하는 실험으로, 같게 해 준 조건은 물의 양과 붕산의 양이고, 다르게 해 준 조건은 물의 온도입니다.

02

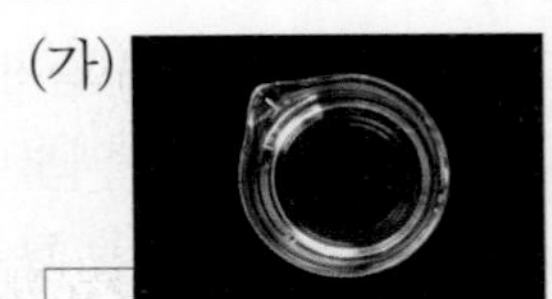
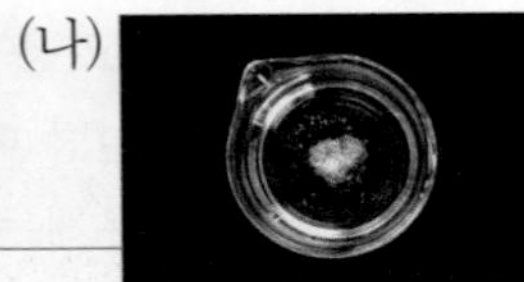

(가) 붕산이 모두 용해되었어요. → 따뜻한 물

(나) 붕산이 모두 용해되지 않고 바닥에 일부가 남았어요. → 차가운 물

물의 양이 같을 때 물의 온도가 높을수록 붕산이 더 많이 용해돼요. → 붕산이 용해되지 않고 남아 있을 때, 물의 온도를 높이면 남아 있는 용질을 더 많이 용해할 수 있어요.

㉠, ㉡ 물의 온도가 높을수록 붕산이 더 많이 용해됩니다. 따라서 붕산이 모두 용해된 (가)는 따뜻한 물, 용해되지 않고 바닥에 남은 붕산이 있는 (나)는 차가운 물입니다.

왜 틀린 답일까?
㉢ (나)를 얼음물에 넣으면 온도가 더 낮아지므로 붕산이 더 용해되지 않습니다. (나)의 온도를 높여야 바닥에 가라앉은 붕산이 더 용해됩니다.

03 물의 양이 같을 때 물의 온도가 높을수록 백반이 많이 용해되므로 60 ℃의 물에 백반이 가장 많이 용해되고, 그다음 40 ℃의 물, 20 ℃의 물 순으로 백반이 많이 용해됩니다.

04 비커를 가열하여 물의 온도를 더 높여 주면 소금이 용해되는 양이 늘어나므로 바닥에 가라앉은 소금을 더 용해할 수 있습니다.

채점 기준	
상	비커를 가열하여 온도를 더 높여 준다고 설명한 경우
중	온도를 언급하지 않고 비커를 가열한다고만 설명한 경우

05 ② 물의 온도와 양이 같을 때 설탕이 제빵 소다보다 많이 용해되었으므로 용해에 영향을 주는 요인은 용질의 종류입니다.

왜 틀린 답일까?
① 제시된 상황에서 물의 온도가 같으므로 용해에 영향을 주는 요인이 물의 온도인지는 알 수 없습니다.
③ 제시된 상황에서 물의 온도에 따라 제빵 소다가 용해되는 양은 알 수 없습니다.
④, ⑤ 물의 온도와 양이 같을 때 같은 양을 용해했는데 제빵 소다는 남고, 설탕은 남지 않았으므로 설탕이 제빵 소다보다 많이 용해됩니다.

06 용액의 진하기는 같은 양의 용매에 용해된 용질의 양이 많고 적은 정도입니다. 따라서 같은 양의 물에 붕산이 두 숟가락 용해된 용액은 한 숟가락 용해된 용액보다 진합니다.

07

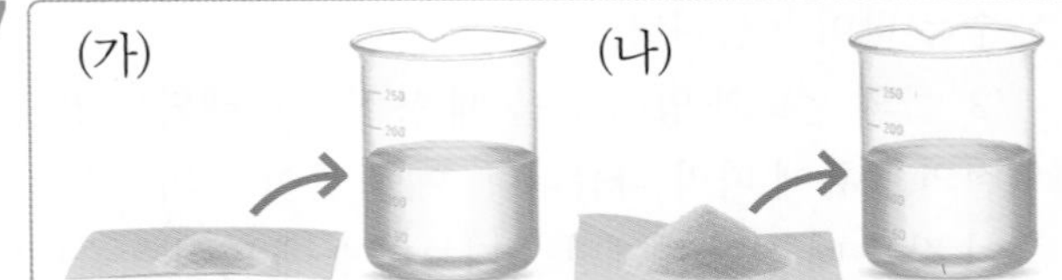

(가) 백설탕 다섯 숟가락을 용해하기 (나) 백설탕 스무 숟가락을 용해하기

(나)가 (가)보다 같은 양의 물에 용해된 백설탕의 양이 더 많아요. → 용액의 진하기가 더 진해요.

㉡ 백설탕을 물에 녹인 용액은 용액에 방울토마토나 메추리알 등을 넣어 뜨는 정도로 진하기를 비교할 수 있습니다.

왜 틀린 답일까?
㉠ 백설탕을 물에 녹인 무색투명한 용액은 색깔로 진하기를 비교하기 어렵습니다.
㉢ 용액은 오래 놓아두어도 뜨거나 가라앉는 것이 없으므로 두 용액을 10 분 동안 놓아두는 것은 진하기를 비교하는 방법으로 적절하지 않습니다.

08 진하기가 다른 용액에 방울토마토를 넣었을 때 용액의 진하기가 진할수록 방울토마토가 더 높이 떠오르므로 (가)보다 (나)에서 방울토마토가 더 높이 떠오릅니다.

채점 기준	
상	(가)보다 (나)에서 방울토마토가 더 높이 떠오른다고 설명한 경우
중	(가)와 (나) 중 진한 용액에서 방울토마토가 더 높이 떠오른다고 설명한 경우
하	(가)와 (나)에서 방울토마토가 떠오르는 높이가 다르다고 설명한 경우

09 진한 용액일수록 색깔이 더 진하므로 황설탕 열 순가락을 넣어 녹인 용액은 다섯 순가락을 넣어 녹인 용액보다 색깔이 진하고, 스무 순가락을 넣어 녹인 용액보다 색깔이 연합니다.

10 ㉢ 기구가 무거워서 떠오르지 않으므로 기구가 묽은 용액에서는 낮게, 진한 용액에서는 높이 떠오르도록 고무찰흙의 양을 줄입니다.

왜 틀린 답일까?

㉠ 빨대의 길이를 짧게 하는 것은 기구의 무게를 조절하는 방법으로 적절하지 않습니다.
㉡ 눈금 간격은 기구가 떠오르는 높이에 영향을 주지 않습니다.

단원 평가 1회

104~106 쪽

01 ㉠ 용해, ㉡ 용질, ㉢ 용액 **02** ⑤
03 ㉡, ㉢ **04** 110 **05** (다)
06 ④ **07** ㉡ **08** ④
09 ㉡>㉢>㉠ **10** 온도 **11** ㉢
12 (다)

서술형 문제

13 예시 답안 (가)와 (나)는 용액이고, (다)는 용액이 아니다.
14 예시 답안 103 g, 각설탕이 물에 용해되어도 없어지지 않고 물속에 골고루 섞여 용액이 되므로 용해되기 전과 용해된 후의 무게는 같다.
15 예시 답안 소금은 다 용해되고, 제빵 소다는 다 용해되지 않고 바닥에 일부가 남았으므로 온도와 양이 같은 물에 용해되는 용질의 양은 소금이 제빵 소다보다 많다.
16 예시 답안 물의 온도가 낮아져서 물에 용해되는 붕산의 양이 줄어들었기 때문이다.
17 예시 답안 ㉢, 용액의 진하기가 진할수록 메추리알이 높이 떠오르기 때문이다.
18 예시 답안 뜨는 정도를 쉽게 비교할 수 있도록 눈금을 그린다.

01 어떤 물질이 다른 물질에 녹아 골고루 섞이는 현상을 용해라고 합니다. 용매와 용질이 골고루 섞여 있는 물질을 용액이라고 합니다.

02 ①, ②, ③ 소금이 물에 용해되어 소금물이 될 때 물은 용매, 소금은 용질, 소금물은 용액입니다.
④ 용액은 용매와 용질이 골고루 섞여 있는 물질입니다.

왜 틀린 답일까?

⑤ 용액인 소금물은 거름 장치로 걸러도 거름종이에 남는 것이 없습니다.

03 ㉡ 용액은 용매와 용질이 골고루 섞여 있는 물질로, 설탕물, 식초, 소금물 등이 있습니다.
㉢ 용액은 오래 두어도 뜨거나 가라앉는 것이 없습니다.

왜 틀린 답일까?

㉠ 용액은 흔들어도 뿌옇게 흐려지지 않습니다.

04 용해되기 전 용질과 용매의 무게를 합하면 용해된 후 용액의 무게와 같으므로 물의 무게는 $135\text{ g}-25\text{ g}=110\text{ g}$입니다.

05 (다): 각설탕이 물에 용해되면 없어지는 것이 아니라 작게 변하여 물속에 골고루 섞여 보이지 않게 됩니다.

왜 틀린 답일까?

(가): 각설탕이 물에 용해되면 없어지지 않고 물과 골고루 섞여 용액이 됩니다.
(나): 각설탕이 물에 용해되면 작게 변하여 물속에 골고루 섞이며, 다시 커지지 않습니다.

06 각설탕이 물에 용해되면 없어지지 않고 작게 변하여 물속에 골고루 섞이므로 무게가 일정합니다. 따라서 ㉠~㉢에서 용액의 무게는 각설탕의 무게 5 g과 물의 무게 50 g을 합한 값인 55 g입니다. ㉢에 각설탕 5 g을 더 넣고 완전히 녹인 용액의 무게는 $55\text{ g}+5\text{ g}=60\text{ g}$입니다.

07

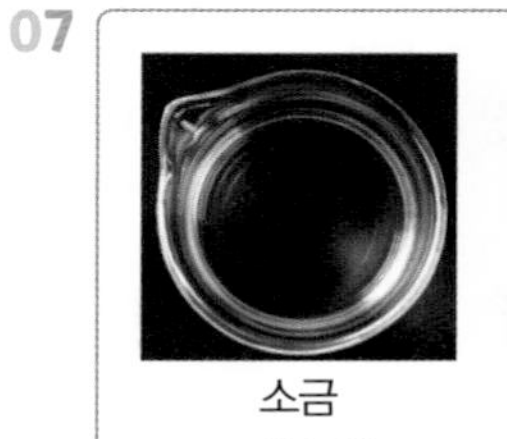
소금
다 용해됨.

설탕
다 용해됨.

제빵 소다
다 용해되지 않고 바닥에 일부가 남음.

㉡ 소금과 설탕은 다 용해되고, 제빵 소다는 다 용해되지 않고 바닥에 일부가 남았으므로 물의 온도와 양이 같을 때 제빵 소다가 가장 적게 용해됩니다.

왜 틀린 답일까?

㉠ 물의 온도와 양이 같을 때 제빵 소다가 가장 적게 용해되고, 가장 많이 용해되는 물질이 무엇인지는 주어진 결과만으로 알 수 없습니다.
㉢ 물의 온도와 양이 같을 때 용해되는 용질의 양은 용질의 종류마다 다릅니다.

08 ④ 20 ℃의 물 50 mL에 (가)는 여섯 숟가락, (다)는 한 숟가락 용해되고, (나)는 일곱 숟가락이 다 용해됩니다. 따라서 20 ℃의 물 50 mL에 (나) 여섯 숟가락을 넣으면 다 용해됩니다.

왜 틀린 답일까?

①, ② 20 ℃의 물 50 mL에 (나)가 가장 많이 용해되고, (다)가 가장 적게 용해됩니다.
③ 20 ℃의 물 50 mL에 (다) 세 숟가락을 넣으면 다 용해되지 않고 바닥에 일부가 남습니다.
⑤ 20 ℃의 물 50 mL에 (가) 다섯 숟가락을 넣으면 다 용해됩니다.

09 물의 온도가 높을수록 붕산이 많이 용해되므로 용해되지 않고 남은 붕산의 양이 적을수록 물의 온도가 높습니다. 따라서 온도는 ㉡>㉢>㉠ 순으로 높습니다.

10 비커를 가열하면 물의 온도가 높아져 바닥에 남은 제빵 소다가 용해되므로 용해에 영향을 준 요인은 물의 온도입니다.

11 ㉢ 황설탕을 녹인 용액은 진하기가 진할수록 색깔이 더 진합니다. 따라서 용액의 진하기는 (다)>(나)>(가) 순으로 진합니다. 같은 양의 용매에 용해된 용질의 양이 많을수록 용액의 진하기가 진하므로 용해된 황설탕의 양은 (다)가 가장 많습니다.

왜 틀린 답일까?

㉠, ㉡ (다)가 가장 진한 용액이고, (가)가 가장 묽은 용액입니다.

12 용액의 진하기가 진할수록 방울토마토가 높이 떠오르므로 (다)에서 방울토마토가 가장 높이 떠오릅니다.

13

(가) 소금 — 투명하고, 뜨거나 가라앉는 것이 없어요.
(나) 식용 색소 — 투명한 붉은색이고, 뜨거나 가라앉는 것이 없어요.
(다) 화단 흙 — 흙이 뜨거나 바닥에 가라앉아요.

물에 소금과 식용 색소를 용해하면 투명하고, 용질이 물에 골고루 섞여 뜨거나 가라앉는 것이 없으므로 (가)와 (나)는 용액입니다. 화단 흙을 섞은 물은 가만히 놓아두면 흙이 뜨거나 가라앉으므로 (다)는 용액이 아닙니다.

채점 기준	
상	(가)~(다)를 용액인 것과 용액이 아닌 것으로 옳게 구분한 경우
중	(가)~(다) 중 한 가지를 옳게 구분하지 못한 경우

14 용질은 물에 용해되어도 없어지지 않고 물과 골고루 섞여 용액이 되므로 용해되기 전과 용해된 후에 무게가 변하지 않습니다. 따라서 각설탕이 용해되기 전 페트리 접시, 각설탕, 유리 막대, 물이 담긴 비커의 무게는 각설탕이 용해된 후의 페트리 접시, 유리 막대, 설탕물이 담긴 비커의 무게와 같은 103 g입니다.

채점 기준	
상	103 g을 쓰고, 그 까닭을 설명할 때 각설탕이 용해되어도 없어지지 않기 때문에 용해 전후의 무게가 변하지 않는다고 설명한 경우
중	103 g을 쓰고, 그 까닭을 용해 전후의 무게가 변하지 않기 때문이라고만 설명한 경우
하	103 g만 쓴 경우

15 물의 온도와 양이 같을 때 같은 양의 소금과 제빵 소다를 넣고 저었을 때 소금은 다 용해되고, 제빵 소다는 다 용해되지 않고 일부가 바닥에 남았습니다. 이를 통해 물의 온도와 양이 같을 때 용해되는 용질의 양은 소금이 제빵 소다보다 많다는 것을 알 수 있습니다.

채점 기준	
상	바닥에 남은 용질의 양을 근거로 물에 용해되는 용질의 양은 소금이 제빵 소다보다 많다는 것을 설명한 경우
중	소금이 제빵 소다보다 많이 용해된다는 것만 설명한 경우
하	소금과 제빵 소다가 용해되는 양이 다르다고만 설명한 경우

16 따뜻한 물에 붕산을 녹인 용액을 얼음물이 든 비커에 넣으면 온도가 낮아져서 물에 용해되는 붕산의 양이 줄어듭니다. 따라서 용액 속 붕산의 일부가 더는 녹아 있지 못하고 붕산 알갱이가 되어 비커 바닥에 생깁니다.

채점 기준	
상	온도가 낮아져서 물에 용해되는 붕산의 양이 줄어들기 때문이라고 설명한 경우
중	온도가 낮아졌기 때문이라고만 설명한 경우
하	붕산이 용해되는 양이 온도에 따라 변하기 때문이라고 설명한 경우

17 진하기가 다른 용액에 메추리알이나 방울토마토 등의 물체를 넣으면 용액의 진하기가 진할수록 물체가 높이 떠오릅니다. 따라서 ㉢이 가장 진한 용액이고, ㉡이 가장 묽은 용액입니다.

채점 기준	
상	㉢을 쓰고, 진한 용액일수록 메추리알이 높이 떠오르기 때문이라고 쓴 경우
중	㉢만 쓴 경우

18 용액의 진하기를 비교하는 기구를 설계할 때 기구에 눈금을 그리면 기구가 뜨는 정도를 쉽게 비교할 수 있습니다.

채점 기준	
상	눈금 그리기 등 보완할 점 한 가지를 옳게 설명한 경우
중	보완할 점을 설명하였으나 기구의 기능과 직접적인 관련이 없는 경우

수행 평가 1회

107 쪽

01 (1) 소금, 설탕 (2) 예시 답안 온도와 양이 같은 물에 용해되는 용질의 양은 용질의 종류에 따라 다르다.
02 (1) ㉠ (2) 예시 답안 해설 참조, 백설탕 스무 숟가락을 넣어 녹인 용액은 열 숟가락을 넣어 녹인 용액보다 진하기가 진하므로 기구가 ㉡보다 더 높이 떠오른다.

01

용질	약숟가락으로 넣은 횟수(회)								
	1	2	3	4	5	6	7	8	9
소금	○	○	○	○	○	○	○	○	×
설탕	○	○	○	○	○	○	○	○	○
제빵 소다	○	×							

- 소금: 여덟 숟가락은 다 용해되었고, 아홉 숟가락은 다 용해되지 않았어요. ➡ 세 숟가락을 넣으면 다 용해돼요.
- 설탕: 아홉 숟가락이 다 용해되었어요. ➡ 세 숟가락을 넣으면 다 용해돼요.
- 제빵 소다: 한 숟가락은 다 용해되었고, 두 숟가락은 다 용해되지 않았어요. ➡ 세 숟가락을 넣으면 다 용해되지 않아요.

(1) 소금은 여덟 숟가락, 제빵 소다는 한 숟가락 용해되고, 설탕은 아홉 숟가락이 다 용해되었으므로 세 숟가락을 넣었을 때 소금과 설탕은 다 용해되고, 제빵 소다는 다 용해되지 않고 바닥에 일부가 가라앉습니다.

> **만점 꿀팁** 표에서 소금, 설탕, 제빵 소다가 몇 숟가락 용해되었는지 먼저 찾아보아요. 소금과 제빵 소다는 ×표가 나오기 전까지 녹인 양만큼 물에 용해되고, 설탕은 아홉 숟가락이 다 용해된다는 것을 알 수 있어요.

(2) 소금, 설탕, 제빵 소다가 용해되는 양이 각각 다르므로 온도와 양이 같은 물에 용해되는 용질의 양은 용질의 종류에 따라 다르다는 것을 알 수 있습니다.

> **만점 꿀팁** 실험 결과 소금, 설탕, 제빵 소다가 물에 용해되는 양은 각각 달라요.

채점 기준	
상	네 가지 용어를 모두 사용하여 옳게 설명한 경우
중	물의 양과 온도 중 한 가지를 언급하지 않고 설명한 경우
하	물의 양과 온도를 모두 언급하지 않고 설명한 경우

02 (1) 용액의 진하기가 진할수록 기구가 높이 떠오르므로 ㉡이 더 진한 용액입니다. 따라서 ㉠이 백설탕 다섯 숟가락을 넣어 녹인 용액입니다.

> **만점 꿀팁** 기구가 떠오르는 높이를 비교하면 ㉠과 ㉡ 중 어느 것이 더 진한 용액인지 알 수 있어요.

(2) 같은 양의 용매에 용질이 많이 녹아 있을수록 진한 용액입니다. 물 150 mL에 백설탕 스무 숟가락을 넣어 녹인 용액은 같은 양의 물에 백설탕 열 숟가락을 넣어 녹인 용액보다 진하기가 진하므로 기구가 ㉡보다 더 높이 떠오릅니다.

답

> **만점 꿀팁** 백설탕 스무 숟가락을 넣어 녹인 용액이 열 숟가락을 넣어 녹인 용액보다 진하다는 점을 알고, 용액이 진할수록 용액에 넣은 물체가 높이 떠오른다는 점을 연관 지어서 설명해요.

채점 기준	
상	기구를 넣었을 때의 결과를 옳게 나타내고, 그 까닭을 설명할 때 백설탕 스무 숟가락을 넣어 녹인 용액의 진하기가 백설탕 열 숟가락을 넣어 녹인 용액보다 진하다는 점을 언급한 경우
중	기구를 넣었을 때의 결과를 옳게 나타내고, 그 까닭을 설명할 때 용액의 진하기가 진할수록 기구가 더 높이 떠오르기 때문이라고 설명한 경우
하	기구를 넣었을 때의 결과만 옳게 나타낸 경우

단원 평가 2회

108~110 쪽

01 ㉠ 용해, ㉡ 용액
02 ㉢
03 80
04 110
05 ⑤
06 ㉠
07 ④
08 ②
09 (다)
10 ㉡
11 (나)
12 ㉡, ㉢

서술형 문제

13 예시 답안 용질은 각설탕(설탕), 용매는 물, 용액은 각설탕 용액(설탕물)이다.

14 예시 답안 ㉠, ㉡, ㉢의 무게는 모두 같다. 각설탕이 물에 용해되어도 없어지지 않고 물과 골고루 섞여 용액이 되기 때문이다.

15 예시 답안 설탕이다. 제빵 소다는 두 숟가락이 다 용해되지 않고, 소금은 두 숟가락이 다 용해되지만 아홉 숟가락이 다 용해되지 않으며, 설탕은 아홉 숟가락이 다 용해되기 때문이다.

16 예시 답안 ㉢, 일반적으로 물의 양이 같을 때 물의 온도가 높을수록 용질이 더 많이 용해되기 때문이다.

17 예시 답안 물의 온도와 양이 같을 때 용질이 용해되는 양은 용질의 종류에 따라 다르다.

18 예시 답안 설탕을 더 넣고 용해하여 설탕물의 진하기를 더 진하게 한다.

01 (가)에서 유리병을 흔들수록 소금이 물에 용해되어 용액인 소금물이 됩니다.

02 ㉢ (다)에서 화단 흙은 물에 용해되지 않습니다. 따라서 화단 흙을 넣은 유리병의 뚜껑을 닫고 흔든 후 오래 두면 뜨거나 가라앉는 것이 생깁니다.

왜 틀린 답일까?

㉠ (가)에서 소금은 용질, 물은 용매입니다.
㉡ (나)에서 식용 색소가 물에 용해되어 퍼지면서 색깔이 나타나므로 투명하고 색깔이 있는 용액이 됩니다.

03 용해되기 전 용매와 용질의 무게를 합한 값은 용해된 후 용액의 무게와 같으므로 설탕물 180 g을 만들려면 물 100 g에 설탕 80 g을 용해해야 합니다.

04 각설탕이 용해되기 전과 용해된 후의 무게는 같으므로 각설탕이 용해된 후의 무게는 용해되기 전의 무게와 같은 110 g입니다.

05 ⑤ 각설탕이 물에 용해되면 없어지지 않고 물과 골고루 섞여 용액이 됩니다.

왜 틀린 답일까?

①, ②, ③ 각설탕이 물에 용해되면 없어지지 않고 작게 변하여 물속에 골고루 섞여 용액이 됩니다. 따라서 각설탕이 물에 용해되어도 무게는 변하지 않습니다.
④ 각설탕이 물에 용해된 용액은 무색투명합니다.

06

용질	약숟가락으로 넣은 횟수(회)						
	1	2	3	4	5	6	7
㉠	○	○	○	○	○	◎	×
㉡	○	○	◎	×			
㉢	◎	×					

- ㉠은 여섯 숟가락 용해되었어요.
- ㉡은 세 숟가락 용해되었어요.
- ㉢은 한 숟가락 용해되었어요.

물의 온도는 같게 하면서 양을 100 mL로 늘려 실험하면 물에 용해되는 용질의 양은 많아지지만, ㉠>㉡>㉢ 순으로 용질이 많이 용해되는 것은 달라지지 않습니다.

07 ①, ②, ③, ⑤ 20 ℃의 물 50 mL에 소금과 설탕은 두 숟가락이 다 용해되고, 제빵 소다는 두 숟가락이 다 용해되지 않고 바닥에 일부가 남습니다. 따라서 온도와 양이 같은 물에 제빵 소다가 가장 적게 용해됩니다.

왜 틀린 답일까?

④ 20 ℃의 물 50 mL에 제빵 소다는 두 숟가락이 다 용해되지 않으므로 같은 온도와 양의 물에 제빵 소다를 세 숟가락 넣으면 다 용해되지 않고 바닥에 일부가 남습니다.

08 ② 따뜻한 물에 백반을 녹인 용액을 얼음물이 든 비커에 넣으면 물의 온도가 낮아져 백반이 물에 용해되는 양이 줄어들므로 비커 바닥에 백반 알갱이가 생깁니다.

왜 틀린 답일까?

① 따뜻한 물에 백반을 녹인 용액을 얼음물이 든 비커에 넣으면 물의 온도가 낮아집니다.
③, ⑤ 따뜻한 물에 백반을 녹인 용액을 얼음물이 든 비커에 넣어도 백반 용액 속 백반과 물의 양은 없어지지 않고 일정합니다. 따라서 무게도 일정합니다.
④ 백반 용액은 무색투명하고, 온도가 낮아져도 색깔이 붉게 변하지 않습니다.

09 (가), (나): 다르게 해 준 조건은 물의 온도, 같게 해 준 조건은 물의 양과 붕산의 양입니다.

왜 틀린 답일까?

(다): ㉠과 ㉡에서 붕산이 용해된 양이 다르므로 같은 양의 물에 용해되는 붕산의 양은 물의 온도에 따라 달라짐을 알 수 있습니다. 이때 물의 온도가 높을수록 붕산이 더 많이 용해됩니다.

10 물의 온도가 높을수록 붕산이 더 많이 용해됩니다. 제시된 결과에서 바닥에 용해되지 않은 붕산이 남아 있는 것은 ㉡이므로 ㉠은 따뜻한 물, ㉡은 차가운 물의 결과입니다.

11

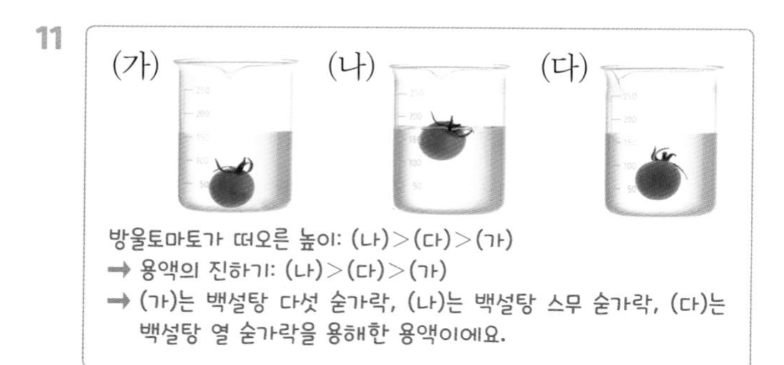

방울토마토가 떠오른 높이: (나) > (다) > (가)
➡ 용액의 진하기: (나) > (다) > (가)
➡ (가)는 백설탕 다섯 숟가락, (나)는 백설탕 스무 숟가락, (다)는 백설탕 열 숟가락을 용해한 용액이에요.

같은 양의 물에 녹인 백설탕의 양이 많을수록 진한 용액이고, 용액의 진하기가 진할수록 방울토마토가 높이 떠오르므로 (나)가 백설탕 스무 숟가락을 넣고 녹인 용액입니다.

12 ㉡, ㉢ 용액의 진하기는 (나) > (다) > (가)이므로 용액에 용해된 백설탕의 양은 (나) > (다) > (가)입니다.

왜 틀린 답일까?

㉠ 같은 양의 물에 용해된 백설탕의 양은 (나) > (가)이므로 (나)가 (가)보다 무겁습니다.

13 각설탕이 물에 용해되어 각설탕 용액이 되므로 용질은 각설탕(설탕), 용매는 물, 용액은 각설탕 용액(설탕물)입니다.

채점 기준	
상	용질, 용매, 용액을 모두 옳게 설명한 경우
중	용질, 용매, 용액 중 두 가지만 옳게 설명한 경우
하	용질, 용매, 용액 중 한 가지만 옳게 설명한 경우

14 각설탕이 물에 용해되어도 없어지지 않고 작게 변하여 물과 골고루 섞여 용액이 되므로 무게는 변하지 않습니다. 따라서 무게는 ㉠ = ㉡ = ㉢입니다.

채점 기준	
상	㉠~㉢의 무게가 모두 같다고 쓰고, 그 까닭을 각설탕이 물에 용해되어도 없어지지 않는다는 점을 언급하여 설명한 경우
중	㉠~㉢의 무게가 모두 같다고 쓰고, 그 까닭을 각설탕이 물에 용해되어도 무게가 변하지 않기 때문이라고 설명한 경우
하	㉠~㉢의 무게가 모두 같다고만 쓴 경우

15 20 ℃의 물 50 mL에 제빵 소다는 두 숟가락이 다 용해되지 않고, 소금은 두 숟가락이 다 용해되므로 물에 용해되는 양은 소금 > 제빵 소다입니다. 또, 소금은 아홉 숟가락이 다 용해되지 않고, 설탕은 아홉 숟가락이 다 용해되므로 물에 용해되는 양은 설탕 > 소금입니다.

채점 기준	
상	설탕이라고 쓰고, 그 까닭을 제빵 소다와 소금이 용해되는 양과 비교하여 옳게 설명한 경우
중	설탕이라고 쓰고, 그 까닭을 제빵 소다 또는 소금이 용해되는 양 중 한 가지만 비교하여 설명한 경우
하	설탕이라고만 쓴 경우

16 일반적으로 물의 양이 같을 때 물의 온도가 높을수록 용질이 많이 용해됩니다. 따라서 백반이 용해되는 양은 ㉢ > ㉡ > ㉠입니다.

채점 기준	
상	㉢이라고 쓰고, 그 까닭을 물의 양이 같을 때 물의 온도와 관련지어 옳게 설명한 경우
중	㉢이라고 쓰고, 그 까닭을 물의 온도만 언급하여 설명한 경우
하	㉢이라고만 쓴 경우

17 물의 온도와 양이 같을 때 소금과 붕산을 용해했더니 붕산만 남았으므로, 소금이 붕산보다 많이 용해됩니다. 즉, 물의 온도와 양이 같을 때 용질이 용해되는 양은 용질의 종류에 따라 다릅니다.

채점 기준	
상	물의 온도와 양이 같을 때 용질이 용해되는 양은 용질의 종류에 따라 다르다고 설명한 경우
중	물의 온도와 양 조건을 언급하지 않고 용질이 용해되는 양은 용질의 종류에 따라 다르다고 설명한 경우
하	물의 온도와 양 조건을 언급하지 않고 소금이 붕산보다 많이 용해된다고 설명한 경우

18 용액의 진하기가 진할수록 용액에 넣은 물체가 더 높이 떠오릅니다. 따라서 설탕물에 설탕을 더 용해하여 진하기를 진하게 하면 기구가 더 높이 떠오릅니다.

채점 기준	
상	설탕물의 진하기를 진하게 한다고 설명한 경우
중	'고무찰흙의 양을 줄여 기구를 가볍게 한다.' 등 용액의 진하기와 관련되지 않은 방법을 설명한 경우

수행 평가 2회

111 쪽

01 (1) (다) (2) 예시 답안 따뜻한 물과 차가운 물이 담긴 비커에 붕산을 각각 두 숟가락씩 넣고 잘 저으면서 변화를 관찰한다. (3) 예시 답안 물의 양이 같을 때 물의 온도가 높을수록 붕산(용질)이 더 많이 용해된다.
02 (1) ㉡>㉠>㉢ (2) 예시 답안 ㉡, 용액의 진하기가 진할수록 용액의 색깔이 진하고, 메추리알이 높이 떠오른다. 따라서 용액의 색깔이 가장 진한 ㉡의 진하기가 가장 진하므로 메추리알이 가장 높이 떠오른다.

01 (1) 물의 온도에 따라 붕산이 용해되는 양을 알아보려면 물의 양, 붕산의 양 등은 같게 하고, 물의 온도는 다르게 해야 합니다.

만점 꿀팁 물의 온도에 따라 붕산이 용해되는 양을 알아보는 실험이므로 물의 온도를 제외한 다른 조건은 모두 같게 해야 해요.

(2) 물의 온도에 따라 붕산이 용해되는 양을 알아보려면 따뜻한 물과 차가운 물이 담긴 비커에 붕산을 같은 양만큼 넣고 저으면서 변화를 관찰해야 합니다. 용해되지 않고 바닥에 남는 붕산의 양을 비교하여 어느 비커에서 붕산이 더 많이 용해되는지 알 수 있습니다. 따라서 과정 (다)에서 따뜻한 물과 차가운 물이 담긴 비커에 넣는 붕산의 양을 같게 해야 합니다.

만점 꿀팁 물의 온도를 제외한 조건 중 같게 하지 않은 조건을 찾아서 옳게 고쳐요.

채점 기준	
상	따뜻한 물과 차가운 물에 같은 양의 붕산을 넣는다고 설명하되, '한 숟가락', '두 숟가락' 등으로 양을 구체적으로 정한 경우
중	따뜻한 물과 차가운 물에 같은 양의 붕산을 넣는다고 설명한 경우

(3) 따뜻한 물이 든 비커는 붕산이 다 용해되었고, 차가운 물이 든 비커는 붕산이 다 용해되지 않고 일부가 바닥에 남았으므로 붕산은 차가운 물보다 따뜻한 물에서 많이 용해됩니다. 따라서 물의 양이 같을 때 물의 온도가 높을수록 붕산이 더 많이 용해됨을 알 수 있습니다.

만점 꿀팁 실험 결과로부터 어느 비커에서 붕산이 더 많이 용해되었는지를 파악하고 이로부터 알 수 있는 사실을 써요.

채점 기준	
상	물의 양이 같을 때 물의 온도가 높을수록 붕산이 더 많이 용해된다고 설명한 경우
중	물의 양 조건을 언급하지 않고 물의 온도가 높을수록 붕산이 더 많이 용해된다고 설명한 경우
하	물의 온도가 붕산이 용해되는 양에 영향을 준다고만 설명한 경우

02

㉠ ㉡ ㉢

용액 색깔의 진한 정도: ㉡>㉠>㉢
→ 용액에 녹인 황설탕의 양: ㉡>㉠>㉢
→ 용액의 진하기: ㉡>㉠>㉢

(1) 용액의 진하기가 진할수록 색깔이 진하므로 용액의 진하기는 ㉡>㉠>㉢입니다. 따라서 녹인 황설탕의 양도 ㉡>㉠>㉢입니다.

만점 꿀팁 용액의 색깔이 진할수록 진하기가 진하고, 녹인 용질의 양이 많아요.

(2) 용액의 진하기가 진할수록 용액에 넣은 메추리알, 방울토마토 등의 물체가 높이 떠오릅니다. 따라서 용액의 진하기가 가장 진한 ㉡에서 메추리알이 가장 높이 떠오릅니다.

용액의 진하기가 진할수록 용액에 넣은 메추리알이 높이 떠올라요.

만점 꿀팁 용액의 진하기가 진할수록 용액에 넣은 물체가 높이 떠오른다는 것을 알고, 용액의 색깔을 이용해서 가장 진한 용액을 골라요.

채점 기준	
상	㉡을 쓰고, 그 까닭을 ㉡이 가장 진한 용액이기 때문이라고 설명한 경우
중	㉡을 쓰고, 그 까닭을 ㉡의 색깔이 가장 진하기 때문이라고 쓴 경우
하	㉡만 쓴 경우

5 다양한 생물과 우리 생활

1 버섯과 곰팡이의 특징은 무엇일까요

스스로 확인해요 114 쪽

1 균류 **2** 예시 답안 식물은 주로 씨로 번식하고, 버섯은 포자로 번식한다.

2 버섯과 같은 균류는 몸 전체가 균사로 이루어져 있고 포자로 번식하지만, 식물은 뿌리, 줄기, 잎, 꽃 등으로 이루어져 있고 주로 씨로 번식합니다.

문제로 개념 탄탄 115 쪽

1 (다) **2** ㉡
3 (1) × (2) ○ (3) ○ **4** 축축한

1 실체 현미경을 사용할 때에는 가장 먼저 회전판을 돌려 배율이 가장 낮은 대물렌즈가 가운데에 오도록 합니다.

2 빵에 자란 곰팡이를 실체 현미경으로 관찰하면 가는 실처럼 생긴 것이 많고, 크기가 작고 둥근 알갱이가 보입니다.

3 (1) 버섯은 스스로 양분을 만들지 못하고 주로 죽은 생물이나 다른 생물에서 양분을 얻습니다.
(2) 버섯과 곰팡이는 모두 균류에 속하는 생물입니다.
(3) 곰팡이는 몸 전체가 균사로 이루어져 있고 포자로 번식합니다.

4 균류는 따뜻하고 축축한 환경에서 잘 자라기 때문에 여름철에 자주 볼 수 있습니다.

2 해캄과 짚신벌레의 특징은 무엇일까요

스스로 확인해요 116 쪽

1 원생생물 **2** 예시 답안 해캄은 뿌리, 줄기, 잎 등으로 구분되지 않지만, 식물은 뿌리, 줄기, 잎 등으로 구분된다.

2 해캄과 같은 원생생물은 구조가 단순하여 뿌리, 줄기, 잎 등으로 구분되지 않지만, 식물은 뿌리, 줄기, 잎 등으로 구분됩니다.

문제로 개념 탄탄 117 쪽

1 광학 현미경 **2** (1) ㉡ (2) ㉠
3 (1) × (2) × (3) ○ **4** 느린

1 광학 현미경은 접안렌즈, 대물렌즈, 조동 나사, 미동 나사, 조명 조절 나사, 회전판, 재물대, 조리개, 클립 등으로 이루어져 있습니다. 짚신벌레 같이 맨눈으로 자세히 관찰하기 어려운 생물은 광학 현미경을 사용해야 자세한 모습을 관찰할 수 있습니다.

2 해캄을 광학 현미경으로 관찰하면 긴 가닥이 여러 마디로 나누어져 있고, 초록색의 알갱이들이 사선 모양으로 연결되어 있습니다. 짚신벌레를 광학 현미경으로 관찰하면 길쭉하고 표면에 가는 털이 있으며, 몸 안에는 여러 가지 다른 모양이 보입니다.

3 (1) 해캄은 스스로 움직일 수 없지만, 스스로 양분을 만들어 삽니다.
(2) 짚신벌레는 스스로 헤엄쳐 움직일 수 있고, 다른 생물을 먹으며 삽니다.
(3) 동물과 식물, 균류로 분류되지 않는 해캄, 짚신벌레와 같은 생물을 원생생물이라고 합니다.

4 원생생물은 주로 물이 고여 있는 연못이나 물살이 느린 하천에 삽니다.

3 세균의 특징은 무엇일까요

스스로 확인해요 118 쪽

1 작고, 단순 **2** 예시 답안 크기가 매우 작고 생김새가 단순하며, 우리 주변 어디에서나 산다.

2 세균은 크기가 매우 작고 생김새가 단순하며 우리 주변 어디에서나 삽니다. 세균은 살기에 알맞은 환경이 되면 짧은 시간 안에 많은 수로 늘어납니다.

문제로 개념 탄탄 119 쪽

1 현미경
2 세균
3 (1) ㉠ (2) ㉢ (3) ㉡
4 (1) × (2) ○ (3) ○

1 세균은 크기가 매우 작아 맨눈이나 돋보기로는 관찰할 수 없고, 배율이 높은 현미경을 사용해야 관찰할 수 있습니다.

2 세균은 균류나 원생생물에 비해 크기가 매우 작습니다.

3 세균의 생김새는 공 모양, 막대 모양, 나선 모양 등이 있고, 꼬리가 있는 세균도 있습니다.

4 (1) 세균은 우리 주변에 있는 흙이나 물, 다른 생물의 몸, 우리가 사용하는 물체 등 다양한 곳에서 삽니다.
(2) 세균은 하나씩 떨어져 있기도 하고 여러 개가 연결되어 있기도 합니다.
(3) 세균은 살기에 알맞은 환경이 되면 짧은 시간 안에 많은 수로 늘어날 수 있습니다.

문제로 실력 쑥쑥 120~121 쪽

01 ①, ④
02 ㉢
03 ③
04 ㉡
05 (가) → (다) → (나) → (라)
06 해캄
07 ㉠ 짚신벌레, ㉡ 해캄
08 예시 답안 원생생물은 주로 물이 고여 있는 연못이나 물살이 느린 하천에 산다.
09 (가)
10 ②
11 ②
12 예시 답안 짧은 시간 안에 많은 수로 늘어날 수 있다.

01 버섯과 곰팡이처럼 몸 전체가 균사로 이루어져 있고 포자로 번식하는 생물을 균류라고 합니다.

02 실체 현미경으로 관찰하면 관찰 대상을 돋보기보다 더 확대해 관찰할 수 있습니다.

03 ①, ④ 곰팡이는 몸 전체가 균사로 이루어져 있고 포자로 번식하는 균류입니다.
② 곰팡이는 따뜻하고 축축한 환경에서 잘 자라기 때문에 여름철에 자주 볼 수 있습니다.
⑤ 곰팡이 같은 균류는 따뜻하고 축축한 환경에서 잘 자랍니다.

왜 틀린 답일까?
③ 곰팡이는 스스로 양분을 만들지 못하고 주로 죽은 생물이나 다른 생물에서 양분을 얻습니다.

04 ㉡ 버섯은 몸 전체가 균사로 이루어져 있고, 식물은 주로 뿌리, 줄기, 잎, 꽃 등으로 이루어져 있습니다.

왜 틀린 답일까?
㉠ 버섯은 포자로 번식하고, 식물은 주로 씨로 번식합니다.
㉢ 버섯은 주로 죽은 생물이나 다른 생물에서 양분을 얻고, 식물은 햇빛, 물 등을 이용해 스스로 양분을 만듭니다.

05 광학 현미경으로 짚신벌레 영구 표본을 관찰하는 과정은 (가) → (다) → (나) → (라) 순입니다.

06 해캄은 원생생물에 속하는 생물입니다. 해캄은 스스로 움직일 수 없지만, 스스로 양분을 만들어 삽니다.

07

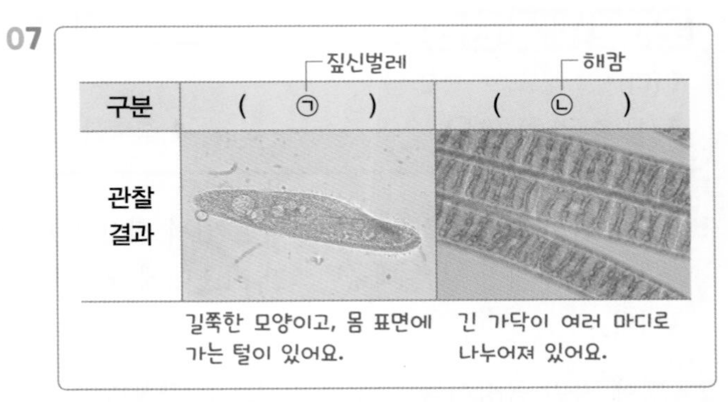

짚신벌레를 광학 현미경으로 관찰하면 길쭉한 모양이고, 몸 표면에 가는 털이 있습니다. 해캄을 광학 현미경으로 관찰하면 긴 가닥이 여러 마디로 나누어져 있습니다.

08 해캄과 짚신벌레 같은 원생생물은 주로 물이 고여 있는 연못이나 물살이 느린 하천에 삽니다.

채점 기준	
상	물이 고여 있는 연못이나 물살이 느린 하천에 산다고 설명한 경우
중	물에서 산다고 설명한 경우

09 세균은 크기가 매우 작아서 맨눈이나 돋보기로 볼 수 없고, 배율이 높은 현미경을 사용하여 관찰할 수 있습니다.

10 ①, ④ 세균의 생김새는 공 모양, 막대 모양, 나선 모양 등이 있고, 꼬리가 있는 세균도 있습니다.
③ 세균은 균류나 원생생물에 비해 생김새가 단순합니다.

⑤ 세균은 하나씩 떨어져 있기도 하고 여러 개가 연결되어 있기도 합니다.

왜 틀린 답일까?

② 세균은 균류나 원생생물에 비해 크기가 매우 작습니다.

11 ①은 공 모양 세균, ②는 막대 모양 세균, ③은 나선 모양 세균, ④는 꼬리가 있는 세균의 모습입니다.

12 세균은 살기에 알맞은 환경이 되면 짧은 시간 안에 많은 수로 늘어날 수 있습니다.

채점 기준	
상	짧은 시간 안에 많은 수로 늘어날 수 있다고 설명한 경우
중	많은 수로 늘어날 수 있다고만 설명한 경우

4 다양한 생물이 우리 생활에 미치는 영향은 무엇일까요

스스로 확인해요 122 쪽

1 × 2 예시 답안 질병을 일으키는 곰팡이와 세균을 막기 위해 손을 깨끗하게 씻는다.

1 곰팡이, 원생생물, 세균 등은 우리 생활에 긍정적인 영향과 부정적인 영향을 모두 미칩니다.

문제로 개념 탄탄 123 쪽

1 (1) ○ (2) × (3) ○ 2 산소 3 ㉡
4 원생생물 5 ㉠ 긍정적인, ㉡ 부정적인

1 (1) 세균은 김치, 요구르트 등을 만드는 데 활용됩니다.
(2) 곰팡이는 된장, 간장 등을 만드는 데 활용됩니다.
(3) 원생생물은 주로 다른 생물의 먹이가 됩니다.

2 원생생물은 주로 다른 생물의 먹이가 되거나 산소를 만들기도 합니다.

3 곰팡이는 된장, 간장 등을 만드는 데 활용되고, 세균은 김치, 요구르트 등을 만드는 데 활용됩니다.

4 적조는 특정 원생생물의 수가 비정상적으로 많아져 바닷물의 색깔이 붉게 보이는 현상입니다. 원생생물이 적조를 일으켜 여러 생물에게 피해를 줍니다.

5 다양한 생물은 음식을 만드는 데 활용되거나 산소를 만드는 등 우리 생활에 긍정적인 영향을 미치기도 하고, 음식을 상하게 하거나 질병을 일으키는 등 부정적인 영향을 미치기도 합니다.

5 첨단 생명 과학은 우리 생활에 어떻게 이용될까요

스스로 확인해요 124 쪽

1 × 2 예시 답안 질병을 치료하는 약을 만들 수 있다. 친환경 연료를 만들 수 있다. 환경 오염을 막을 수 있다. 등

1 첨단 생명 과학은 동물과 식물뿐만 아니라 균류, 원생생물, 세균 등 다양한 생물의 특성을 연구합니다.

2 첨단 생명 과학은 질병을 치료하거나 환경 오염을 줄이는 등 우리 생활의 여러 가지 문제를 해결해 줍니다.

문제로 개념 탄탄 125 쪽

1 ㉡ 2 (1) ㉠ (2) ㉢ (3) ㉡
3 곰팡이 4 세균

1 첨단 생명 과학은 생물의 다양한 특성을 활용하여 우리 생활의 여러 가지 문제를 해결해 줍니다. 영양소가 많은 원생생물은 건강식품을 만드는 데 활용됩니다.

2 (1) 세균을 자라지 못하게 하는 균류를 활용하여 질병을 치료하는 약을 만듭니다.
(2) 기름 성분을 많이 가지고 있는 원생생물을 활용하여 오염 물질이 덜 나오는 친환경 연료를 만듭니다.
(3) 플라스틱을 분해하는 세균을 활용하여 플라스틱을 분해합니다.

3 세균을 자라지 못하게 하는 균류인 곰팡이를 활용하여 질병을 치료하는 약을 만듭니다.

4 해충을 없애는 특성이 있는 균류나 세균을 활용하여 친환경 생물 농약을 만들어 농작물의 피해를 줄이고 환경 오염도 줄일 수 있습니다.

문제로 실력 쑥쑥

126~127 쪽

01 ②, ⑤ 02 ㉡ 03 곰팡이
04 ㉡ 05 ㉡
06 예시 답안 버섯은 식품으로 이용된다. 곰팡이와 버섯은 죽은 생물을 분해한다. 등 07 ①
08 약 09 ㉡
10 예시 답안 농작물의 피해를 줄일 수 있다. 환경 오염을 줄일 수 있다. 등 11 ㉠ 12 ①

01 세균은 김치, 요구르트 등의 음식을 만드는 데 활용되어 우리 생활에 긍정적인 영향을 미칩니다.

02 원생생물이 적조를 일으켜 여러 생물에게 피해를 줍니다.

03 곰팡이는 음식이나 물건을 상하게 하기도 하고, 된장, 간장 등의 음식을 만드는 데 활용되기도 합니다.

04 원생생물은 주로 다른 생물의 먹이가 되거나 산소를 만들기도 합니다.

05 ㉠ 세균이 질병을 일으키는 것은 우리 생활에 미치는 부정적인 영향입니다.
㉢ 곰팡이가 물건을 상하게 하는 것은 우리 생활에 미치는 부정적인 영향입니다.

왜 틀린 답일까?
㉡ 원생생물이 산소를 만드는 것은 우리 생활에 미치는 긍정적인 영향입니다.

06 균류는 식품으로 이용되거나 죽은 생물을 분해하는 등 우리 생활에 긍정적인 영향을 미칩니다.

채점 기준	
상	균류가 우리 생활에 미치는 긍정적인 영향을 두 가지 모두 옳게 설명한 경우
중	균류가 우리 생활에 미치는 긍정적인 영향을 한 가지만 옳게 설명한 경우

07 첨단 생명 과학은 생물의 다양한 특성을 활용하여 우리 생활의 여러 가지 문제를 해결해 줍니다. 세균이 김치를 익게 하는 것은 첨단 생명 과학이 우리 생활에 이용된 예가 아닙니다.

08 세균을 자라지 못하게 하는 특성이 있는 균류를 활용하여 질병을 치료하는 약을 만듭니다.

09 플라스틱의 원료를 가진 세균을 활용하여 플라스틱 제품을 만들 수 있습니다.

10 화학 물질이 아닌 균류나 세균을 활용하여 친환경 생물 농약을 만들면 화학 물질로 인한 농작물의 피해와 환경 오염을 줄일 수 있습니다.

채점 기준	
상	친환경 생물 농약의 좋은 점을 두 가지 모두 옳게 설명한 경우
중	친환경 생물 농약의 좋은 점을 한 가지만 옳게 설명한 경우

11

㉠
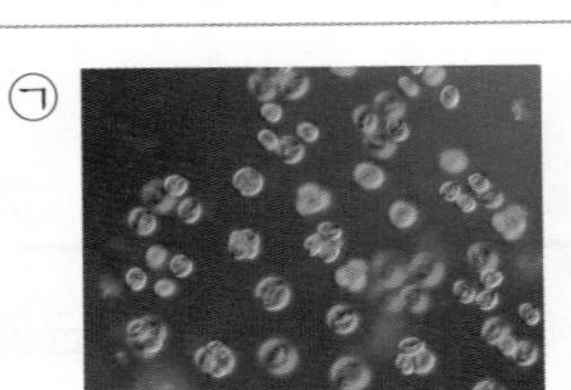
기름 성분을 많이 가지고 있는 원생생물
친환경 연료를 만들어 환경 오염을 줄일 수 있어요.

㉡
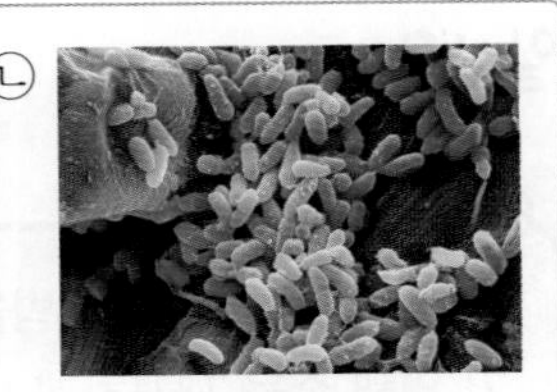
플라스틱을 분해하는 특성이 있는 세균
플라스틱을 분해해 환경 오염을 줄일 수 있어요.

기름 성분을 많이 가지고 있는 원생생물은 오염 물질이 덜 나오는 친환경 연료를 만드는 데 활용됩니다. 플라스틱을 분해하는 특성이 있는 세균은 플라스틱을 분해하는 데 활용됩니다.

12 ① 영양소가 많은 원생생물을 활용하여 건강식품을 만듭니다.

왜 틀린 답일까?
② 플라스틱을 분해하는 특성이 있는 세균을 활용하여 플라스틱을 분해합니다.
③ 음식물 쓰레기를 분해하는 원생생물을 활용하여 음식물 쓰레기를 처리합니다.
④ 세균을 자라지 못하게 하는 특성이 있는 균류를 활용하여 질병을 치료하는 약을 만듭니다.
⑤ 플라스틱의 원료를 가진 세균을 활용하여 플라스틱을 만듭니다.

단원 평가 1회

136~138 쪽

01 실체 현미경	02 ⑤	03 균사
04 ③	05 ㉠	06 ①
07 ㉢	08 ③	09 ③
10 세균	11 ⑤	12 ①

서술형 문제

13 예시 답안 균류는 스스로 양분을 만들지 못하고 주로 죽은 생물이나 다른 생물에서 양분을 얻는다.

14 예시 답안 해캄은 초록색을 띠며 가늘고 긴 모양이고, 짚신벌레는 길쭉하고 끝이 둥근 모양이다.

15 예시 답안 세균은 우리 주변의 물이나 공기, 다른 생물의 몸 등 다양한 곳에서 산다.

16 예시 답안 주로 다른 생물의 먹이가 된다. 산소를 만들기도 한다. 등

17 예시 답안 기름 성분을 많이 가지고 있는 원생생물을 활용한 것이다.

18 예시 답안 플라스틱을 분해하는 특성이 있는 세균을 활용해 플라스틱을 분해하여 환경 오염을 줄일 수 있다.

01 실체 현미경은 접안렌즈, 대물렌즈, 회전판, 재물대, 초점 조절 나사, 조명 조절 나사 등으로 이루어져 있으며, 관찰 대상을 돋보기보다 더 확대해 관찰할 수 있습니다.

02 ①, ②, ③은 버섯을 맨눈으로 관찰한 결과입니다. ④는 버섯을 돋보기로 관찰한 결과입니다.

왜 틀린 답일까?

⑤는 곰팡이를 돋보기로 관찰한 결과입니다.

03 균사는 버섯과 곰팡이 같은 균류의 몸을 이루는 것이며, 가늘고 긴 모양입니다.

04 광학 현미경을 사용할 때에는 가장 먼저 회전판을 돌려 배율이 가장 낮은 대물렌즈가 가운데에 오도록 합니다.

05 ㉠ 해캄은 미끈미끈하고 초록색을 띠며, 가늘고 긴 모양입니다.

왜 틀린 답일까?

㉡ 해캄은 스스로 움직일 수 없습니다.
㉢ 해캄은 스스로 양분을 만들어 삽니다.

06 ① 짚신벌레를 광학 현미경으로 관찰하면 길쭉하고 표면에 가는 털이 있으며, 몸 안에는 여러 가지 다른 모양이 보입니다.

왜 틀린 답일까?

②는 버섯을 실체 현미경으로 관찰한 결과입니다.
③은 해캄을 광학 현미경으로 관찰한 결과입니다.
④는 곰팡이를 실체 현미경으로 관찰한 결과입니다.

07 ㉢ 세균은 살기에 알맞은 환경이 되면 짧은 시간 안에 많은 수로 늘어날 수 있습니다.

왜 틀린 답일까?

㉠ 세균은 생김새가 단순합니다.
㉡ 꼬리가 없는 세균도 있습니다.

08

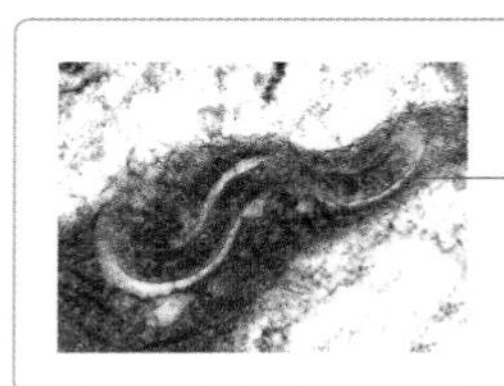

세균의 생김새가 단순하고 나선 모양으로 생겼어요.

세균의 생김새는 공 모양, 막대 모양, 나선 모양 등이 있고, 꼬리가 있는 세균도 있습니다. 위 세균의 생김새는 나선 모양입니다.

09 원생생물이 적조를 일으킵니다.

10 세균은 질병을 일으키기도 하고, 김치, 요구르트 등의 음식을 만드는 데 활용되기도 합니다.

11 세균을 자라지 못하게 하는 특성이 있는 곰팡이를 활용하여 질병을 치료하는 약을 만듭니다.

12 ① 영양소가 많은 원생생물을 활용하여 건강식품을 만듭니다.

왜 틀린 답일까?

② 음식물 쓰레기를 분해하는 원생생물을 활용하여 음식물 쓰레기를 처리합니다.
③ 해충을 없애는 특성이 있는 균류나 세균을 활용하여 친환경 생물 농약을 만듭니다.
④ 플라스틱을 분해하는 특성이 있는 세균을 활용하여 플라스틱을 분해합니다.
⑤ 기름 성분을 많이 가지고 있는 원생생물을 활용하여 친환경 연료를 만듭니다.

13 버섯과 곰팡이처럼 몸 전체가 균사로 이루어져 있고 포자로 번식하는 생물을 균류라고 합니다. 균류는 스스로 양분을 만들지 못하고 주로 죽은 생물이나 다른 생물에서 양분을 얻습니다.

채점 기준	
상	스스로 양분을 만들지 못하고 주로 죽은 생물이나 다른 생물에서 양분을 얻는다고 설명한 경우
중	스스로 양분을 만들지 못한다고만 설명한 경우

14 해캄은 초록색을 띠며 가늘고 긴 모양입니다. 짚신벌레는 길쭉하고 끝이 둥근 모양입니다.

채점 기준	
상	해캄과 짚신벌레의 생김새를 비교하여 모두 옳게 설명한 경우
중	해캄과 짚신벌레의 생김새 중 한 가지만 옳게 설명한 경우
하	해캄과 짚신벌레의 생김새가 단순하다고 설명한 경우

15 세균은 흙, 물, 공기, 다른 생물의 몸 등 다양한 곳에서 살며, 가방, 손잡이, 필통 등 우리가 사용하는 물체에도 삽니다.

채점 기준	
상	물, 공기, 다른 생물의 몸 등을 언급하며 다양한 곳에서 산다고 설명한 경우
중	물, 공기, 다른 생물의 몸 등을 언급하지 않고 다양한 곳에서 산다고만 설명한 경우

16 원생생물은 주로 다른 생물의 먹이가 되거나 산소를 만드는 등 우리 생활에 긍정적인 영향을 미칩니다.

채점 기준	
상	원생생물이 우리 생활에 미치는 긍정적인 영향을 두 가지 모두 옳게 설명한 경우
중	원생생물이 우리 생활에 미치는 긍정적인 영향을 한 가지만 옳게 설명한 경우

17 기름 성분을 많이 가지고 있는 원생생물을 활용하여 오염 물질이 덜 나오는 친환경 연료를 만들어 환경 오염을 줄일 수 있습니다.

채점 기준	
상	기름 성분을 많이 가지고 있는 원생생물을 활용한 것이라고 설명한 경우
중	기름 성분을 많이 가지고 있는 생물을 활용한 것이라고 설명한 경우
하	원생생물을 활용한 것이라고 설명한 경우

18 플라스틱을 분해하는 특성이 있는 세균을 활용해 플라스틱을 분해하여 환경 오염을 줄일 수 있습니다.

채점 기준	
상	플라스틱을 분해하여 환경 오염을 줄일 수 있다고 설명한 경우
중	플라스틱을 분해할 수 있다고만 설명한 경우

수행 평가 1회

01 (1) ㉠ 대물렌즈, ㉡ 접안렌즈 (2) 예시 답안 관찰 대상을 돋보기보다 더 확대해 관찰할 수 있다.
02 (1) 곰팡이 (2) 예시 답안 적조를 일으켜 여러 생물에게 피해를 준다.

01 (1) 실체 현미경 각 부분 중 관찰 대상 쪽 렌즈는 대물렌즈이고, 관찰 대상을 눈으로 보는 렌즈는 접안렌즈입니다.

> **만점 꿀팁** 실체 현미경 각 부분의 이름과 하는 일을 떠올려 보아요. 첫 번째 과정을 보면 ㉠은 회전판으로 배율을 조절하는 부분이라는 것을 알 수 있고, 마지막 과정을 보면 ㉡은 관찰 대상을 눈으로 보는 부분이라는 것을 알 수 있어요.

(2) 실체 현미경으로 관찰하면 관찰 대상을 돋보기보다 더 확대해 관찰할 수 있습니다.

> **만점 꿀팁** 관찰 도구로 현미경을 사용했던 경험을 떠올리며 실체 현미경으로 관찰할 때의 좋은 점을 설명해요.

채점 기준	
상	관찰 대상을 돋보기보다 더 확대해 관찰할 수 있다고 설명한 경우
중	관찰 대상을 자세히 관찰할 수 있다고 설명한 경우

02 (1) 곰팡이는 된장, 간장을 만드는 데 활용되는 등 우리 생활에 긍정적인 영향을 미칩니다. 하지만 음식을 상하게 하는 등 우리 생활에 부정적인 영향을 미치기도 합니다.

> **만점 꿀팁** 된장, 간장 등을 만드는 데 활용되기도 하지만 음식을 상하게 하는 생물이 무엇인지 떠올려 보아요.

(2) 원생생물은 적조를 일으켜 우리 생활에 부정적인 영향을 미칩니다.

> **만점 꿀팁** 원생생물이 우리 생활에 미치는 부정적인 영향을 떠올려 보아요.

채점 기준	
상	적조를 일으켜 여러 생물에게 피해를 준다고 설명한 경우
중	여러 생물에게 피해를 준다고만 설명한 경우

단원 평가 2회

140~142 쪽

01 ③	02 ③	03 ㉢
04 ㉠ 받침, ㉡ 덮개		05 ㉢
06 ②	07 ⑤	08 ②, ④
09 곰팡이	10 ㉡	11 세균
12 ④		

서술형 문제

13 예시 답안 윗부분의 안쪽에 주름이 많고 깊게 파여 있다.
14 예시 답안 곰팡이는 따뜻하고 축축한 환경에서 잘 자라기 때문에 여름철에 자주 볼 수 있다.
15 예시 답안 해캄은 스스로 양분을 만들고, 짚신벌레는 다른 생물을 먹어 양분을 얻는다.
16 예시 답안 세균은 크기가 매우 작아서 배율이 높은 현미경을 사용해야 관찰할 수 있다.
17 예시 답안 적조를 일으켜 여러 생물에게 피해를 준다.
18 예시 답안 영양소가 많은 원생생물을 활용한 것이다.

01 버섯은 몸 전체가 균사로 이루어져 있습니다. 균사는 버섯과 곰팡이 같은 균류의 몸을 이루는 것이며, 가늘고 긴 모양입니다.

02 ③ 빵에 자란 곰팡이를 실체 현미경으로 관찰하면 가는 실처럼 생긴 것이 많고, 크기가 작고 둥근 알갱이가 보입니다.

왜 틀린 답일까?
①은 버섯을 실체 현미경으로 관찰한 결과입니다.
②는 해캄을 광학 현미경으로 관찰한 결과입니다.
④는 짚신벌레를 광학 현미경으로 관찰한 결과입니다.

03 ㉠ 균류는 몸 전체가 균사로 이루어져 있고 포자로 번식합니다.
㉡ 균류는 스스로 양분을 만들지 못하고 주로 죽은 생물이나 다른 생물에서 양분을 얻습니다.

왜 틀린 답일까?
㉢ 균류는 따뜻하고 축축한 환경에서 잘 자라기 때문에 여름철에 자주 볼 수 있습니다.

04

해캄을 겹치지 않게 펴서 받침 유리에 올려놓아요. → 덮개 유리를 기울여 공기 방울이 생기지 않게 천천히 덮어요.

해캄 표본을 만들 때에는 해캄을 겹치지 않게 펴서 받침 유리에 올려놓은 후, 덮개 유리를 비스듬히 기울여 공기 방울이 생기지 않게 천천히 덮습니다.

05 해캄과 짚신벌레 같은 원생생물은 주로 물이 고여 있는 연못이나 물살이 느린 하천에 삽니다.

06 ① 짚신벌레는 동물, 식물, 균류로 분류되지 않는 원생생물입니다.
③ 짚신벌레는 다른 생물을 먹으며 삽니다.
④ 짚신벌레는 길쭉하고 끝이 둥근 모양입니다.
⑤ 짚신벌레는 맨눈으로 보기 힘들 정도로 작습니다.

왜 틀린 답일까?
② 짚신벌레는 스스로 헤엄쳐 움직일 수 있습니다.

07 세균은 우리가 사용하는 물체에서도 살 수 있으며, 우리 주변의 흙, 물, 다른 생물의 몸 등 다양한 곳에서 삽니다.

08 원생생물은 산소를 만들어 우리 생활에 긍정적인 영향을 미치기도 하고, 적조를 일으켜 우리 생활에 부정적인 영향을 미치기도 합니다.

09 곰팡이가 음식을 상하게 하여 우리 생활에 부정적인 영향을 미칩니다.

10 질병을 일으키는 곰팡이와 세균을 막기 위해 손을 깨끗하게 씻고, 음식이 상하지 않게 하기 위해 냉장고에 음식을 보관해야 합니다.

11 플라스틱을 분해하는 특성이 있는 세균을 활용하여 플라스틱을 분해합니다.

12 ④ 기름 성분을 많이 가지고 있는 원생생물을 활용하여 오염 물질이 덜 나오는 친환경 연료를 만듭니다.

왜 틀린 답일까?
① 해충을 없애는 특성이 있는 균류나 세균을 활용하여 친환경 생물 농약을 만듭니다.
② 영양소가 많은 원생생물을 활용하여 건강식품을 만듭니다.
③ 오염된 물질을 분해하는 특성이 있는 균류를 활용하여 오염된 하천이나 토양을 깨끗하게 합니다.
⑤ 플라스틱의 원료를 가진 세균을 활용하여 플라스틱을 만듭니다.

13 실체 현미경으로 버섯을 관찰하면 윗부분의 안쪽에 주름이 많고 깊게 파여 있습니다.

채점 기준	
상	실체 현미경으로 관찰한 버섯의 특징을 옳게 설명한 경우
중	주름이 많다고만 설명한 경우

14 곰팡이와 같은 균류는 따뜻하고 축축한 환경에서 잘 자라기 때문에 여름철에 자주 볼 수 있습니다.

채점 기준	
상	따뜻하고 축축한 환경에서 잘 자라기 때문에 여름철에 자주 볼 수 있다고 설명한 경우
중	따뜻하고 축축한 환경을 언급하지 않고 여름철에 자주 볼 수 있다고만 설명한 경우

15 해캄은 스스로 양분을 만들어 살고, 짚신벌레는 다른 생물을 먹으며 삽니다.

채점 기준	
상	해캄과 짚신벌레가 양분을 얻는 방법을 비교하여 모두 옳게 설명한 경우
중	해캄과 짚신벌레가 양분을 얻는 방법 중 한 가지만 옳게 설명한 경우

16 세균은 크기가 매우 작아 맨눈이나 돋보기로는 관찰할 수 없고, 배율이 높은 현미경을 사용해야 관찰할 수 있습니다.

채점 기준	
상	세균의 크기가 매우 작아 배율이 높은 현미경을 사용해야 관찰할 수 있다고 설명한 경우
중	현미경을 사용하여 관찰할 수 있다고 설명한 경우

17 원생생물은 적조를 일으켜 여러 생물에게 피해를 주기도 합니다.

채점 기준	
상	적조를 일으켜 여러 생물에게 피해를 준다고 설명한 경우
중	여러 생물에게 피해를 준다고만 설명한 경우

18 영양소가 많은 원생생물은 건강식품을 만드는 데 활용됩니다.

채점 기준	
상	영양소가 많은 원생생물을 활용한 것이라고 설명한 경우
중	원생생물을 활용한 것이라고만 설명한 경우

수행 평가 2회

143 쪽

01 (1) ㉠ 초록, ㉡ 털 (2) 예시 답안 긴 가닥이 여러 마디로 나누어져 있다. 초록색의 알갱이들이 사선 모양으로 연결되어 있다. 등
02 (1) 균류 (2) 예시 답안 세균을 자라지 못하게 하는 특성을 활용하여 질병을 치료하는 약을 만든다.

01 (1) 해캄을 맨눈으로 관찰하면 초록색을 띠며 가늘고 긴 모양입니다. 짚신벌레를 광학 현미경으로 관찰하면 길쭉한 모양이고, 몸 표면에 가는 털이 있습니다.

만점 꿀팁 표에서 광학 현미경으로 관찰한 해캄과 짚신벌레의 모습을 살펴보아요. 해캄은 초록색이고, 짚신벌레는 몸 표면에 가는 털이 있다는 것을 알 수 있어요.

(2) 해캄을 광학 현미경으로 관찰한 결과를 보면 긴 가닥이 여러 마디로 나누어져 있고, 초록색의 알갱이들이 사선 모양으로 연결되어 있습니다.

만점 꿀팁 해캄을 광학 현미경으로 관찰한 모습을 보고, 특징을 설명해요.

채점 기준	
상	해캄을 광학 현미경으로 관찰한 결과를 두 가지 모두 옳게 설명한 경우
중	해캄을 광학 현미경으로 관찰한 결과를 한 가지만 옳게 설명한 경우

02 (1) 곰팡이는 균류에 속하는 생물입니다. 균류는 몸 전체가 균사로 이루어져 있고 포자로 번식합니다.

만점 꿀팁 곰팡이의 모습을 보면서 균류, 원생생물, 세균의 생김새와 관련된 특징을 떠올려 보아요.

(2) 세균을 자라지 못하게 하는 특성이 있는 곰팡이를 활용하여 질병을 치료하는 약을 만듭니다.

만점 꿀팁 세균을 자라지 못하게 하는 곰팡이의 특성과 관련지어 설명해요.

채점 기준	
상	세균을 자라지 못하게 하는 특성을 활용해 질병을 치료하는 약을 만든다고 설명한 경우
중	세균을 자라지 못하게 하여 질병을 치료한다고 설명한 경우

Memo

Memo

	초등학교
학년 반	이름

바른 학습 길잡이
바로 알기 시리즈

바로 알기 시리즈는 학습 감각을 키웁니다.

학습 감각은 학습의 기본이 되는 힘으로,

기본 바탕이 바로 서야 효과가 있습니다.

기본이 바로 선 학습 감각을 가진 아이는

어렵고 힘든 문제를 만나면 자신 있는 태도로

해결하고자 노력합니다.

미래엔의 교재로

초등 시기에 길러야 하는 학습 감각을

바로 잡아 주세요!

도형 감각

쉽고 재미있게 도형의 직관력과
입체적 사고력을 키워요!

- 그리기, 오려 붙이기, 만들기 등 구체적인 활동을 통한 도형의 바른 개념 형성
- 다양한 도형 퀴즈를 통해 공간 감각 능력 신장

1~6학년 학기별
[총12책]

1 **탐구 활동과 핵심 개념을 쉽고 재미있게 익혀요**
교과서의 탐구 활동과 핵심 개념을 간결하게 정리하여 쉽게 학습할 수 있어요.

2 **다양한 문제로 차근차근 실력을 쌓아요**
개념 확인 문제, 단원 평가 문제, 수행 대비 문제로 차근차근 실력을 쌓을 수 있어요.

3 **온라인 학습 서비스로 생생하게 공부해요**
QR 코드를 스캔하여 생생한 실험 동영상과 실험 관찰의 자세한 풀이를 볼 수 있어요.

Contact Mirae-N
www.mirae-n.com
(우)06532 서울시 서초구 신반포로 321
1800-8890

제조자명: ㈜미래엔
주소: 서울시 서초구 신반포로 321
제조국명: 대한민국

63400
9 791168 413917
ISBN 979-11-6841-391-7
정가 14,000원

초등학교
학년 반
이름

메가스터디 N제

수학영역 수학 Ⅱ | 4점 공략

수능 완벽 대비 예상 문제집

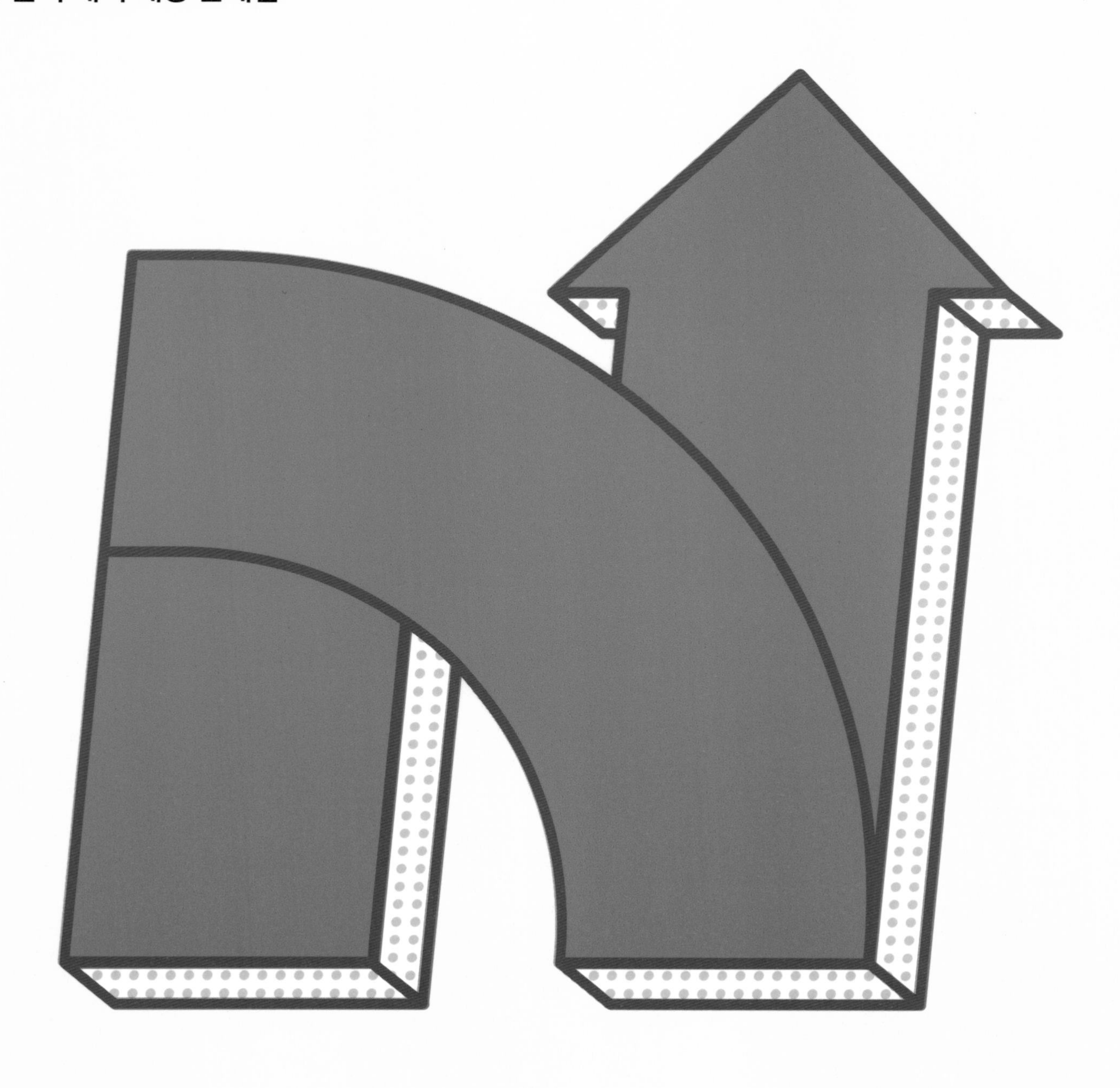

178제

메가스터디BOOKS

수학 Ⅱ 4점 공략 178제를 집필해주신 선생님

권백일 선생님 양정고 교사
김성남 선생님 성남고 교사
남선주 선생님 경기고 교사
이경진 선생님 중동고 교사
이향수 선생님 명일여고 교사
정재복 선생님 양정고 교사
조정묵 선생님 (前) 여의도여고 교사
한명주 선생님 명일여고 교사
한용익 선생님 서울국제고 교사
홍진철 선생님 중동고 교사

수학 Ⅱ 4점 공략 178제를 검토해주신 선생님

강홍규 선생님 최강학원(대전)
곽정오 선생님 유앤아이영어수학학원(광주)
권혁동 선생님 매쓰뷰학원
기진영 선생님 밀턴수학 학원
김동희 선생님 김동희 수학학원
김 민 선생님 교진학원
김민희 선생님 화정고등학교
김성은 선생님 블랙박스 수학과학 전문학원
김연지 선생님 CL 학숙
김영현 선생님 거인의 어깨위 영어수학전문학원
김영환 선생님 종로학원하늘교육(구월지점)
김우철 선생님 탑수학학원(제주)
김정규 선생님 제이케이 수학학원(인천)
김정암 선생님 정암수학학원
김정희 선생님 중동고등학교
김종성 선생님 분당파인만학원
김진혜 선생님 우성학원(부산)
김하현 선생님 로지플 수학학원(하남)
김호원 선생님 원수학학원
김흥국 선생님 노량진 메가스터디학원
김희진 선생님 엑시엄학원
노기태 선생님 대찬학원(대전)
박대희 선생님 실전수학
박임수 선생님 고탑 수학학원
박종화 선생님 한뜻학원(안산)
박주현 선생님 장훈고등학교
박주환 선생님 MVP 수학학원
박 진 선생님 장군수학
배세혁 선생님 수클래스학원
배태선 선생님 쎈텀수학학원(인천)
백경훈 선생님 우리 영수 전문학원
백종훈 선생님 자성학원(인천)
서희광 선생님 최강학원(인천)
설홍진 선생님 현수학 전문학원(청라)
성영재 선생님 성영재 수학전문학원
손은복 선생님 한뜻학원(안산)
손태수 선생님 트루매쓰학원
심수미 선생님 김경민 수학전문학원
안준호 선생님 정면돌파학원
양강일 선생님 양쌤수학과학 학원
양영진 선생님 이룸 영수 전문학원
양 훈 선생님 델타학원(대구)
오경민 선생님 수학의힘 경인본원
왕건일 선생님 토모수학학원(인천)
우정림 선생님 크누 KNU입시학원
유성규 선생님 현수학 전문학원(청라)
유영석 선생님 수학서당 학원
유정관 선생님 TIM수학학원
유지민 선생님 백미르 수학학원
윤다감 선생님 트루탑 학원
윤치훈 선생님 의치한약수 수학교습소
이대진 선생님 사직 더매쓰 수학전문학원
이동훈 선생님 이동훈 수학학원
이문형 선생님 대영학원(대전)
이미형 선생님 좋은습관 에토스학원
이상헌 선생님 엘리트 대종학원(아산)
이성준 선생님 공감수학(대구)
이성준 선생님 정면돌파학원
이운학 선생님 1등급 만드는 강한수학 학원
이은영 선생님 탄탄학원(창녕)
이재명 선생님 청진학원
이정재 선생님 진학원(일산)
이철호 선생님 파스칼 수학학원(군포)
이청원 선생님 이청원 수학학원
이현미 선생님 장대유레카학원
임태형 선생님 생각하는방법학원
장익수 선생님 코아수학 2관학원(일산)
전지호 선생님 수풀림학원
정금남 선생님 삼성이룸학원
정혜승 선생님 샤인학원(전주)
정혜인 선생님 뿌리와샘 입시학원
정효석 선생님 최상위하다 학원
조보미 선생님 정면돌파학원
조성찬 선생님 카이수학학원(전주)
조재천 선생님 와튼학원
최규종 선생님 뉴토모수학전문학원
최돈권 선생님 송원학원
최원석 선생님 명사특강학원
최정휴 선생님 엘리트 에듀 학원
한상복 선생님 강북 메가스터디학원
한상원 선생님 위례수학전문 일비충천
한세훈 선생님 마스터플랜 수학학원
한제욱 선생님 한제욱 수학학원
황성대 선생님 알고리즘 김국희 수학학원

메가스터디 N제

수학영역 수학 Ⅱ 4점 공략 178제

발행일 2023년 12월 22일
펴낸곳 메가스터디(주)
펴낸이 손은진
개발 책임 배경윤
개발 김민, 신상희, 성기은, 오성한
디자인 이정숙, 신은지, 윤재경
마케팅 엄재욱, 김세정
제작 이성재, 장병미
주소 서울시 서초구 효령로 304(서초동) 국제전자센터 24층
대표전화 1661.5431
홈페이지 http://www.megastudybooks.com
출간제안/원고투고 writer@megastudy.net
출판사 신고 번호 제 2015-000159호

메가스터디BOOKS
'메가스터디북스'는 메가스터디㈜의 출판 전문 브랜드입니다.
유아/초등 학습서, 중고등 수능/내신 참고서는 물론, 지식, 교양, 인문 분야에서 다양한 도서를 출간하고 있습니다.